煤炭职业教育“十四五”规划教材

透 明 地 质

主　　编　丁海英　李洪军　康　英
副 主 编　阎媛子　王国方　于　洋　王四一
参编人员　陈　强　陈粤强

应急管理出版社

·北　京·

内 容 提 要

本书紧密结合煤矿开采的生产作业特点，对矿井地质基础知识、地质探测技术与装备的智能化、探测数据的数字化与模型化，以及地质信息管理系统智能化等透明地质方面的基本理论与实践技术进行了较为系统的阐述。主要内容涵盖矿井地质基础中的煤的认识、影响煤矿智能化生产的主要地质因素、透明地质的认识、钻探工程技术的概念及钻探工程施工常用装备、地球物理勘探技术、地质勘测数据应用，以及煤矿智能化透明地质保障管理平台。

本书可作为煤矿智能开采技术专业专科生教材，也可作为矿井地质工、井下钻探工、物探工等岗位人员以及其他煤矿生产管理人员的参考用书。

前　　言

煤炭行业作为我国重要的传统能源行业，是我国国民经济的重要组成部分。煤矿智能开采是煤炭工业高质量发展的核心技术支撑，对于提升煤矿安全生产水平、提升煤炭洗选精细及环保水平、保障煤炭稳定供应具有重要意义。为了能及时反映透明地质探测技术与装备服务煤矿智能开采的前沿进展，同时满足教育部职业教育专业目录调整后煤矿智能开采技术相关专业的教学需求，教材开发团队整合校企优质资源，编写了这本新形态一体化教材。

本书以符合学生成长规律和认知特点为前提，以任务驱动为导向，以契合煤矿智能开采技术专业复合型技能人才培养为中心，以对接矿井地质工、井下钻探工、物探工等岗位标准为导向，依据《煤矿安全规程》《煤矿防治水细则》等专业技术规范要求，将矿井地质、钻探技术、地球物理勘查技术等专业的知识和技能进行整合、重组，教材知识点、技能点对接矿井水害分析、水害防治、坑道钻探、物探超前探测能力要求，有效避免学习目标不明确、学习周期长、知识反复叠加且冗长的弊端。同时，教材详细介绍了龙软、集灵、3DMine Plus 等地学软件开发系统的功能与应用。借助智慧树、智慧职教等互联网平台，上传自主开发的微课、动画、PPT、电子教案等信息化教学资源，实现教学资源共建、共享，读者可以扫描本书二维码随时阅读，增加了教材的立体感，助力以学生为中心的“课堂革命”改革。此外，在拓展与应用部分将课程思政元素融入教材内容中，培养学生掌握高超的专业技术、高尚的奉献情怀、强烈的社会责任心和专业使命感。

本书由丁海英、李洪军、康英担任主编，阎媛子、王国方、于洋、王四一担任副主编，陈强和陈粤强担任参编人员。具体编写分工如下：教学单元一由陕西能源职业技术学院的康英、黑龙江能源职业学院的于洋和陕西省煤田地质集团有限公司的陈粤强编写；教学单元二由陕西能源职业技术学院的丁海英、陈强、阎媛子、王国方和中煤科工集团西安研究院有限公司的王四一编写；教学单元三和教学单元四由黑龙江能源职业学院的李洪军编写。全书由丁海英统稿。

本书的顺利出版得到了中国煤炭工业协会、应急管理出版社、陕西省煤田地质集团有限公司、北京龙软科技股份有限公司、西安集灵信息技术有限公司、北京东澳达科技有限公司、黑龙江能源职业学院、陕西能源职业技术学院等单位的大力支持和帮助，在此表示衷心感谢！

由于作者水平有限，书中不足之处在所难免，恳请专家、同行以及广大读者批评指正。

编　者

2024 年 12 月

二 维 码 索 引

视　　频

序号	名　称	图形	页码	序号	名　称	图形	页码
1	成煤作用		3	8	煤层厚度		13
2	煤的形成（一）		3	9	煤内生裂隙		18
3	煤化作用		5	10	穿顶板过断层		76
4	煤的形成（二）		5	11	穿底板过断层		76
5	煤的形成（三）		6	12	平行断层面掘石门过断层		76
6	含煤沉积		7	13	顺断层面过断层		76
7	煤层顶底板		10	14	钻探工程技术认知		79

（续）

序号	名　称	图形	页码	序号	名　称	图形	页码
15	随钻测量定向钻探施工		96	24	槽波的形成和分类		142
16	智能定向钻探施工地质数据获取与应用		103	25	槽波地震勘探方法		147
17	直流电场的变化特征		108	26	槽波地震勘探实例		151
18	半空间和全空间直流电场		112	27	集灵三维综合平台		195
19	矿井直流电法勘探原理		112	28	三维建模_绘制地表模型		196
20	矿井瞬变电磁场的变化特征		118	29	三维建模_绘制工业广场模型		196
21	探地雷达基本原理		122	30	三维建模_绘制岩层和巷道模型		198
22	煤矿地震勘探技术		129	31	三维模型示例		198
23	地震勘探原理		132	32	巷道和工作面漫游		198

图 片

目　　录

教学单元一　矿井地质基础

项目一　煤　的　认　识

学习要点

1. 了解成煤原始物质和成煤控制条件；
2. 掌握成煤作用过程中各阶段的作用特征；
3. 掌握煤层顶底板和煤层结构的概念；
4. 掌握煤层厚度和形态分类；
5. 掌握煤的物理性质和工业分类。

任务一　煤

知识学习

一、成煤原始物质

煤属于一种固体可燃性矿产，是由古代自然界的植物遗体，埋藏在地下经历复杂的生物化学和物理化学变化，再经一系列地质作用，逐渐形成的固体可燃有机岩，俗称煤炭。

在煤层附近的顶底板岩层中，如果我们留意观察，常常可以看到植物的根、茎、叶等化石。煤是由古代植物遗体堆积转变形成的这一观点很早就被提出，直到显微镜技术的应用才被公认。将煤放在显微镜下观察，可以看到植物结构。

作为成煤的原始物质——植物，在自然界有其漫长的发展演化过程，各类植物的兴、盛、衰、亡必然影响地史时期煤的形成和整个成煤特征的演化，两者关系密切。原始物质不同，必然导致煤在化学组成、物理化学性质及工艺性能等方面的差异，从而使煤在加工利用过程中表现出来的工艺性质也有很大差别。因此，成煤的原始物质是影响煤质的重要因素之一。

植物种类多样，根据植物的生活方式和结构的不同，将植物分为低等植物和高等植物两大类。无论是低等植物还是高等植物，都是成煤的原始物质。由低等

植物形成的煤称为腐泥煤，由高等植物形成的煤称为腐殖煤。

1. 低等植物

属于低等植物的有藻类和菌类。由单细胞或多细胞组成的丝状体或片状体植物，没有根、茎、叶等器官的分化，基本上为柔软的组织，构造简单，多生活在水中，在条件有利的情况下迅速繁殖，在条件不利时则大量死亡，沉积于湖泊、沼泽的底部，经复杂的生物化学作用及地质作用，并和一部分矿物质混在一起形成腐泥，进而形成腐泥煤。

地史早期（从元古宙到早泥盆世），低等植物曾构成了当时植物界的主体，此时期成为植物发展演化的菌藻类植物时期。

2. 高等植物

随着地球历史的演化，进入高等植物占主导地位的时期，即早期维管植物时期、蕨类和古老裸子植物时期和被子植物时期。

高等植物由一些低等植物经长期演化而来，逐渐由水生向陆生发展，生长在陆地上及沼泽中（包括灌木、乔木及草等），在形体结构和生理特征上都较低等植物复杂，有根、茎、叶之分。在植物细胞的分化过程中，逐渐演化成具有相同生理机能和形态结构的细胞群（各类植物组织），它们分别组成了植物的根、茎、叶等营养器官和花、果实、种子等结实器官。尽管各类植物的生理机能因植物死亡而消失，但一些稳定成分（如木质素、纤维素及角质层、孢子、花粉、树脂体等部分）仍然可以经过成煤作用最终以煤炭的形式保存下来，形成的煤叫腐殖煤。腐殖煤分布广、储量大、品种多、质量好，是开采利用的主要对象。因此，高等植物也成了煤岩学乃至古植物学的研究对象。

二、成煤控制条件

煤形成是多种地质因素综合作用的结果，这些因素中主要控制因素包括古植物、古气候、古地理及古构造等。其中古构造因素最为重要，其对其他几个因素的发展、变化有直接的影响。

1. 古植物条件

煤是由植物遗体转变而来的，植物是成煤的原始物质，是成煤的物质基础，没有植物生长就不可能有煤形成。因此，在漫长的地质历史中，成煤时期是有植物大量繁殖的时代，植物的大量繁殖生长是形成煤必不可少的物质条件。比如，我国最主要的三个聚煤时期（石炭－二叠纪、侏罗纪和第三纪），就分别是植物界的孢子植物、裸子植物和被子植物繁殖的极盛时代。

2. 古气候条件

气候因素主要是指空气的温度和湿度。煤的形成需要成煤原始物质即植物的大量繁殖和泥炭沼泽的广泛发育。植物生长直接受到气候的影响，只有在温暖、潮湿的气候条件下，植物才能大量繁殖。同时，植物遗体只有在沼泽地带才能被水淹没免遭完全氧化而逐渐堆积。沼泽的发育则要求有潮湿的气候。因此，温暖和潮湿的气候是成煤的重要条件。

3. 古地理条件

如果气候适宜，植物得以大量繁殖生长，但是没有合适的自然地理条件，成煤的物质也会被破坏掉。煤的沉积转化过程作为一个整体是在比较持续存在的总的沉积环境中形成的，这种总的沉积环境就是聚煤的古地理环境。

要形成分布面积较广的煤层，必须有能够适合植物大面积繁殖和植物遗体堆积的古地理环境，最有利于植物大面积繁殖和植物遗体堆积的自然地理环境是积水沼泽。沼泽是常年积水的洼地，通常积水比较浅，而又含有较多的有机质，适合高等植物的生长繁殖，并且植物遗体堆积后，又能很快被积水覆盖，使得它们可以保存下来转化为泥炭，最终转变形成煤。通常，滨海平原、海湾潟湖、内陆湖泊、山间盆地、宽阔的河漫滩、河口三角洲等广阔平坦的地方，受地壳升降的影响，容易发育为大片的沼泽地带。

4. 古构造条件

古构造条件对煤的形成是非常重要的。地壳的持续缓慢沉降是形成煤不可缺少的条件，而且成煤的沼泽环境也是在地壳不断下降过程中使得该成煤古地理环境得以延续。泥炭层的积聚要求地壳发生缓慢下沉，而下沉速度最好与植物遗体堆积的速度大致平衡，这种状态持续的时间越久，形成的泥炭层越厚。泥炭形成以后，地壳出现较大幅度和较快的沉降，则有利于泥炭层的保存和转变成煤的过程。地壳在总的下降过程中，若发生多次升降和间歇性的下沉，则可能在同地区形成多煤层。

在地球发展的历史过程中，只要某个地区同时具备上述4个方面的条件，配合良好，持续的时间较长，就可能形成大规模具有开采价值的厚煤层或多层煤层。比如我国华北地区的石炭－二叠纪聚煤期，就因为4个方面的条件满足并持续时间久，形成大量厚煤层。4个方面的条件缺失一个，则不可能有煤形成。如果这4个条件的出现是短暂的，虽然能有煤生成，但不一定具有开采价值。

三、成煤作用

成煤作用是原始成煤物质从死亡、堆积到最终转化成煤的全部作用过程。这个过程可以分成两个相继的阶段，分别为泥炭化作用阶段（或腐泥化作用阶段）和煤化作用阶段。

成煤作用

（一）泥炭化作用阶段（或腐泥化作用阶段）

1. 泥炭化作用阶段

成煤的原始物质是植物，包括低等植物和高等植物。其中，高等植物经生物化学作用转化为泥炭的全过程称为泥炭化作用阶段。

煤的形成(一)

这一过程发生在覆水沼泽的水位以下，与大气局部沟通，是有微生物参与的一个非常复杂的变化过程。陆地上生长的高等植物死亡后，堆积在积水沼泽中，高等植物之中的有机体物质（如木质素、纤维素及蛋白质等成分）在厌氧菌的作用下，经过复杂的生物化学分解和生物化学合成等作用，而形成的腐殖酸、腐殖酸盐、沥青质及硫化氢、二氧化碳、水、甲烷和少量氮，当不稳定的物质气体排出之后，同泥沙等矿物质混合

而形成泥炭。

泥炭化作用的第一阶段是以生物化学分解作用为主。堆积的植物遗体处在泥炭层的表面多氧条件下，由于水介质、氧和微生物的参与，发生氧化分解、生物分解和水解，使植物遗体有机组成的一部分被彻底破坏，变成气体和水分；另外一部分被分解成组分较为简单、化学性质活泼、呈半流动状态的胶体物质和其他新的有机化合物；未被彻底分解及植物有机组成中难以分解的稳定组分则继续保留下来。在此阶段，植物遗体的各主要有机组成大部分被分解成新的化合物参与泥炭的形成。

泥炭化作用的第二阶段是以生物化学合成作用为主。随着植物遗体的不断堆积和分解，泥炭堆积的表面形成层依次被掩盖，原处在表层的氧化环境逐渐被还原环境所替代，在底部的还原层中分解作用逐渐减弱。同时，在厌氧菌的参与下，第一阶段在泥炭形成层中形成和保留下来的分解产物之间和分解产物与未完全分解产物之间的化学作用开始占主导地位。相互作用的结果便产生了原来植物遗体中所没有的成分——腐殖酸和沥青质等，合成了一种新的较稳定的有机化合物，导致植物遗体分解的最终产物——泥炭形成。因生物化学合成作用主要是形成具有泥炭特征组分的腐殖酸，因此把这种复杂混合物的形成作用也称为腐殖化作用。泥炭是植物遗体转化成煤的总进程中的中间产物。

植物转变为泥炭后，植物中含有的蛋白质在泥炭中消失，此时，木质素、纤维素等在泥炭中含量甚微，而产生了植物中原来所没有的大量腐殖酸和沥青质。

实际上，泥炭化作用过程中，生物化学分解与生物化学合成没有截然界限。植物分解作用进行不久，合成作用也就开始了，两种作用在相对不同泥炭剖面位置中同时进行。无论是在植物遗体的分解过程中还是在合成过程中，都有微生物的参与并起了相当重要的作用。

泥炭化作用的最终产物是泥炭，泥炭再经过后期煤化作用而形成腐殖煤。

2. 腐泥化作用阶段

低等植物的藻类和浮游生物遗体在生物化学作用下转变为腐泥（有机软泥）的过程称为腐泥化作用。

形成腐泥的原始物质主要是藻类，包括绿藻、蓝绿藻等群体藻类，也有少量的浮游生物。有些情况下，也有由流水或风搬动而来的高等植物残体和水生动物的排泄物参与。

腐泥主要是在滞流缺氧的还原环境（如湖泊、沼泽水藻地带及潟湖、海湾和浅海等水体）中，在厌氧微生物参与下形成。它可以是沼泽的深水部位，也可以是淡水或半咸水的湖泊，还可以是半咸水的潟湖和海湾，但以湖泊环境最为多见。

腐泥化过程中，形成腐泥的各种低等植物及其他生物遗体首先在水体表面进行一定程度的氧化作用。在下沉水底过程中和沉到水底后，由于水体的覆盖而变为还原环境，在厌氧菌作用下，植物中的脂肪、蛋白质等有机组分发生分解，其分解产物经不断缩合、聚合，形成一种高含水的絮状胶体物质——腐胶质，再经脱水、压实等变化形成腐泥。在腐泥形成的整个过程中，还不断放出甲烷、氨、

硫化氢等气体，与泥炭化作用类似，形成最多的是富含氢的液态或固态沥青物质。

腐泥化作用的程度不同，形成腐泥的原始物质的腐解程度亦不尽相同，有的保存或部分保存原生的低等植物组织形态或结构，有的则被彻底分解，形成的腐泥煤显微组分的特征也不相同。

腐泥石通常呈黄色、暗褐色、黑色等。新鲜腐泥含水量可达 70% ~ 90%，呈粥状流动或冻胶淤泥状，干燥后含水量降到 18% ~ 20%，成为具有弹性的橡皮状物质。由于受形成环境等因素影响，腐泥灰分含量不一，变化很大。与泥炭相比，腐泥中氢含量高而氧含量低，富含沥青质。

在地质历史中所形成的腐泥煤很少成层，而是以夹层、透镜体存在于腐殖煤煤层内，这与泥炭沼泽的形成和演化有关。

泥炭化作用和腐泥化作用都是在沉积时同期发生的两种生物化学作用过程，只是由于沉积的原始物质和转变环境不同，才分别形成腐殖煤、腐泥煤。

（二）煤化作用阶段

煤化作用

当泥炭和腐泥形成后，由于地壳不断下降，沉积盆地继续沉降，泥炭和腐泥被埋藏于地下深处，就进入成煤作用的第二阶段——煤化作用阶段，在温度、压力升高等物理、化学作用下，使得泥炭转变为腐殖煤，而腐泥转换为腐泥煤的地球化学作用。

对于泥炭而言，一般会经历褐煤、烟煤、无烟煤，最后到无烟煤的煤化作用阶段；对于腐泥而言，则经历了硬腐泥、腐泥褐煤、腐泥亚烟煤、腐泥烟煤到腐泥无烟煤的煤化作用阶段。

煤化作用又包括煤成岩作用和煤变质作用两个阶段。煤成岩作用是一种地球化学作用，煤变质作用则是一系列物理化学作用过程。它们共同影响着煤阶的变化，同时导致煤化学组成和物理性质的改变。

1. 煤成岩作用

煤的形成(二)

煤成岩作用是指泥炭在上覆沉积物引起的压力和温度等因素长时间作用下，使泥炭经压实、脱水、胶结、老化等物理变化和增碳、失氧、腐殖酸和游离纤维素基本消失等化学变化，以及煤岩组分开始形成的成岩变化，从而转变为年轻褐煤的过程。

一般认为，煤成岩作用大致发生在地表以下 200 ~ 400 m 深度内，温度不超过 70 ℃。由于泥炭被上覆沉积物覆盖，故以微生物活动为特征的生物化学作用逐渐消失，地球化学则起主导作用。

煤成岩作用中，煤受到复杂的化学煤化作用和物理煤化作用。煤的化学煤化作用主要表现为泥炭内的腐殖酸、腐殖质分子侧链上的亲水官能团以及环氧数目不断减少，形成 CO_2、H_2O、CH_4 等多种挥发性产物，并导致碳含量增加，氧和水分含量减少；物理煤化作用主要表现为发生了物理胶体反应，即成岩凝胶化作用，从而使未分解或未完全分解的木质纤维组织不断转变为腐殖酸、腐殖质，使已形成的腐殖酸、腐殖质变为黑色且具有微弱光泽的凝胶化组分。成岩作用中，丝炭化组分和稳定组分也会发生变化。

煤的形成(三)

2. 煤变质作用

煤变质作用是指在成岩作用之后，年轻褐煤进一步受到物理化学作用，转变为老褐煤、烟煤、无烟煤的过程。

同煤成岩作用一样，煤变质作用也表现为煤的化学结构与物理结构两个方面的变化。这一阶段所发生的化学煤化作用主要表现为腐殖物质进一步聚合，失去大量甲氧基等含氧官能团，腐殖酸进一步减少，使腐殖物质由酸性变为中性，出现了更多的腐殖复合物；物理煤化作用主要表现为结束了成岩凝胶化作用，形成凝胶化组分，植物残体已不存在，稳定组分发生沥青化作用，并开始具有微弱的光泽。

自然界的高等植物转变为泥炭、褐煤、烟煤和无烟煤，从成煤序列来说，是一个由低煤阶到高煤阶的发展过程。煤变质作用可一直延续到形成石墨。由煤演化为石墨，称为石墨化作用。由于石墨不属于煤，所以煤化作用不包括石墨化阶段在内。

由低等植物经腐泥化作用形成的腐泥最终转变成腐泥无烟煤的全过程，称为腐泥煤煤化作用。在成岩作用阶段，受地球化学腐泥化作用，形成腐泥褐煤；腐泥褐煤在变质作用影响下，继续转变为腐泥亚烟煤、腐泥烟煤和腐泥无烟煤。腐泥煤随煤化程度增高而发生的变化，总的来说与腐殖煤规律相似，如碳含量增高、光泽增强等。

整个成煤作用阶段划分如图 1－1 所示。

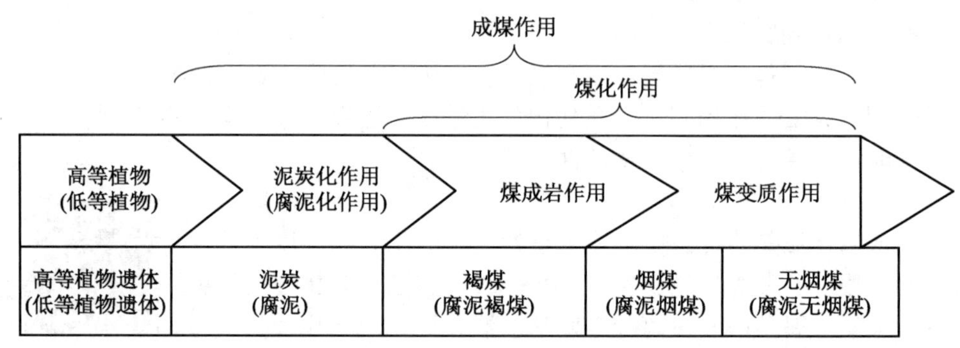

图 1－1　成煤作用阶段划分示意图

思考与练习

1. 成煤原始物质可以分为哪几类？分别会形成什么煤？
2. 成煤控制条件主要有哪些？
3. 什么是成煤作用？成煤作用过程分为哪几个阶段？
4. 简述煤化作用过程中经历的两个阶段。

任务二　煤 系 和 煤 层

知识学习

一、煤系

含煤沉积

煤系是指在一定地质历史时期内形成的具有成因联系且连续沉积的一套含有煤层（或煤线）的沉积岩系，又称为含煤岩系、含煤地层、含煤建造等。煤系最常用的命名方式是依据其形成时代进行命名，如华北石炭－二叠纪煤系、侏罗纪煤系、第三纪煤系等。另外，也可采用煤系发育良好、研究较早的地区命名，如华南晚二叠世煤系在吉林省吉林市龙潭地区研究较早，被称为龙潭煤系；北京市的石炭－二叠纪煤系被称为杨家屯煤系等。

（一）煤系的含煤性

煤系最大的特点是含有煤层，不同地区煤系中含煤的厚度和层数往往大不相同。为了反映煤系中含煤的程度，通常用含煤系数来表示各煤系的含煤性。含煤系数又可分为总含煤系数和可采含煤系数。

1. 总含煤系数

总含煤系数是指煤系中所有煤层的总厚度与煤系总厚度的百分比，用式（1－1）表示为

$$K=\frac{m}{M}\times 100\% \tag{1-1}$$

式中　K——总含煤系数,%；

m——煤层总厚度，m；

M——煤系总厚度，m。

2. 可采含煤系数

可采含煤系数是指煤系中所有可采煤层的总厚度与煤系总厚度的百分比，用式（1－2）表示为

$$K_k=\frac{m_k}{M}\times 100\% \tag{1-2}$$

式中　K_k——可采含煤系数,%；

m_k——可采煤层总厚度，m；

M——煤系总厚度，m。

（二）煤系特征

含煤煤系大多是在温暖、潮湿气候条件下沉积生成的，因此一般是由灰色、灰绿色、灰黑色及黑色的沉积岩组成。少数情况下，当沉积环境中古气候由潮湿逐渐转向干燥时，也会出现一些杂色岩石，如煤系中岩石的红、紫、绿色斑块。组成煤系的岩石类型，主要是各种粒度的砂岩、粉砂岩、泥岩、炭质泥岩、黏土

岩、石灰岩和煤层以及少量的砾岩，有时还可见到油页岩、铝质岩、硅质岩和火山碎屑岩等，这些岩石在煤系中一般交互出现。

此外，煤系沉积岩的层理比较发育，常含有丰富的植物化石，有时也会含有动物化石和各种结核。另外，还常含有菱铁矿结核、黄铁矿结核及泥质、砂质等包裹体。

煤矿开采的对象（煤层）赋存于煤系之中，所以观测和分析煤系是煤矿建设和生产工作的基础。查明煤层的层数、厚度、倾角、层间距等是合理选择开采方案和采煤方法的重要依据；了解煤层顶底板岩性、厚度和力学性质是合理选择巷道支护和顶底板管理的依据；了解煤系岩石的岩性、强度及含水性等对确定巷道层位和施工方法有重要意义；熟悉煤系岩石的组合特征，特别是掌握标志层特征，是掘进工作中确定层位、对比煤层，以及判断断层性质和断距、寻找断失煤层的基础。因此，对煤系的测量和正确分析可以使我们全面掌握煤系的含煤情况变化规律及各层段的岩性特征，达到更好地为煤矿生产建设服务的目的。

（三）煤系旋回结构

旋回结构是含煤沉积中最重要、最常见的特征之一。煤系旋回结构是指沉积序列中的垂直剖面上，一套有共生关系的岩性和岩相规律性组合与交替现象。旋回结构研究中，以岩性的规律性组合和交替为对象的，称为岩性旋回，如图 1－2 所示；以沉积相的规律性组合和交替为对象的，称为相旋回，如图 1－3 所示。

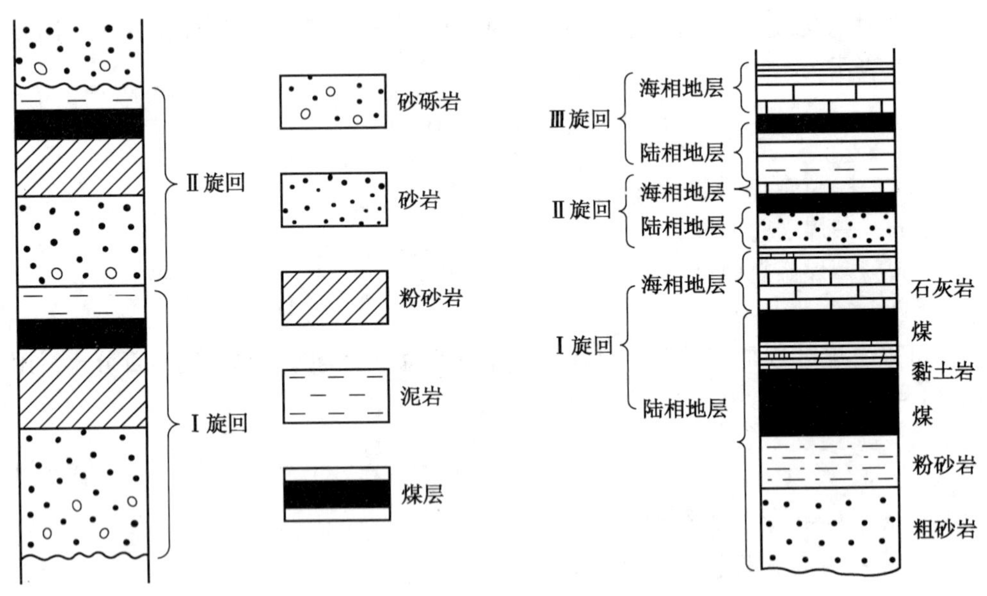

图 1－2　岩性旋回结构　　　　图 1－3　相旋回结构

我国陆相煤系旋回划分方法是以煤层为界，将旋回分为上、下两个部分，煤层位于旋回的中部。这种煤系旋回划分方法有利于在一个旋回中对煤层上、下部分的沉积特点进行细致研究，能深入了解煤层的形成过程和进行煤层对比。

旋回结构主要反映煤系在形成过程中一系列控制因素（如地壳运动、古地理、古气候等）的周期性变化。如地壳运动的规律性变化对煤系旋回结构的影响反映了在聚煤时期地壳总的沉降过程中，由于地壳的震荡运动、海面升降以及其他因素等引起的规律性变化。关于旋回结构形成的原因，目前仍属于有待深入研究的问题。大量资料表明，旋回结构的形成有多种原因，包括地壳运动、气候变化、冰川活动、搬运和沉积以及河流迁移等。其中，地壳运动直接或间接地起到了重要的控制作用。

（四）煤系的类型

由于成煤的古地理环境千差万别，因此所形成的煤系也往往体现出不同的特征。根据其形成时的沉积古地理环境，可以将含煤岩系大体分为近海型和内陆型两大类，不同类型的含煤岩系在厚度、岩性、含煤层数、结构等方面有一定的差异。

1. 近海型煤系

近海型煤系形成于近海地区，由于地壳沉降中的震荡运动，造成海水进退，使陆地、浅海及其间的过渡环境交替出现。近海型煤系主要特征如下。

（1）煤系由陆相、过渡相及海相岩层组成，岩层中含有动物、植物化石。

（2）煤系中沉积物的分选性和磨圆度较好，粒度通常较小，成分比较简单。

（3）煤系分布面积较大，厚度较小，岩性、岩相比较稳定，标志层较多，煤岩层容易对比。

（4）煤系中煤层层数较多，厚度不大，多为薄煤层或中厚煤层。煤层较稳定，厚度变化不大，结构较简单，所含夹矸层数不多，煤中含硫量较高。

（5）煤系中旋回结构明显，岩性自下而上由粗变细。

我国晚古生代煤系一般为近海型煤系，如华北石炭－二叠纪煤系及华南晚二叠世煤系等。

2. 内陆型煤系

内陆型煤系又称远海型煤系，主要形成于内陆地区的山间盆地和内陆盆地。这些地区面积较小，周围地形起伏较大，距侵蚀区较近，煤系由陆相沉积物组成。内陆型煤系主要特征如下。

（1）煤系由陆相岩层组成，岩层中常含有植物化石。

（2）煤系中沉积物的分选性和磨圆度较差，粒度通常较大，成分比较复杂。

（3）煤系分布面积较小，厚度较大，岩性、岩相变化较大，煤岩层不易对比。

（4）煤系中煤层层数较多，厚度较大，多为中厚煤层，有时为巨厚煤层。煤层不稳定，厚度变化大，结构较复杂，所含夹矸层数较多，煤中含硫量较低。

（5）煤系中旋回结构不明显。

我国中生代煤系一般为内陆型煤系，如华北大同、北京及东北北票等地的早中侏罗世煤系。

（五）煤系中的标志层

煤系中常有一些岩层（矿层），其厚度不大、岩性稳定且特征明显，容易被识别，它们与煤层或某些地质界线间距比较固定。这样的岩层（矿层）可以作

为寻找或对比煤岩层的标志层，如华北石炭-二叠纪煤系中常以石灰岩层作为标志层。其他作为标志层的还有砾岩、成分或颜色特殊的砂岩、铝土岩等。

二、煤层及煤层顶底板

煤层是位于煤系的一定部位，夹在顶底板岩石之间，由有机物质和混入的矿物质组成的地质体。它是煤在自然界存在的形式，是煤矿开采的对象。

实际生产中，准确地对煤层进行观测与分析，搞清楚煤层的层位、层数、厚度、结构、煤层顶底板条件、赋存状态及其变化，不仅决定着煤田的经济价值，而且对矿区开发规划的制定和矿井设计等方面有重要影响，同时也对煤矿安全生产起着重要的指导作用。

煤层顶底板

在正常的沉积序列中，位于煤层上、下部一段距离内的岩层称为煤层的顶底板。它们是煤层形成时期沼泽中承受泥炭层堆积和泥炭层形成后覆盖泥炭层，并使其得以保存的沉积物。煤层顶底板的岩层构成、岩石性质、节理发育程度、含水性、可塑性等，与煤层顶底板的稳定性有着极为密切的关系，直接关系到煤矿的采掘生产，是确定巷道支护方法、顶板管理方法的重要依据，同时还影响机械化采煤设备的选择。

1. 煤层底板

在正常层序的煤系中，直接伏于煤层下部一定距离内的岩层称为煤层底板。根据其垮落性能的差异，煤层底板自上而下可分为伪底、直接底及基本底三部分，如图1-4所示。

图1-4　煤层顶底板示意图

伪底是位于煤层之下的薄层软弱岩层，厚数十厘米，通常由富含植物根部化石的泥岩或黏土岩构成。若为黏土岩，遇水会发生膨胀，可导致底板隆起影响运输，甚至破坏巷道。

直接底是位于伪底或直接位于煤层下面的岩层，通常由泥岩、黏土岩组成。当直接底为坚硬岩石时，可作为支架的良好底座；当直接底为松软岩石时，则易造成底鼓和支柱陷入底板等现象，或遇水常易滑动。

基本底位于直接底之下，也有直接位于煤层之下的，厚度大，一般由比较坚硬稳定的粉砂岩、砂岩或石灰岩组成。

煤层底板的岩性多为泥岩、黏土岩和粉砂岩，常富含植物根茎及痕木化石，呈团块状，俗称“根土岩”，是煤层原地生成的依据。在内陆型煤系中，常见的煤层底板为砂岩，但在煤层与砂岩之间往往有薄层泥岩或黏土岩。在个别情况下，煤层底板为砾岩。在近海型煤系中，也有煤层底板为灰岩的，

如广东、广西等晚二叠世煤系中的某些煤层。以粗碎屑岩或灰岩为煤层底板的岩层，不具有沼泽相特征，通常被认为是成煤物质异地或微异地堆积的标志。这些底板类型之上的煤层一般都不稳定，且煤质也差。

2. 煤层顶板

在正常层序的煤系中，直接覆于煤层上部一定距离内的岩层称为煤层顶板。煤层顶板自下而上可分为伪顶、直接顶及基本顶三部分，如图 1 - 4 所示。

伪顶是直接位于煤层之上的一层极易垮落的松软薄层岩石，常随采随落，厚度不大，仅十几厘米到几十厘米，岩性多为炭质泥岩、泥岩或页岩等。

直接顶通常位于伪顶之上，有的则直接位于煤层之上，由较易垮落的一层或几层岩石组成。经常是煤采出后不久便自行垮落，有时候需要人工放顶。厚度一般为数米，岩性常为砂岩、砂质页岩、泥岩及石灰岩等。

基本顶一般位于直接顶之上，有时也直接位于煤层之上。为不易垮落的坚硬岩层，通常在煤采出后较长时间内能维持很大临空面而不随直接顶垮落。厚度较大，岩性多为砂岩，也有石灰岩、砂砾岩等。

煤层顶板的岩性也是多种多样的。近海型煤系的煤层顶板常为潟湖海湾相，滨海湖泊相泥质岩、粉砂岩及浅海相灰岩。华北石炭 - 二叠纪太原组是海进型充填序列，成煤的环境主要为潟湖—障壁岛体系，泥炭堆积之后迅速被陆表深海—浅海相石灰岩所覆盖；而华北山西组是海退型充填序列，成煤的环境主要为三角洲和河流体系，煤层顶板为源相泥岩、粉砂岩或冲积相砂岩。在内陆型煤系中，煤层顶板以内陆湖泊相泥质岩、粉砂岩、细砂岩最为常见，有时也为冲积相砂岩、砂砾岩或砾岩，是洪积扇和高坡度河流的堆积物，往往使下部煤层遭受冲刷。

有的煤层顶底板岩层本身就是有用矿产，那些分布广泛、特征明显的可作为煤岩层对比的标志。同时，由于煤层顶底板的岩石成分、厚度、透水性、稳定性、裂隙发育情况，以及顶板的力学性质、机械强度等对采煤设备的使用、开采方法的选择、顶板管理、巷道支护、地下水处理、估计煤和瓦斯突出等方面有重要的实际意义，因此在煤炭地质勘查过程中，应加强煤层顶底板的岩石力学性质的研究，并对其作出正确评价。

对于某一个具体煤层来说，由于其顶底板形成时期的沉积环境及演变不同，煤层顶底板性质及发育程度也会有差异，有的煤层发育完全，几种类型的顶底板都存在，有的则缺失某种类型的顶板或底板。

三、煤层结构

煤层结构是指煤层中是否含有呈层状且比较稳定的岩石夹层（俗称夹矸）及其在煤层中不同的位置而显示出的总体特征。根据煤层中有无岩石夹层分布，煤层可分为简单结构煤层和复杂结构煤层两种类型。

简单结构煤层是指煤层中不含较稳定的层状岩石夹层，有时含有呈透镜体或结核分布的矿物质，一般厚度较小的煤层结构简单，如图 1 - 5 所示。

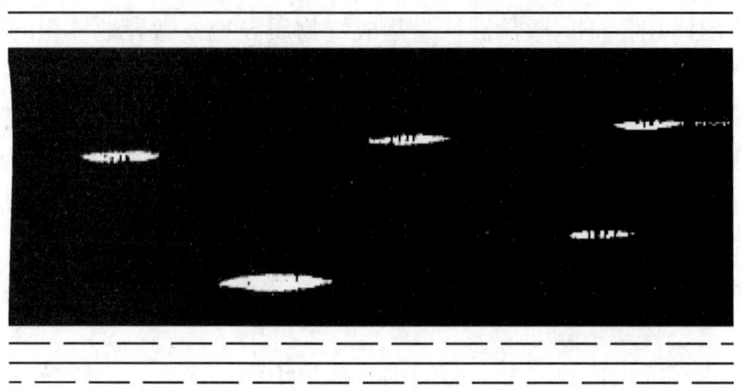

图1-5　简单结构煤层

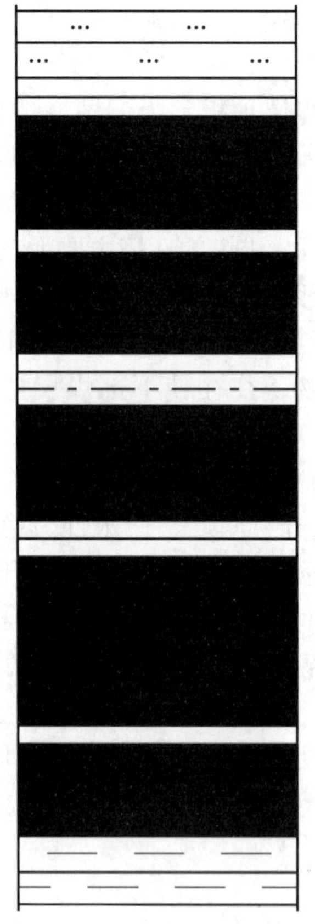

图1-6　复杂结构煤层

复杂结构煤层是指煤层中含有数目不等的层状岩石夹层，少者1～2层，多者十几层，如图1-6所示。

简单结构煤层反映泥炭沼泽持续发育，泥炭层连续堆积的过程；复杂结构煤层则反映成煤过程中，泥炭物质堆积曾有间歇或泥炭沼泽环境的多次转换。

自然界多数煤层都含有矸石层，少则几层，多则几十层甚至几百层。一般来说，煤层厚度大，岩石夹层的数目就多，厚煤层和巨厚煤层尤其是这样。煤层中所含夹矸形状比较复杂，有层状、似层状、透镜状和其他不规则状等。根据资源/储量估算和开采要求，夹矸应该被理解为煤层中大于5 cm、小于所规定的煤层最低可采厚度的岩石夹层。

煤层夹矸的岩性是多种多样的，组成煤系的各种类型岩石都有可能以夹层的形式出现在煤层中，常见的是炭质泥岩、黏土岩和粉砂岩，有时也有石灰岩、硅质岩、油页岩、砂岩、砾岩。

煤层夹矸的物质来源主要取决于泥炭沼泽所处的沉积环境。①与河流毗邻的泥炭沼泽，夹矸主要是越岸沉积物，有从悬浮物质沉积下来的黏土、粉砂，也有低负载的砂砾堆积；②滨海泥炭沼泽，由于风暴、潮汐作用可能遭受海水内侵，形成碳酸盐或硅质岩夹矸，常沿一定层位呈透镜状产出；③由于地下水位的波动，泥炭沼泽和覆水沼泽阶段性转换，覆水条件下形成的黏土岩、油页岩夹矸是与煤共生的有益沉积矿产；④泥炭沼泽外围有火山活动时，火山喷发物可形成煤层的夹矸。

思考与练习

1. 什么是煤系？
2. 煤系分为哪几种类型？
3. 什么是煤层及煤层顶底板？
4. 简述煤层结构概念及其类型。

任务三　煤层厚度和形态

知识学习

一、煤层厚度

煤层厚度是指煤层顶底板岩层之间的垂直距离。为便于煤炭地质勘查和煤矿生产的应用，依据煤层的结构，可将煤层厚度划分为总厚度、可采厚度和有益厚度。

1. 煤层总厚度

煤层厚度

煤层总厚度是指煤层顶底板之间各煤分层厚度和夹矸层厚度的总和（图 1－7）。

2. 可采厚度

可采厚度是指在现代经济技术条件下可以开采的煤层厚度或

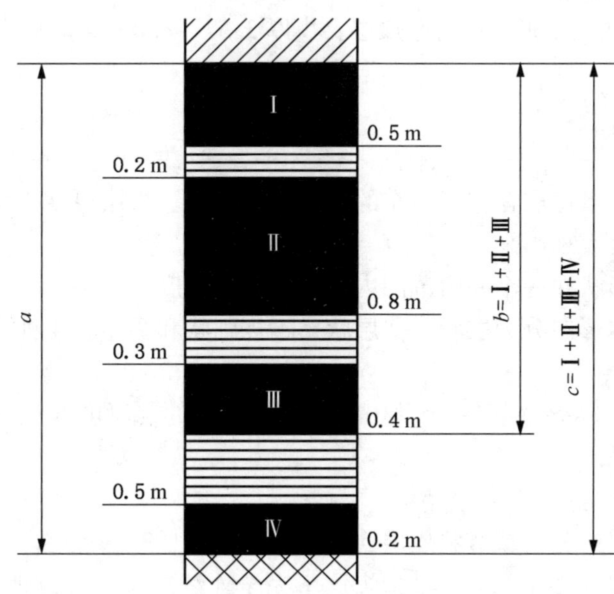

a—煤层总厚度；b—可采厚度；c—有益厚度

图 1－7　煤层厚度

煤分层厚度的总和（图 1－7）。

最低可采厚度是指在现代经济技术条件下适合开采的煤层厚度，即按照国家目前有关技术政策，依据煤种、产状、开采方式和不同地区的资源条件所规定的可采厚度的下限标准。表 1－1 是我国一般地区煤层最低可采厚度标准。煤炭资源贫缺地区的煤层最低可采厚度标准由省（区）煤炭工业主管部门制定。最低可采厚度是煤炭地质勘查和煤矿设计、开采的一项重要经济技术指标，达到和超过最低可采厚度的煤层称为可采煤层。

表 1－1　我国一般地区煤层最低可采厚度标准　　m

项目			煤类			
			炼焦用煤	长焰煤、不黏煤、弱黏煤、贫煤	无烟煤	褐煤
井采	倾角	<25°	≥0.7	≥0.8		≥1.5
		25°～45°	≥0.6	≥0.7		≥1.4
		>45°	≥0.5	≥0.6		≥1.3
露天开采			≥1.0			≥1.5

3. 有益厚度

有益厚度是指煤层顶底板之间各煤分层厚度的总和（图 1－7）。

煤层的厚度相差很大，薄者仅几厘米，俗称“煤线”，厚者可达百米以上。为适应不同开采方法对煤层厚度的要求，又将可采煤层划分为以下几个厚度级别：①极薄煤层：煤厚 0.30～0.50 m；②薄煤层：煤厚 0.51～1.30 m；③中厚煤层：煤厚 1.31～3.50 m；④厚煤层：煤厚 3.51～8.0 m；⑤巨厚煤层：煤厚大于 8.0 m。

二、煤层形态

煤层形态是指煤层在空间展布的各种形状特征。煤层厚度变化和规律可以从煤层形态上直接表现出来。

根据煤层形状在一个井田范围内成层的连续程度和可采面积与不可采面积之比，将煤层基本形态分为层状、似层状、不规则状和马尾状 4 种。

1. 层状煤层

层状煤层（1－8a）在一个井田范围内是连续的，厚度变化不大，煤层全部或绝大部分可采。

2. 似层状煤层

似层状煤层可分为藕节状煤层、串珠状煤层和瓜藤状煤层。

藕节状煤层（图 1－8b）是指煤层不完全连续或大致连续，厚度变化较大，其可采面积大于不可采面积，可采煤体分布比较密集，形状似藕节。

串珠状煤层（图 1－8c）是指煤层不完全连续或大致连续，厚度变化较大，

其可采面积与不可采面积相当，可采煤体分布尚密集，形状似捻珠。

瓜藤状煤层（图1－8d）是指煤层不完全连续或大致连续，厚度变化较大，其可度面积小于不可采面积，可采煤体分布较稀散，形状似瓜藤。

3. 不规则状煤层

不规则状煤层可分为鸡窝状煤层和扁豆状煤层。

鸡窝状煤层（图1－8e）是指煤层断续、不规则，呈鸡窝状，其可采煤体面积多小于不可采面积；有的鸡窝状煤层的煤包较大，常具可采价值。

扁豆状煤层（图1－8f）是指煤层断断续续、不规则，呈扁豆状，其可采煤体面积较小，一般不具有单独开采的价值。

4. 马尾状煤层

马尾状是指煤层（图1－8g）基本连续，总体由厚到薄，至完全消失，形似马尾，它是由厚煤层分岔、尖灭形成的；煤层的可采面积与不可采面积变化较大。

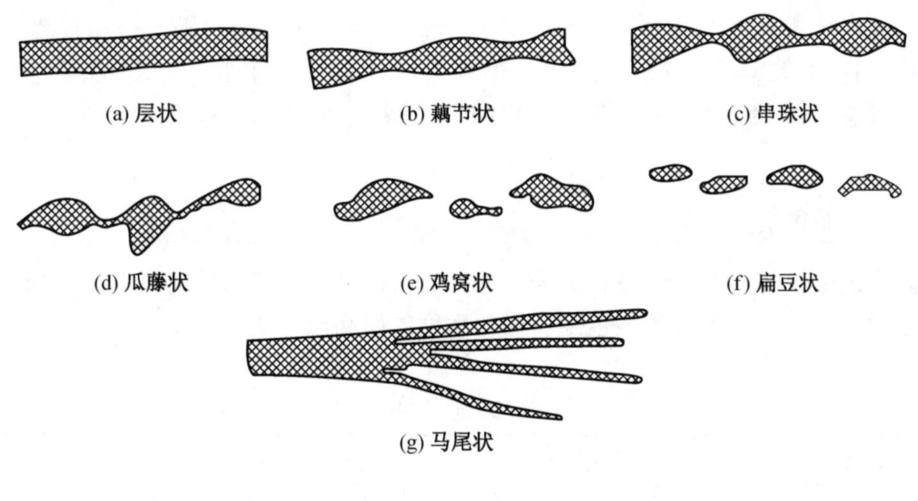

图1－8 煤层形态

三、煤层厚度变化原因

煤层厚度变化原因可以分为原生变化和后生变化两大类。

1. 原生变化

原生变化又称为同生变化，是指泥炭层在接受上部沉积物覆盖以前，由于地壳运动、沉积环境变迁等各种地质因素的影响而引起的煤层形态和厚度变化。影响原生变化的地质因素主要包括地壳不均衡沉降、泥炭沼泽古地形、河流及海水的同生冲蚀等。

2. 后生变化

后生变化又称为次生变化，是指煤层被沉积物覆盖以后，或整个煤系地层形成以后，由于河流冲蚀、构造变动、岩浆侵入、喀斯特陷落和地下水活动等各种

地质因素的影响而引起的煤层形态和厚度的变化。影响后生变化的地质因素主要包括河流后生冲蚀、地质构造挤压、岩浆活动影响、岩溶陷落柱破坏、地下水活动影响等。

思考与练习

1. 什么是煤层厚度？依据结构分类。
2. 简述煤层形态类型。
3. 简述煤层厚度变化原因。

任务四　煤的物理性质

知识学习

煤的物理性质是在成煤作用的不同阶段，受成煤原始物质、聚积环境、煤化作用等因素影响而逐渐形成的。煤的宏观物理性质主要包括煤的颜色、光泽、硬度、脆度、韧性、断口、裂隙、密度、表面积、孔隙度、导电性等方面。

一、颜色

煤的颜色是煤对不同波长的光波选择吸收的结果。普通反射光下，煤的表面显示的是表色，腐殖煤的表色随着煤化程度的增高而变化（表1-2）。

表1-2　腐殖煤的光学性质对比表

煤化程度	颜色（表色）	粉色（条痕色）	光　泽
褐煤	褐色、深褐色、黑褐色	浅褐色、褐色	暗淡沥青光泽
长焰煤	黑色、黑褐色	深褐色	沥青光泽
气煤	黑色	黑褐色	强沥青光泽
肥煤	黑色	黑色、黑褐色	玻璃光泽
焦煤	黑色	黑色	强玻璃光泽
瘦煤	黑色	黑色	强玻璃光泽
贫煤	黑色、灰黑色	黑色	金刚光泽
无烟煤	灰黑色、钢灰色	灰黑色	半金属光泽

褐煤通常为褐色、黑褐色；低中煤化程度的烟煤为黑色，高煤化程度的烟煤为黑色略带灰色。无烟煤往往为灰黑色、钢灰色，带有铜黄色或银白色的色彩。水分可以使煤的表色加深，矿物质能使煤的表色变浅。煤的表色应该在干燥煤样

的新鲜、纯净表面上观察。利用表色可以区别褐煤、烟煤和无烟煤。

煤被研磨成粉末的颜色是粉色，也称条痕色。粉色一般略浅于表色，但比表色稳定。褐煤的粉色为浅褐色、褐色，低煤级烟煤为深褐色到黑褐色，中煤级烟煤为黑褐色，高煤级烟煤为黑色有时略带褐色，无烟煤为深黑色或灰黑色（表1－2）。

二、光泽

煤的光泽指煤新鲜断面的反光能力。年轻的褐煤无光泽，老褐煤呈蜡状光泽或弱的沥青光泽，低煤级烟煤具沥青光泽、弱玻璃光泽，中煤级烟煤具强玻璃光泽，高煤级烟煤具金刚光泽，无烟煤具半金属光泽（表1－2）。

通常，腐殖煤的光泽较强，腐泥煤的光泽暗淡。随着煤化程度的增高，煤的光泽均有不同程度的增强。影响煤的光泽的因素很多，主要有成煤的原始物质、煤岩成分、煤化程度、矿物杂质的含量及分布情况、煤表面特征等。

观察煤的光泽时应排除受风化、构造揉皱破碎、滑动面及所含矿物杂质的影响，选择光洁的新鲜断面作为标准。在比较光泽时，应以相同煤岩成分的煤进行比较。

三、硬度

煤的硬度是指煤抵抗外来机械作用的能力。肉眼鉴定时，多用刻划的方法确定煤的硬度。刻划硬度（摩氏硬度）是用标准硬度的矿物刻划煤时得出的相对硬度。煤的硬度一般在1～4，且与煤化程度及煤岩组分有关。褐煤与焦煤硬度最小，为2～2.5；无烟煤的硬度最大，接近4；同一煤化程度的煤，以惰质组硬度最大、镜质组居中、壳质组最小。另外，煤中矿物的组成和含量对煤硬度的影响各不相同；煤受风化和氧化后，硬度降低。

四、脆度和韧性

煤的脆度指煤体受外力作用时容易破碎的程度，韧性则与其相反。腐殖煤中以肥煤、焦煤和瘦煤的脆度最大，长焰煤和气煤的脆度较小而具有一定的韧性；无烟煤的脆度最小。在腐殖煤的煤岩成分中，镜煤和没有矿化的丝炭脆度最大，亮煤次之，暗煤脆度最小但韧性最大。腐泥煤和腐殖腐泥煤的脆度较小，韧性大。我国抚顺的煤精就是一种特殊的腐殖腐泥煤，因其韧性大而用于工艺雕刻。

五、断口

煤受外力打击后断开的表面称作断口。断口不包括沿层理面或裂隙面断开的表面。煤的断口常见有贝壳状、阶梯状、参差状、眼球状、羽毛状、粒状等。组成比较均一的煤易出现贝壳状断口，如腐泥煤；组成不均一的煤呈现其他断口。断口表面形状不同，反映了煤的物质组成的特点。煤中常见断口及特征见表1－3。

表1-3 煤中常见断口及特征

断口名称	特征
贝壳状断口	形如贝壳或玻璃破碎处，是组成均匀的煤的特征。在腐败泥煤、镜煤、纯净的亮煤、无烟煤和均一低变质烟煤中常见
阶梯状断口	形似阶梯，是由裂隙或层理相交而成。在不均一的煤和条带状烟煤中常见
参差状断口（棱角状断口）	呈棱角状或尖棱角状，由几组破碎面相交而成。在不均一的光亮煤中常见
眼球状断口	在煤的裂隙面上，呈圆形、椭圆形的具有特殊光泽的表面，形似眼球。在均一而脆度大的煤特别是镜煤、亮煤中常见
羽毛状断口（梳状断口）	在外生裂隙面上，形成的彼此平行似羽状或梳状的擦痕
粒状断口	煤的表面凹凸不平，在粒状结构的煤中常见

六、煤中裂隙

煤中裂隙是指煤受到自然界各种应力作用而造成的裂开现象。按成因分为内生裂隙与外生裂隙。

煤内生裂隙

1. 内生裂隙

内生裂隙是在煤化过程中，凝胶化物质受温度和压力等因素的影响，体积均匀收缩产生内张力而形成的一种张裂隙。内生裂隙主要出现在镜煤中，有时也出现在均匀致密的光亮型煤分层中。内生裂隙一般都垂直或大致垂直于层理面且不截穿煤组分；裂隙面平坦，常伴生眼球状断口（图1-9），发育程度与煤化程度有关。互相垂直的两组内生裂隙中，发育较密的一组称为主要组，较稀的一组称为次要组（图1-10、图1-11）。内生裂隙的密度是以主要裂隙组每5 cm长度的裂隙条数表示。

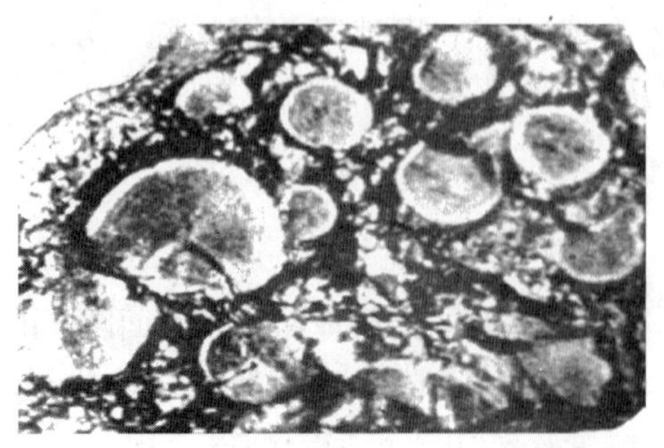

图1-9 眼球状内生裂隙

图1-10 垂直层面内生裂隙

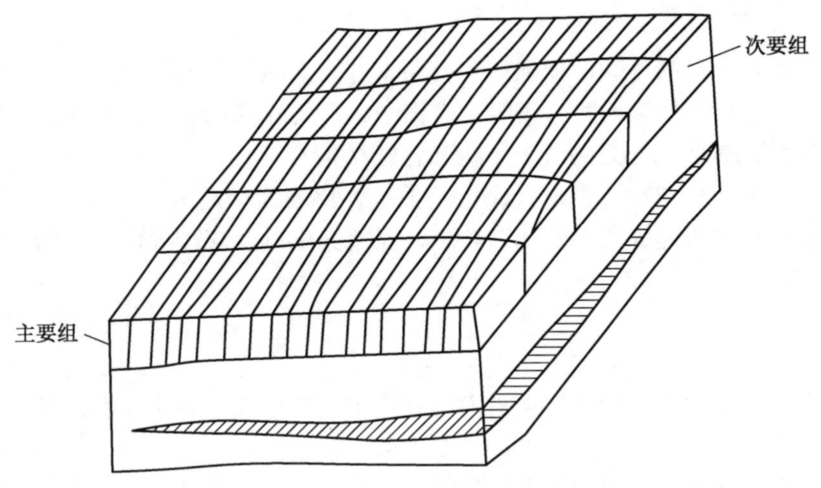

图 1 – 11　煤的内生裂隙示意图

2. 外生裂隙

外生裂隙是煤层在形成之后，受构造应力的作用而产生的。它可以出现在煤层的任何部位，并常同时穿过几个煤分层，能以各种角度斜交于层理面，能导水，也有利于煤层气渗透移动。外生裂隙面常有凹凸不平的滑动痕迹，有时可见次生矿物或破碎煤屑充填。在相同构造力作用下，焦煤、瘦煤中外生裂隙发育。

七、密度

煤的密度是指单位体积煤的质量，是煤的主要物理性质之一。按测定方法不同分为真密度、视密度、堆密度等。

煤的真密度（TRD）是指在 20 ℃时煤的质量（不包括煤的内部毛细孔和裂隙）与同温度、同体积水的质量之比。它是计算煤层平均质量和研究煤的性质的一项重要指标。褐煤的真密度为 1.28 ~ 1.42 g/cm^3，烟煤的真密度为 1.27 ~ 1.33 g/cm^3，无烟煤的真密度为 1.40 ~ 1.80 g/cm^3。

煤的视密度（ARD）是指在 20 ℃时煤的质量（包括煤的内部毛细孔和裂隙）与同温度、同体积水的质量之比。煤的视密度小于煤的真密度。它是煤炭资源/储量估算时采用的参数之一，在煤运输、粉碎、燃烧等过程中都有应用。褐煤的视密度为 1.05 ~ 1.20 g/cm^3，烟煤的视密度为 1.20 ~ 1.40 g/cm^3，无烟煤的视密度为 1.35 ~ 1.80 g/cm^3。

煤的堆密度（散密度）是指在容器中单位体积散状煤的质量。在设计煤仓、估算焦炉装煤量和火车、轮船装载量时都要用到这一指标。

煤的密度与煤岩类型、煤化程度及煤中矿物质成分及含量相关。矿物质含量高的煤的密度较大；其他条件相同时，随着煤化程度的增高，煤的密度增大。

八、煤的表面积

煤的表面积包括外表面积和内表面积，外表面积所占的比例极少，主要是内表面积。常用煤的比表面积代表煤的表面积，即每克煤所具有的表面积，单位是 m^2/g，煤的比表面积与煤的分子结构和孔隙结构有关。

煤的比表面积与瓦斯吸附量成正比关系，比表面积越大，瓦斯吸附量越大。煤的比表面积对研究煤层中的瓦斯含量、瓦斯突出以及煤在气化时的化学反应性都具有实际意义。

九、孔隙度

煤中毛细孔和裂隙的总体积与煤的总体积之比称作煤的孔隙度，采用单位质量的煤中包含的空隙体积（cm^3/g）来表示。

煤的孔隙度可以用煤的密度和视密度计算求得。因为氦分子能够充满煤的全部孔隙，而汞在不加压条件下完全不能进入煤的孔隙，所以煤的孔隙度计算公式为

$$孔隙度=\frac{密度-视密度}{密度}\times 100\% \tag{1-3}$$

$$孔隙度=\frac{d_{氦}-d_{汞}}{d_{氦}}\times 100\% \tag{1-4}$$

式中　$d_{氦}$——用氦测定的煤的密度，g/cm^3；

$d_{汞}$——用汞测定的煤的密度，g/cm^3。

煤的孔隙度与煤级有关，褐煤的孔隙度高，为15%～25%；无烟煤的孔隙度也较高，为5%～10%；而低中煤级烟煤的孔隙度较低，为2%～5%。煤的孔隙度也与显微煤岩组分和矿物质含量有关。相同煤级的煤，孔隙度可有相当大的波动范围。

在煤矿瓦斯研究工作中，煤中的孔隙大小分为三级，分别为大孔（直径一般大于100 nm）、过渡孔（100～10 nm）和微孔（小于10 nm）。

十、导电性

煤的导电性是指煤传导电流的能力，通常用电阻率表示。煤的电阻率随煤化程度的增加而降低（褐煤除外），烟煤的电阻率较大，无烟煤的电阻率较小。煤中水分、矿物质、孔隙率及煤的风氧化程度等因素也影响煤的电阻率。当矿物质含量高时，烟煤的电阻率降低，无烟煤的电阻率会升高。

煤的物理性质是在成煤过程中形成的，并在各个阶段受多种因素影响。观察煤的物理性质时以不改变煤的自然状态为原则，对比煤的物理性质时以煤化程度相同为前提，在相同煤岩组分之间进行。

思考与练习

1. 煤的宏观物理性质主要包括哪些?

2. 煤中常见的断口有哪些?

任务五　煤的工业分类

知识学习

一、我国煤炭分类方案

煤的工业分类是按煤的不同工艺性质和利用途径进行的分类，是指导煤炭资源合理开发利用的基本法规，是统计资源储量和评价煤炭资源利用合理性的根本依据，也是反映国家在煤炭加工利用方面的科学技术水平的指南。对煤进行工业分类有利于煤炭资源的合理开发、利用和满足用户的生产要求。

1. 分类参数

我国煤炭分类依据煤的煤化程度和工艺性质两类参数进行分类。用于表征煤化程度的参数有干燥无灰基挥发分 V_{daf}、干燥无灰基氢含量 H_{daf}、恒湿无灰基高位发热量 $Q_{gr,maf}$ 及低煤阶煤透光率 P_m 4 个指标；用于表征煤工艺性质的参数有黏结指数 $G_{R.I.}$（简记为 G）、胶质层最大厚度 Y 及奥亚膨胀度 b 三个指标。

2. 煤类代号

我国各类煤的代号由煤炭名称汉语拼音前两个汉字的首字母构成。例如，无烟煤的汉语拼音为 Wu Yan Mei，则代表符号为 WY；肥煤的汉语拼音为 Fei Mei，则代表符号为 FM。

3. 煤类编码

我国各类煤用两位阿拉伯数码表示。十位数系按煤的挥发分划分，无烟煤为 0（$V_{daf} \leqslant 10\%$），烟煤为 1～4（即 $V_{daf} >$ 10.0%～20.0%、$>$20.0%～28.0%、$>$28.0%～37.0% 和 $>$37.0%），褐煤为 5（$V_{daf} > 37.0\%$）。个位数系无烟煤类为 1～3，表示煤化程度；烟煤类为 1～6，表示黏结性；褐煤类为 1～2，表示煤化程度。

4. 分类用煤煤样灰分

如果原煤灰分 $A_d \leqslant 10\%$，则不需减灰；对于 $A_d > 10\%$ 的煤样，需按《煤样的制备方法》（GB 474—2008）中的附录 D（煤样的浮选方法）对煤样进行减灰，才能分类使用。对易泥化的低煤化度褐煤，可采用灰分尽量低的原煤。

二、我国煤炭分类体系表

（一）无烟煤、烟煤及褐煤分类表

采用表征煤化程度参数（主要是干燥无灰基挥发分 V_{daf}）可将煤划分为无烟

煤、烟煤和褐煤三大类，见表1－4。

表1－4 无烟煤、烟煤及褐煤分类表

类 别	代号	编 码	分类指标/%	
			V_{daf}	P_m
无烟煤	WY	01，02，03	≤10.0	—
烟煤	YM	11，12，13，14，15，16 21，22，23，24，25，26 31，32，33，34，35，36 41，42，43，44，45，46	>10.0～20.0 >20.0～28.0 >28.0～37.0 >37.0	—
褐煤	HM	51，52	>37.0①	≤50②

注：① 凡 V_{daf} > 37.0%、G≤5 的煤，再用透光率 P_m 来区分烟煤和褐煤（在地质勘查中，V_{daf} > 37.0%，在不压饼的条件下测定的焦渣特征为1～2号的煤，再用 P_m 来区分烟煤和褐煤）。

② 凡 V_{daf} > 37.0%、P_m > 50% 的煤为烟煤；30% < P_m ≤50% 的煤，如恒湿无灰基高位发热量 $Q_{gr,maf}$ > 24 MJ/kg，则为长焰煤，否则为褐煤。

1. 无烟煤的分类

采用表征煤化程度参数中的干燥无灰基挥发分 V_{daf} 和干燥无灰基氢含量 H_{daf} 作为指标，将无烟煤分为01、02、03三个小类。当 V_{daf} 划分的亚类与 H_{daf} 划分的亚类出现矛盾时，以 H_{daf} 划分的为准，见表1－5。

表1－5 无烟煤的分类

类 别	代号	编码	分类指标	
			V_{daf}/%	H_{daf}/%
无烟煤一号	WY1	01	≤3.5	≤2.0
无烟煤二号	WY2	02	>3.5～6.5	>2.0～3.0
无烟煤三号	WY3	03	>6.5～10.0	>3.0

注：在已确定无烟煤小类的生产矿、厂的日常工作中，可以只按 V_{daf} 进行分类；在地质勘探中，为新区确定亚类或生产矿、厂和其他单位需要重新核定亚类时，应同时测定 V_{daf} 和 H_{daf}，按表中数据分亚类。如两种结果有矛盾，以 H_{daf} 划分亚类的结果为准。

2. 烟煤的分类

采用表征煤化程度参数和工艺性质参数（主要是黏结性）将烟煤分为十二大类。烟煤煤化程度参数采用干燥无灰基挥发分 V_{daf} 作为指标；烟煤黏结性参数采用黏结指数 G 作为主要指标，并用胶质层最大厚度 Y（或奥亚膨胀度 b）作为辅助指标，当两者出现矛盾时，采用胶质层最大厚度的划分法类别为准，见表1－6。

对于烟煤的划分，首先是根据 V_{daf} 划分为低挥发分烟煤（V_{daf} > 10.0%～20.0%）、中挥发分烟煤（V_{daf} > 20.0%～28.0%）、中高挥发分烟煤（V_{daf} > 28.0%～37.0%）和高挥发分烟煤（V_{daf} > 37.0%）4组，分别用数码1～4来表示，数码越大，煤化程度越低。其次，根据黏结指数划分为不黏结煤或微黏结煤

表1-6 烟煤的分类

类别	代号	编码	分类指标			
			V_{daf}/%	G	Y/mm	b/% ②
贫煤	PM	11	>10.0~20.0	≤5		
贫瘦煤	PS	12	>10.0~20.0	>5~20		
瘦煤	SM	13 14	>10.0~20.0 >10.0~20.0	>20~50 >50~65		
焦煤	JM	15 24 25	>10.0~20.0 >20.0~28.0 >20.0~28.0	>65① >50~65 >65①	≤25.0 ≤25.0	≤150 ≤150
肥煤	FM	16 26 36	>10.0~20.0 >20.0~28.0 >28.0~37.0	(>85)① (>85)① (>85)①	>25.0 >25.0 >25.0	>150 >150 >220
1/3 焦煤	1/3JM	35	>28.0~37.0	>65①	≤25.0	≤220
气肥煤	QF	46	>37.0	(>85)①	>25.0	>220
气煤	QM	34 43 44 45	>28.0~37.0 >37.0 >37.0 >37.0	>50~65 >35~50 >50~65 >65①	≤25.0	≤220
1/2 中黏煤	1/2ZN	23 33	>20.0~28.0 >28.0~37.0	>30~50 >30~50		
弱黏煤	RN	22 32	>20.0~28.0 >28.0~37.0	>5~30 >5~30		
不黏煤	BN	21 31	>20.0~28.0 >28.0~37.0	≤5 ≤5		
长焰煤	CY	41 42	>37.0 >37.0	≤5 >5~35		

注：① 当烟煤的黏结指数 G≤85 时，用干燥无灰基挥发分 V_{daf} 和黏结指数 G 来划分煤类；当黏结指数 G>85 时，则用干燥无灰基挥发分 V_{daf} 和胶质层最大厚度 Y，或用干燥无灰基挥发分 V_{daf} 和奥亚膨胀度 b 来划分煤类。在 G>85 的情况下，当 Y>25.00 mm 时，根据 V_{daf} 的大小可划分为肥煤或气肥煤；当 Y≤25.00 mm 时，则根据 V_{daf} 的大小可划分为焦煤、1/3 焦煤或气煤。

② 当 G>85 时，用 Y 和 b 并列作为分类指标。当 V_{daf}≤28.0% 时，b>150% 的煤为肥煤；当 V_{daf}>28.0% 时，b>220% 的煤为肥煤或气肥煤。如按 b 值和 Y 值划分的类别有矛盾，以 Y 值划分的类别为准。

（G≤5）、弱黏结煤（G>5~20）、中等偏弱黏结煤（G>20~50）、中等偏强黏结煤（G>50~65）和强黏结煤（G>65）6 组，分别用数码 1~6 来表示，数码越大，煤的黏结性越强。可见，根据 V_{daf}、G、Y 和 b 可将烟煤划分成 24 个单元（根据 V_{daf} 分成 4 个，根据 G 分成 6 个），每个单元都对应有一个两位数的数码，

该数码就是表1－6中“编码”一栏的数值，其中十位上的数值（1～4）表示煤化程度，个位上的数值（1～6）表示黏结性。

在24个单元中，按照同类煤的性质基本相似、不同类煤的性质有较大差异的原则进行归类，共分成12个类别，这12个类别就是烟煤的12个大类，即贫煤、贫瘦煤、瘦煤、焦煤、肥煤、1/3焦煤、气肥煤、气煤、1/2中黏煤、弱黏煤、不黏煤、长焰煤。在对12个大类命名时，考虑到新、旧分类的延续性和习惯叫法，仍保留了长焰煤、不黏煤、弱黏煤、气煤、肥煤、焦煤、瘦煤、贫煤8个煤类，同时又增加了1/2中黏煤、气肥煤、1/3焦煤、贫瘦煤4个过渡性煤类，这样就能使同一类煤的性质基本相似。如1/2中黏煤就是由原分类中一部分黏结性较好的弱黏煤和一部分黏结性较差的肥焦煤和肥气煤组成；气肥煤在原分类中属肥煤大类，但是它的结焦性比典型肥煤差得多，所以将它单独列为一类，这就克服了原分类中同类煤性质差异较大的缺陷，使分类更趋合理；1/3焦煤是由原分类中一部分黏结性较好的肥气煤和肥焦煤组成，结焦性较好；贫瘦煤是指黏结性较差的瘦煤，可以和典型瘦煤加以区别。

3. 褐煤的分类

采用表征煤化程度指标 P_m 将褐煤分为两小类，并采用恒湿无灰基高位发热量 $Q_{gr,maf}$ 作为辅助指标区分烟煤（长焰煤）和褐煤，见表1－7。

表1－7 褐煤的分类

类别	代号	编码	分类指标	
			P_m/%	$Q_{gr,maf}$/(MJ·kg^{-1})①
褐煤一号	HM1	51	≤30	—
褐煤二号	HM2	52	>30～50	≤24

注：① 凡 V_{daf}>37.0%、P_m>30%～50%的煤，如恒湿无灰基高位发热量 $Q_{gr,maf}$>24 MJ/kg，则划为长焰煤。

（二）我国煤炭分类简表

表1－8为我国煤炭分类简表。

表1－8 我国煤炭分类简表

类别	代号	编码	分类指标					
			V_{daf}/%	G	Y/mm	b/%	PM/%②	$Q_{gr,maf}$/(MJ·kg)③
无烟煤	WY	01，02，03	≤10.0					
贫煤	PM	11	>10.0～20.0	≤5				
贫瘦煤	PS	12	>10.0～20.0	>5～20				
瘦煤	SM	13，14	>10.0～20.0	>20～65				
焦煤	JM	24	>20.0～28.0	>50～65				
		15，25	>10.0～28.0	>65①	≤25.0	≤150		

表1-8（续）

类别	代号	编　码	分类指标					
			V_{daf}/%	G	Y/mm	b/%	PM/%②	$Q_{gr,maf}$/（MJ·kg）③
肥煤	FM	16，26，36	>10.0～37.0	（>85）①	>25.0			
1/3 焦煤	1/3JM	35	>28.0～37.0	>65①	≤25.0	≤220		
气肥煤	QF	46	>37.0	（>85）①	>25.0	>220		
气煤	QM	34	>28.0～37.0	>50～65	≤25.0	≤220		
		42，44，45	>37.0	>35				
1/2 中黏煤	1/2ZN	23，33	>20.0～37.0	>30～50				
弱黏煤	RN	22，32	>20.0～37.0	>5～30				
不黏煤	BN	21，31	>20.0～37.0	≤5				
长焰煤	CY	41，42	>37.0	≤35			>50	
褐煤	HM	51	>37.0				≤30	≤24
		52	>37.0				>30～50	

注：① 在 $G>85$ 的情况下，用 Y 值或 b 值来区分肥煤、气肥煤与其他煤类。当 $Y>25.00$ mm 时，根据 V_{daf} 的大小可划分为肥煤或气肥煤；当 $Y\leqslant25.00$ mm 时，则根据 V_{daf} 的大小可划分为焦煤、1/3 焦煤或气煤。按 b 值划分类别时，$V_{daf}\leqslant28.0\%$、$b>150\%$ 的煤为肥煤，$V_{daf}>28.0\%$、$b>220\%$ 的煤为肥煤或气肥煤。若按 b 值和 Y 值划分的类别有矛盾，以 Y 值划分的类别为准。

② 对 $V_{daf}>37.0\%$、$G\leqslant5$ 的煤，再用透光率 P_m 来区分其为长焰煤或褐煤。

③ 对 $V_{daf}>37.0\%$、$P_m>30\%\sim50\%$ 的煤，再测 $Q_{gr,maf}$，如其值大于 24 MJ/kg，应划为长焰煤，否则为褐煤。

综上所述，我国煤炭分类标准将煤分为 14 大类、17 小类。14 大类包括烟煤的 12 个煤类、无烟煤和褐煤，17 小类包括烟煤的 12 个煤类、无烟煤的 3 个小类和褐煤的 2 个小类。

三、各类煤的主要特征及用途

1. 褐煤（HM）

褐煤的煤化程度最低，外观呈褐色到黑色，光泽暗淡或呈沥青光泽，不具黏结性。褐煤水分大、发热量低、挥发分高、密度小，含有腐殖酸，氧含量常达 15%～30%，化学反应性强，热稳定性差。根据透光率分为年轻褐煤（$P_m\leqslant30\%$）和成年老褐煤（$P_m>30\%\sim50\%$）。褐煤多作为发电厂锅炉的燃料，也可作为气化原料，有的褐煤可用来制造磺化煤或活性炭，有的可作为苯萃取物的原料，腐殖酸含量高的年轻褐煤也可用于提取腐殖酸，生产腐殖酸铵等有机肥料。

2. 长焰煤（CY）

长焰煤是煤化程度最低、挥发分最高（$V_{daf}>37\%$）、黏结性很弱（$G<35$）的烟煤。长焰煤的燃点低，纯煤热值也不高，储存时易风化碎裂。煤化程度较高的长焰煤加热时能产生一定量的胶质体，结成细小的长条形焦炭，但焦炭强度很

差，粉碎率也相当高。因此，长焰煤一般不用于炼焦，多用作电厂、机车燃料及工业窑炉燃料，也可用作气化用煤。

3. 不黏煤（BN）

不黏煤是煤化程度较低、挥发范围较宽（$V_{daf}>37\%$）、无黏结性或黏结指数小于5的烟煤。煤中水分含量大，含氧量有的达10%以上。不黏煤主要用作气化和发电用煤，也可以用作动力和民用燃料。

4. 弱黏煤（RN）

弱黏煤是煤化程度较低、挥发范围较宽（$V_{daf}>20\% \sim 37\%$）、黏结性较弱（$G>5 \sim 30$）的烟煤。炼焦时有的能结成强度差的小块焦，有的只有少部分能凝结成碎屑焦，粉焦率高。一般多用作气化原料和电厂、机车及锅炉的燃料。

5. 1/2 中黏煤（1/2 ZN）

1/2 中黏煤是煤化程度较低、挥发范围较宽（$V_{daf}>20\% \sim 37\%$）、黏结性微弱（$G>30 \sim 50$）的烟煤。这种煤有一部分在单独炼焦时能结成一定强度的焦炭，可用作配煤炼焦。另一部分黏结性较弱，单独炼焦时焦炭强度差，粉焦率高。因此，1/2 中黏煤可用作气化原料或动力用煤的燃料，炼焦时也可适量配入。

6. 气煤（QM）

气煤是煤化程度较低、挥发分较高的烟煤。气煤分为两组：第一组（$V_{daf}>37\%$、$G>35$、$Y\leqslant 25$ mm）挥发分特别高而黏结性强弱不等；第二组（$V_{daf}>28\% \sim 37\%$、$G>50 \sim 65$）黏结性中等而挥发分高。气煤单独炼焦时产生的焦炭细长、易碎，同时有较多纵向裂纹，焦炭强度和耐磨性均较差。多数用作配煤炼焦，也可用于高温干馏制造城市煤气。

7. 气肥煤（QF）

气肥煤的煤化程度接近气煤，是一种挥发分高（$V_{daf}>37\%$）、黏结性强（$Y>25$ mm）的烟煤。气肥煤单独炼焦时，能产生大量的煤气和胶质体。气肥煤最适合用于高温干馏制煤气，也可用作配煤炼焦，来增加化学产品的回收率。

8. 1/3 焦煤（1/3JM）

1/3 焦煤是煤化程度中等、挥发分中等偏高的强黏结性（$V_{daf}>28\% \sim 37\%$、$G>65$、$Y\leqslant 25$ mm）烟煤，属于性质介于焦煤、肥煤与气煤之间的过渡煤类。单独炼焦时能生成熔融性良好、强度较高的焦炭。炼焦时这种煤的配入量可在较宽范围内波动，都能获得强度较高的焦炭，也可作为配煤炼焦。

9. 肥煤（FM）

肥煤是煤化程度中等（$V_{daf}>10\% \sim 37\%$、$Y>25$ mm）的烟煤。加热时能产生大量的胶质体，有较强的黏结性，可黏结煤中的一些惰性物质。肥煤单独炼焦时，能生成熔融性好、强度高的焦炭，因而是炼焦配煤中的基础煤。但单独炼焦时，焦炭上有较多的横向裂纹，而且焦根部分常有蜂焦。

10. 焦煤（JM）

焦煤是煤化程度中等或偏高、结焦性较强的烟煤。焦煤分为两组：第一组（$V_{daf}>10\% \sim 28\%$、$G>65$、$Y\leqslant 25$ mm）结焦性特别好，可单独炼出合格的冶金焦；第二组（$V_{daf}>20\% \sim 28\%$、$G>50 \sim 65$）结焦性比第一组差，单独炼焦时可产生热稳定性很高的胶质体。所得焦炭块度大、裂缝少、抗碎强度高，耐磨强度也很高。但单独炼焦时膨胀压力大，出焦困难。这种煤是配煤炼焦的重要成分。

11. 瘦煤（SM）

瘦煤是煤化程度较高、挥发分较低（$V_{daf}>10\% \sim 20\%$、$G>20 \sim 65$）的烟煤。炼焦过程中能产生相当数量的胶质体。单独炼焦时能得到块度大、裂纹少、落下强度较好的焦炭。但耐磨强度较差，主要用作配煤炼焦。

12. 贫瘦煤（PS）

贫瘦煤是煤化程度较高、挥发分较低、黏结性差（$V_{daf}>10\% \sim 20\%$、$G>5 \sim 20$）的烟煤。加热后只产生少量胶质体。单独炼焦时，生成的粉焦多，配煤炼焦时配入较少比例就能起到瘦化作用。这种煤主要用作动力或民用燃料，少量用作制造煤气燃料。

13. 贫煤（PM）

贫煤是烟煤中煤化程度最高、挥发分最低（$V_{daf}>10\% \sim 20\%$、$G\leqslant 5$）而接近无烟煤的一类煤，国外也称之为半无烟煤。燃烧时火焰短、燃点高、热值高、不黏结或弱黏结，加热后不产生胶质体。主要用作动力或民用燃料。

14. 无烟煤（WY）

无烟煤是煤化程度最高的一类煤，挥发分产低（$V_{daf}\leqslant 10\%$），碳含量高，光泽强，硬度高且密度大，燃点高，无黏结性，燃烧时不冒烟。这类煤按其干燥无灰基挥发分可以分为无烟煤一号（年老无烟煤）、无烟煤二号（典型无烟煤）和无烟煤三号（年轻无烟煤）。无烟煤主要是民用和制造合成氨的造气原料，低灰、低硫和可磨性好的无烟煤不仅可以作为高炉喷吹及烧结铁矿石用的燃料，还可以制造各种碳素材料，如碳电极、阳极糊和活性炭的原料，某些优质无烟煤制成的航空用型煤可作为飞机发动机和车辆马达的保温材料。

思考与练习

1. 我国使用了哪些参数对煤炭进行分类？将煤分为哪些大类？
2. 我国各类煤的代号怎样表示？

拓展与应用

煤炭资源开发利用辩证思考

煤是世界上重要的化石燃料之一，为人类的文明发展提供着能源支撑。看似普通的煤炭，其形成过程却极为复杂。煤炭的再生周期漫长，需经过亿万年的沉

积，植物才能转化为煤炭，所需时间长，且条件苛刻。因此，在未来相当长的时期内，煤炭都属于不可再生资源。在日常生活中，一定要更加珍惜能源，节约用煤，合理利用煤炭资源，如此方能对建设富强、民主、文明、和谐、美丽的社会主义现代化国家起到积极的推动作用。

同时，煤炭资源开采过程中，应注重煤炭资源的综合开发利用。例如，一般而言，煤层中的夹矸属于有害成分，夹矸层的增多会对采煤方法、采煤机械的选择以及原煤质量产生一定影响。然而，当厚煤层中的矸石层较为稳定，且出现部位恰好在分层位置时，可作为分层开采的假顶使用。薄而稳定、岩性特殊的夹矸层，可作为煤层对比的良好标志。当煤层中的黏土岩夹矸达到一定工业品位时，即可作为耐火材料或陶瓷原料。由此可见，有些夹矸也是一种资源，并非毫无用处。这也提醒我们，在看待任何事物时，都要进行辩证分析，运用发展的观点，从正反两方面去考量，而不能固守成规。这样，才能使解决方案更加多样化，困难也会迎刃而解。

项目二　影响煤矿智能化生产的主要地质因素

学习要点

1. 掌握顶底板及煤层厚度变化对煤矿生产的影响；
2. 掌握褶曲对煤矿生产的影响；
3. 掌握断裂构造对煤矿智能化生产的影响；
4. 掌握岩溶陷落柱的出露特征；
5. 掌握岩浆侵入体的探测；
6. 掌握其他地质因素对煤矿智能化生产的影响。

任务一　煤层顶底板对煤矿智能化生产的影响

一、煤层顶底板的条件分析

煤层顶底板作为煤矿开采中的重要地质组成部分，其特性对煤矿的智能化生产有着显著影响。煤层顶板是赋存在煤层之上的邻近岩层，煤层底板是赋存在煤层之下的邻近岩层，煤层顶底板的岩性、强度、厚度及其存在的构造是煤矿智能化生产过程中选择支护方式和处理采空区方式的根据，也是顶板事故的主要诱发因素，因此煤层顶底板对煤矿生产的影响主要体现在以下三个方面。

1. 影响回采工作面正常生产

当回采工作面遇断层后，一般采用挑顶挖底的方式通过断层，如果断层使得煤层与坚硬的砂岩或砂砾岩顶板或底板接触，不仅采煤机组很难通过，甚至连炮采工作面也不得不终止推进而另开切眼。

2. 顶底板的破坏可导致突水事故

如果煤层顶底板含有石灰岩等富水含水层，当煤层开采后，其顶底板会遭破坏变形（如顶板破碎垮落、断裂、弯曲及底板隆起等），可能导致地下水分布变化，诱发突水事故。

3. 影响支护密度、支护形式及支护性能

顶板的类型直接影响其支护密度和支护形式，而底板岩石的刚度则直接影响支架的支护性能。如单体支柱的底面积仅为100 cm^2，在底板比较松软的情况下，支柱很容易插入底板（俗称“插针”），从而失去对顶板的支撑作用。若底板为泥岩，遇水则会膨胀变软，甚至呈泥状，使采煤、运输机械下沉，使支架失去对顶板的控制，从而影响生产。

二、煤层顶底板特征的分析

1. 分析特征变化

根据钻孔、井巷和采场揭露的顶底板资料，分析煤层顶底板的岩石性质、分层厚度、组合特征，层理和裂隙发育程度及其横向变化情况，编制煤层顶板岩性分布图，分区建立顶板岩性组合柱状图，为煤层顶板条件预测评价提供资料。

2. 分析研究井田地质构造展布规律及其对顶板条件的影响

小褶皱、小型断层、节理裂隙、层间滑动及层面擦痕等都会使顶板条件恶化，应将这些由于构造因素而使顶板条件恶化的范围圈定出来。

3. 测试岩性

由于机械化采煤要求地质研究定量化，因此应尽量分区分类采集顶底板岩石样品，进行物理力学性质测试和微观鉴定，以了解岩石的坚固性、可塑性和吸水膨胀性。

4. 收集开采过程中各类顶板的矿压显现及稳定状况的资料

通过相似对比，对未采区的顶板类型和稳定性作出预测评价。

5. 编制顶板条件类型预测图和顶板地质险情分析图

顶板条件类型预测图主要表示直接顶厚度、直接顶厚度与煤层采高比值、直接顶岩性、断裂带分布、地下水的压力及运动情况等，有条件的可以通过与相邻已采区类比确定顶板类级。图1－12是山西大同永定庄矿12号煤层顶板分级预测图。顶板地质险情分析图反映不同险情指数的分布及顶板条件好坏的分区位置，图1－13为险情分析图实例。

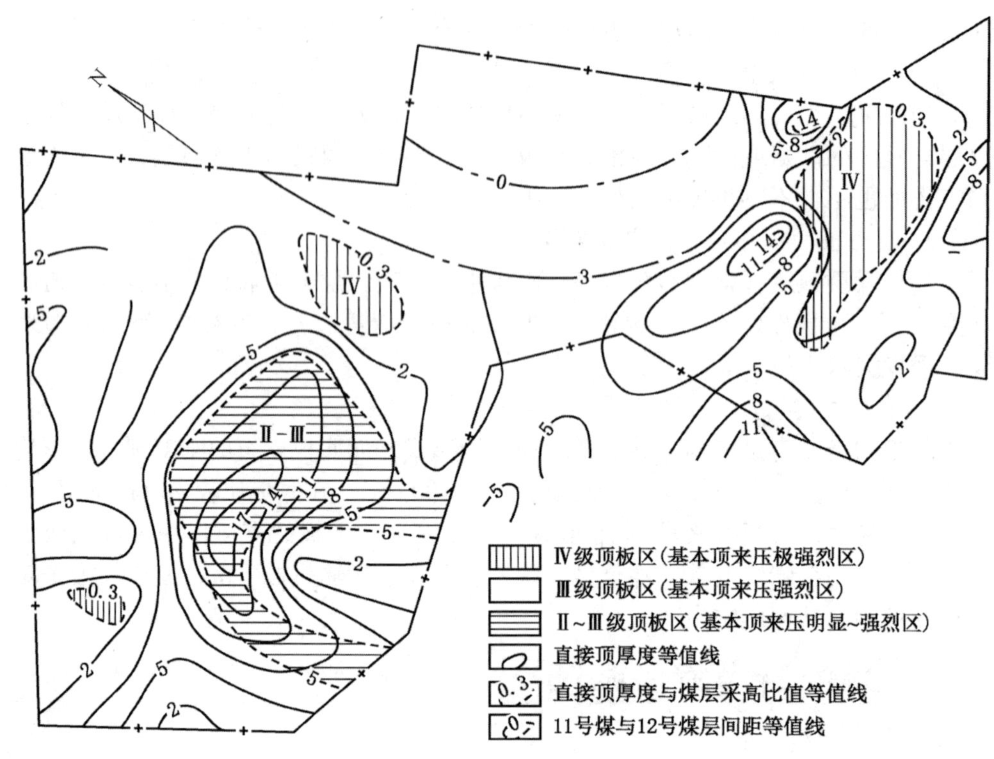

图 1－12　山西大同永定庄矿 12 号煤层顶板分级预测图

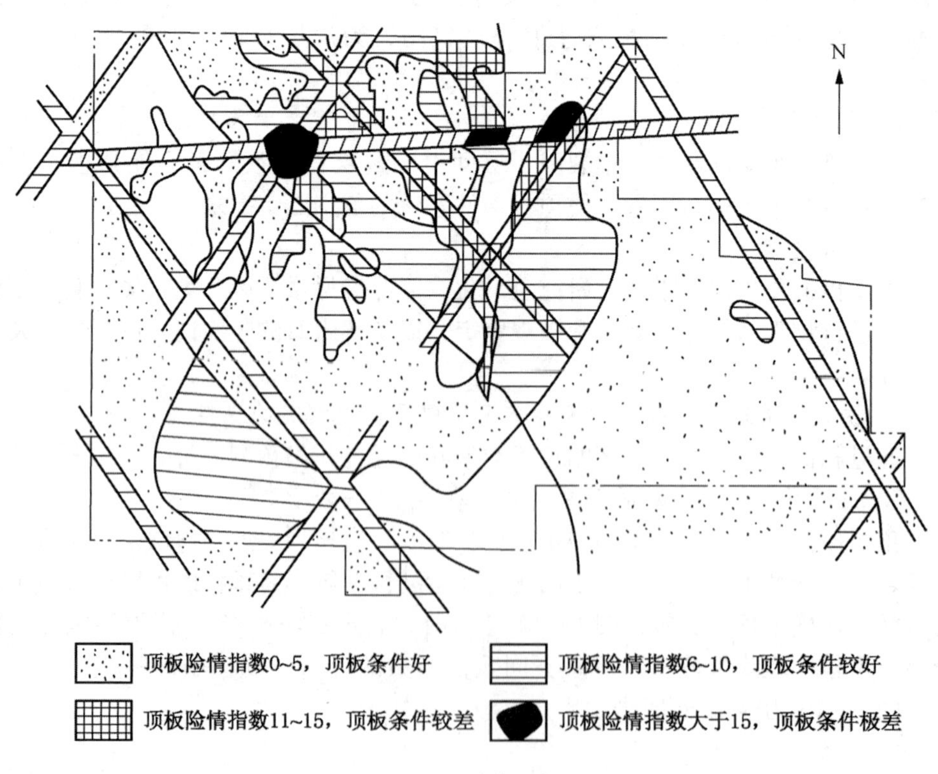

图 1－13　险情分析图

思考与练习

1. 煤层顶底板对煤矿生产有哪些主要影响?
2. 在煤矿生产中，煤层底板的哪些特性会影响支架的支护性能?

任务二　煤层厚度变化对煤矿智能化生产的影响

知识学习

一、煤层厚度变化

煤层厚度变化是影响煤矿生产的主要地质因素之一。煤层发生分叉、变薄、尖灭等厚度变化，直接影响煤矿正常生产。煤层厚度变化是多种多样的，但就其成因来说，可分为原生变化和后生变化两大类。

1. 煤层厚度的原生变化

煤层厚度的原生变化是指泥岩层堆积过程中，在形成煤层顶板岩层的沉积物覆盖以前，由于地壳活动、沉积环境变迁等各种地质因素的影响而引起的煤层形态和厚度变化。原生变化主要包括地壳不均衡沉降引起的煤层分叉、变薄、尖灭，泥炭沼泽古地形对煤层形态和煤厚的影响，河流同生冲蚀，海水同生冲蚀 4 种原因（图 1－14）。

图 1－14　煤层厚度变化示意图

2. 煤层厚度的后生变化

煤层厚度的后生变化是指煤层被沉积物覆盖以后，或煤系形成以后，由于河流冲蚀（图 1－15）、构造变动（图 1－16）、岩浆侵入（图 1－17）、岩溶陷落（图 1－18）等各种地质因素的影响而引起煤层形态和厚度变化。

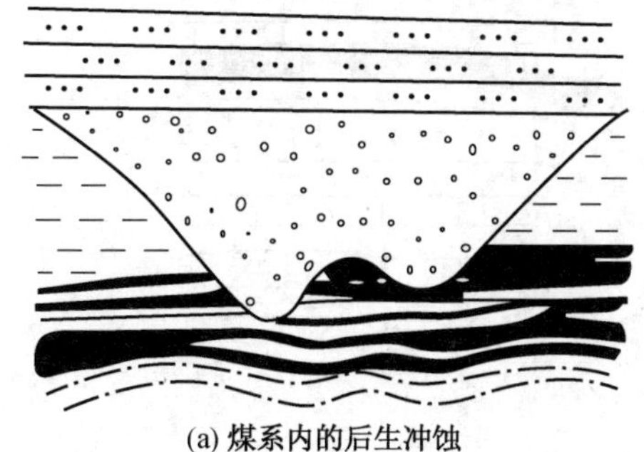

(a) 煤系内的后生冲蚀

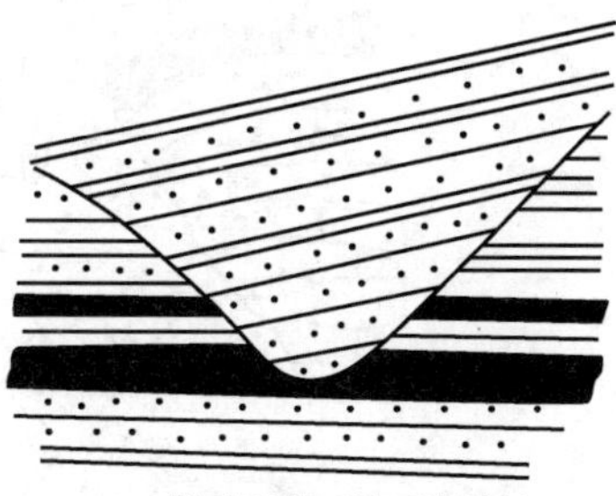

(b) 煤系形成后的后生冲蚀

图 1－15　河流冲蚀造成煤层厚度的后生变化示意图

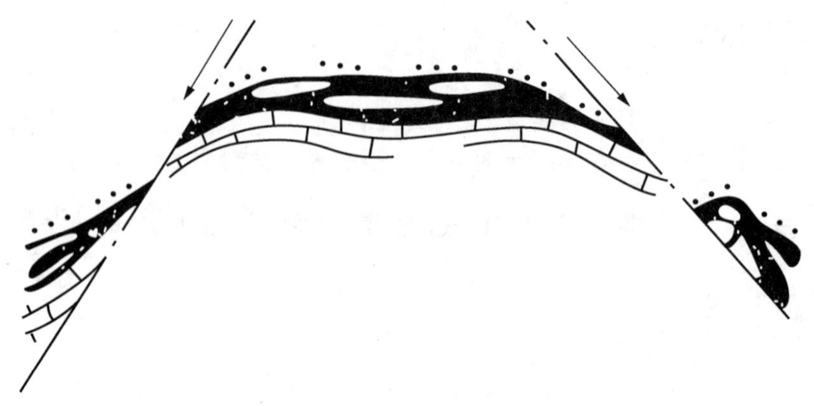

图 1－16　构造变动引起煤层厚度的后生变化示意图

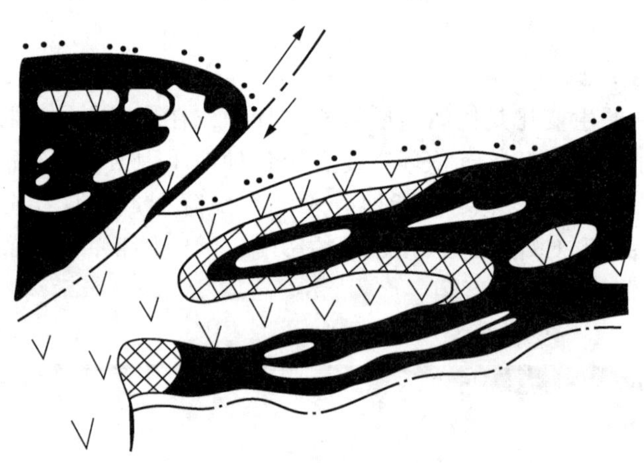

图 1－17　岩浆侵入引起煤层厚度的后生变化示意图

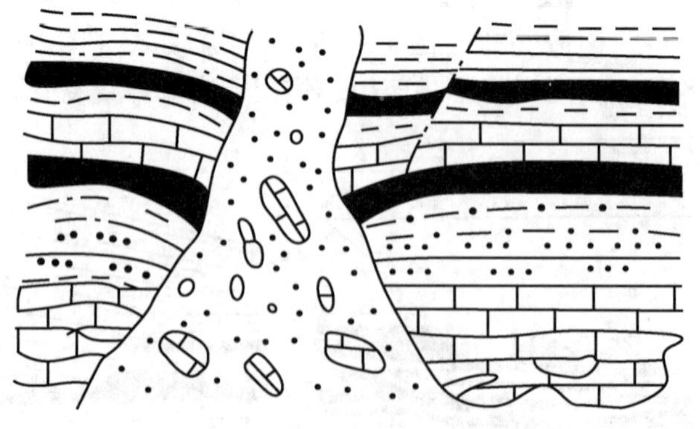

图 1－18　岩溶陷落引起煤层厚度的后生变化示意图

二、煤层厚度变化的影响

1. 影响采掘布置

原分层开采的厚煤层由于煤厚变薄，只能改为单层开采；原一次采全厚的煤层由于煤层增厚，又要改为分层开采。

2. 影响计划生产

工作面内煤层变薄，引起工作面回采提前，造成采掘失调，工作面接续紧张。采掘工作面对煤层稳定程度要求更高，煤厚变化影响生产效率。

3. 影响采煤工艺

我国的采煤工艺按机械化水平的高低依次分为综采、高档普采、普采、炮采、不正规开采 5 类。煤层厚度的变化直接影响采煤工艺、采煤方法的选择，特别是综采对煤层厚度的稳定程度要求更高。如果煤层变薄甚至小于液压支架的最小高度，需要增加破顶或破底工序，影响生产效率，甚至会因煤层变薄使工作面中断生产。

4. 掘进率增高

为探明煤层厚度变化，需多开巷道进行专门探测，使掘进率相应增高。

5. 采出率降低

煤层厚度变化大，常造成回采工作中的面积损失和厚度损失，从而降低采出率。

三、煤层的观测、探测研究及煤层厚度变化的处理

（一）煤层的观测

1. 煤层的观测内容

（1）煤层结构。要查明煤层的各个分层和夹石层，观测夹石层的层数、厚度、岩性及其与煤层的接触关系。对于煤层的结核、包裹体也要注意观测。

（2）煤层厚度。要实测煤层的总厚度和各分层厚度，要注意观测煤层厚度变化及其地质特征。

（3）煤层顶底板。观测岩石性质、厚度及其与煤层的接触关系，顶底板裂隙的发育程度，以及岩石的稳固性、可塑性及膨胀性等。

（4）煤岩煤质。一般只观测煤的颜色、光泽、裂隙、硬度及脆度等物理性质，煤的结构与构造等特征。

（5）煤层含水性。观测干燥（无水）、潮（滴水）、湿（淋水）、含水（涌水）4 种情况。

（6）煤层产状。观测走向、倾向、倾角，以及测定其他构造变动所显示的形迹。

2. 煤层的观测方法

通常，井下煤层观测工作是结合井巷及钻探的地质编录一起进行的，其常用的观测方法简述如下。

（1）用井巷观测基线测制煤层剖面，或以一定间距的煤层柱状、迎头素描

及顶（底）板标高来控制煤层的结构及其构造形态，并测出各个变化点的煤层产状。

（2）利用井巷和钻探揭露来测量煤层厚度。一般要测出煤层的真厚度。只有在受到观测条件限制时，才可测量煤层的假厚度，然后再换算成真厚度。对于煤层增厚、变薄、分叉、尖灭、断失、褶皱等厚度变化的位置及影响范围，应在井下现场绘制平面草图，必要时绘制反映变化特征的细部素描图。

（3）煤层观测点的布置，应按煤层的稳定程度和实际情况确定（可参照表1－9）。

表1－9　煤层观测点间距

煤层稳定性	稳定	较稳定	不稳定	极稳定
观测点间距/m	50～100	25～50	10～25	≤10

（4）一般应以沉积岩石学方法来鉴定煤层顶底板。根据井巷支护及现场管理的需要，有时要进行顶底板岩石物理力学性质的试验和顶板裂隙的测量统计。

（5）煤岩分层描述的观测点，应力求是一个新鲜的连续剖面。对于层位稳定、厚度大于2 cm的夹石层，必须单独分出。有特殊意义的标志层或煤岩类型也要单独分层进行观测。

（6）在上述特征观测基础上，将井下收集的各种煤层资料填绘在采掘工程平面图上。填绘的资料包括煤层观测点、有顶底板岩性的煤层小柱状图，附有煤质化验简表，以及其他说明煤层和顶底板变化的资料。此外，根据需要还可编制煤层等厚线图及煤质等值线图。

（二）煤层的探测

1. 煤层厚度的探测

（1）煤巷掘进中的探煤厚工作。在能够揭露煤层全部厚度的薄煤层的巷道中，可用皮尺垂直煤层顶底板的层面直接测量煤层真厚度；在只能揭露一部分煤层厚度的厚煤层及部分中厚煤层的巷道中，必须用钻探或巷探来探测煤层的全部厚度。

（2）回采工作面中的探煤厚工作。在缓倾斜或倾斜的厚煤层分层开采的工作面中，为了正确控制各个分层的回采厚度，仅根据回采巷道中的煤厚点是不够的，一般还要在上分层的开采过程中，既测量实际采高又随着工作面的推进按一定的探煤厚间距探测下分层煤厚。根据探煤厚资料，绘制煤分层等厚线图，确定分层开采的厚度。

2. 煤层分叉、尖灭的探测

根据煤层分叉的稳定情况大致可分为两种，一种是煤层分叉后分层的分布比较稳定；另一种是煤层分叉后只有一层保持稳定（即为主分叉层），其他各层延续不远很快尖灭。

（1）煤层呈多层次且比较稳定的分叉。可采用沿主要稳定煤层掘煤巷，然

后利用井下钻探探测各分叉煤层。

（2）煤层呈短距离的不稳定分叉。一般在主分叉层布置巷道，对其他达到可采厚度的次要分叉层采用钻探、巷探等手段探明可采范围，并按自上而下的顺序回采。

（3）分叉煤层的分、合区界线的圈定。对分叉煤层的合理分层、分区布置巷道和选择采煤方法，必须根据要求圈出分、合区界线，一般以煤分层之间夹石层厚度等于0.5 m的等值线为分、合区界线。

3. 煤层底凸薄化的探测

煤层底凸薄化是指煤层底板凸起造成煤层变薄尖灭的现象，对于这种变化，常用的探测方法如下。

（1）钻探控制巷道掘进方向的底凸位置。

（2）利用巷道穿越底凸部位，直接圈定煤层底板凸起的位置及薄化范围。

（3）利用工作面上分层边采边探的煤层观测资料，编制煤层顶底板标高等值线图，研究泥炭沼泽的基底地形，圈定煤层底凸薄化的位置和范围。

4. 煤层河流冲蚀变薄带的探测

首先应在巷道中仔细观察和素描冲蚀带的宽度、厚度、岩石成分、层理、砾石分布、煤层顶板冲蚀情况、冲蚀面特征、冲蚀处煤质变化等。然后将各巷道所见的冲蚀现象投绘在平面图上，进行对比分析，确定古河床的分布范围及对煤层破坏的情况，圈出古河床冲蚀带范围（图1－19）。

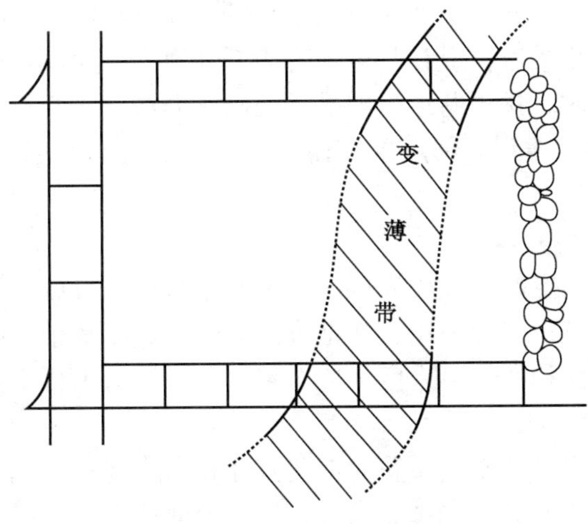

图1－19　由巷道圈定煤层冲蚀变薄带示意图

当冲蚀带范围不易查清时，需要用探巷或在邻近煤层的巷道中布置钻孔，探明冲蚀带宽度和煤层的可采范围（图1－20）。同时还应充分收集地质勘探和矿井生产中有关煤厚、顶板岩性、煤质等资料，编制煤层等厚线图及顶板岩性分布图。结合巷道实际揭露和钻孔资料，分析并圈定冲蚀范围，并预测冲蚀带可能延伸情况。

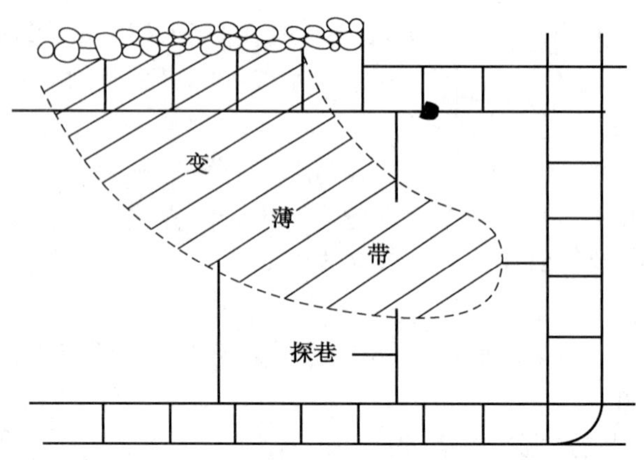

图 1－20　用探巷圈定煤层河流冲蚀变薄带范围示意图

（三）煤层厚度变化的处理

1. 掘进中的处理

（1）在煤巷掘进中遇到煤层分叉、尖灭现象，要根据具体情况确定掘进方案。如已知上分层稳定可采，而下分层常变薄尖灭，则巷道应紧靠煤层顶板掘进；如果是下分层稳定可采，而上分层不稳定，则应紧靠煤层底板掘进；如果分叉后煤层全部可采，应先采上分层，再采下分层。

（2）在采区上山掘进中，如遇煤层变薄带，应按变薄带的范围来决定巷道是直接穿过还是停止掘进，或在其他地方另开巷道。若变薄带范围不大，并且确知工作面有煤可采时，掘进巷道采取挑顶或破底办法直接穿过变薄带。

（3）主要运输巷遇到局部煤层变薄或尖灭时，巷道可按原计划施工，穿过变薄尖灭带。

2. 回采工作中的处理

回采工作面遇到变薄带或无煤区时，可采用直接推过或绕过的办法。若变薄带或不可采区范围较小，可采用直接推过的办法；若变薄带范围较大，可考虑采用绕过的办法；大面积的不可采区，应布置探巷，探清不可采范围，将工作面分为几块回采。

如果在采区和回采工作面布置之前已经了解某些地方有煤层变薄或尖灭带，最好把这些煤层变薄或尖灭带作为采区或工作面的边界来处理。

思考与练习

1. 煤层观测中，需要观测哪些主要内容？煤层观测点的布置原则是什么？
2. 在进行煤层底凸薄化探测时，有哪些常用的探测方法？

任务三　地质构造对煤矿智能化生产的影响

知识学习

地质构造是影响煤矿建设和生产的各种地质因素中最重要的因素之一。地质构造包括褶曲、断裂（节理和断层）。其中，断层是矿井地质构造的研究重点。

矿井地质构造按其规模和对生产的影响程度分为大型、中型、小型三个等级。

大型构造是指决定井田总体形态和井田边界的大型褶曲和大型断层。其在勘探阶段已经查明。

中型构造是指井田范围内影响采区划分和采区巷道布置的次一级褶曲和断层。其对煤矿生产影响极大，始终是矿井地质工作的研究重点。

小型构造是指那些在巷道施工或煤层开采过程中遇到的小褶曲和小断层。这些褶曲和断层在勘探和生产准备阶段很难查清，但它们的出现会给采掘工作，特别是机械化开采增加困难，因此研究小型构造是目前矿井地质的一项重要任务。

一、褶曲构造对煤矿智能化生产的影响

褶曲造成岩层产状的变化不同程度地影响了井田划分、矿井设计及生产等。褶曲按规模大小和对生产影响范围的不同，可分为大、中、小三类。它们对矿井设计和生产有不同程度的影响，因此，处理的方法也不同。

（一）褶曲对煤矿生产的影响

褶曲对煤矿生产的影响可从两个方面考虑，一方面，按褶曲的规模分为大型、中型、小型三类，一般认为幅度在几十米以下、长度在 1 km 以下的褶曲应属于中小型褶曲；另一方面，《矿井地质工作手册》从煤矿生产角度按褶曲两翼夹角大小，即褶曲两翼紧闭程度把褶曲分为平缓褶曲（两翼夹角大于 120°）、开阔褶曲（两翼夹角为 70°～120°）、中常褶曲（两翼夹角为 30°～70°）、紧闭褶曲（两翼夹角小于 30°）四类。

1. 大型褶曲

大型褶曲在勘探阶段已经查明，其规模、方向和位置会影响井田的划分和矿井开拓方式及开拓系统的部署，是矿井设计考虑的主要问题。

2. 中小型褶曲

中型褶曲对整个矿井的开拓部署影响不大，但与采区的布置有关，影响采区的大小和采区巷道的布置。

小型褶曲是指在工作面准备过程中，在巷道中见到的小褶曲，处理方法如下。

（1）重新掘开切眼。小褶曲发育地区，当煤层出现增厚、变薄甚至不可采现象时，工作面无法推过，需重新掘开切眼。

（2）下段风巷超前掘进。小褶曲发育地区，沿煤层掘进的风巷、工作面运

输巷弯曲时，除采用可弯曲输送机或对巷道进行改造取直外，还可采用下段风巷超前掘进。待风巷查清小褶曲后，再一次掘成上段工作面运输巷以避免人力、物力的浪费。

另外，小型褶曲还会使工作面长度发生变化，影响机械化生产。

3. 紧闭褶曲

如果褶曲两翼紧闭，两翼夹角较小，褶曲轴部地应力就较大，且往往次一级构造发育，通常作为开采边界考虑。例如某矿在较为紧闭的背斜轴和向斜轴之间设计了一个斜长 85 m 的工作面（图 1－21），并按设计开了运输石门、溜煤眼等工程，后发现向斜轴部有几个次一级小褶曲而无法开采，只好缩短工作面，重开溜煤眼和溜子道。

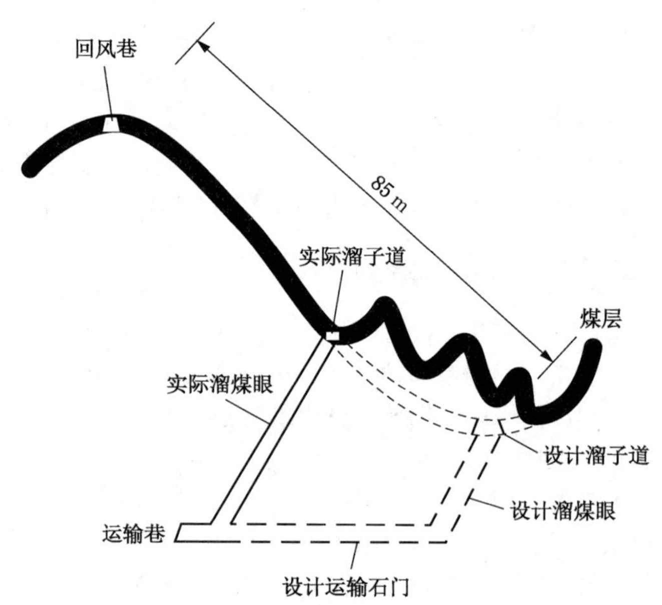

图 1－21　某矿由于紧闭褶曲轴部小褶曲影响生产示意图

（二）煤矿生产中对褶曲的研究

1. 褶曲的判断

岩层产状的规则变化和岩层层序的对称重复是识别褶曲的两大标志。如在石门巷道中岩层倾向相背或相向倾斜，或在煤层平巷中由于煤层走向的急剧变化而使平巷弯曲（图 1－22），表明有褶曲存在。

在构造简单、岩层标志明显的地区，根据褶曲核部和两翼的岩层层序，不难判断背斜或向斜。但在地质构造复杂的地区要特别注意层位对比和岩层顶底面的鉴定，不要把倒转褶曲等斜褶曲误认为单斜，由此而漏掉褶曲的存在。

在褶曲发育的矿区，褶曲轴的位置与采区划分和巷道布置关系密切。查明褶曲轴位置、延展方向、轴的长度、轴的倾斜和起伏情况、标高值等是矿井地质工作的一项重要任务。判断褶曲轴的方法有两种。

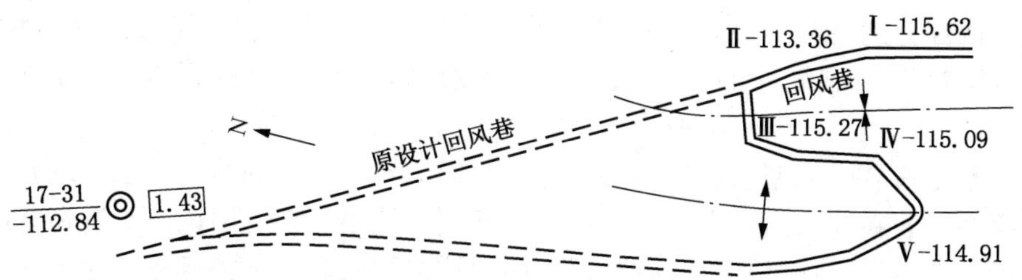

Ⅰ、Ⅱ、Ⅲ、Ⅳ、Ⅴ—煤层底板标高点

图1-22 煤层平巷掘进中确定褶曲存在示意图

（1）根据上部资料推断。对下部新开拓的煤层，可利用上部已查明的资料下延推断褶曲轴的位置和方向。但在不对称褶曲中，不同煤层的褶曲轴在平面上的投影是不重合的，必须考虑轴面产状，结合煤层间距来推断轴的位置。在不协调褶曲中，上下层的褶曲形态可能有相当大的差别，应考虑各煤层顶底板岩石力学性质及褶曲各部位的应力状态，分析上下层褶曲的不协调变化，然后根据这种变化规律去推断下部煤层褶曲轴位置。

（2）根据区域构造线方向推测。在新区资料较少的情况下，可由个别点褶曲轴资料，结合区域构造轴的方向来推断褶曲轴的方向。

2. 褶曲的观测

对于已经确认的褶曲构造，应观测描述以下内容。

（1）对在巷道中能看到全貌的小褶曲，应系统观测褶曲轴位置、方向、产状。对中型褶曲，在一条巷道中不能观测到全貌时，应准确鉴定观测点处的煤岩层层位及其顶底面顺序、岩层产状，然后把观测资料投绘到平面图或剖面图上，在图上综合分析，确定褶曲轴。

（2）褶曲两翼的岩层产状、褶曲宽度和幅度、褶曲的延展变化及向深部的延伸趋势。

（3）褶曲与断层、节理、煤厚变化的关系。在能看到煤层及顶底板的巷道中，要观察褶曲不同部位煤层厚度和结构的变化、煤层和顶底板中的滑动面、断层与节理发育情况等。这些是了解褶曲与断层的相互关系、评价煤层顶板稳定性、研究煤厚的变化规律的重要资料。

3. 查明褶曲的探测手段

根据观测资料判断褶曲轴常带有推断性，这种推断一般不能作为指导生产的依据，因此有必要进行探测。首先应尽可能地利用已揭露的各种资料初步判断其类型、要素、分布范围。当有些部位的构造形态不太清楚时，最好采用将来能用于生产的探巷加以查明。对构造复杂、控制很少的褶曲，则应在井下邻近巷道用钻探查明。

（三）褶曲的处理

1. 大型褶曲

有些大型向斜，由于轴部埋藏较深，开采困难，通常以褶曲轴线作为井田边

界，其两翼分别由两个或几个井田开采。有些大型宽缓背斜，两翼煤层距离较远，井下难以形成统一的生产系统，可以褶曲轴为界，两翼分别由两个井田开采。

并不是所有的大型褶曲轴都必须作为井田边界，在有的井田内也可以有大型褶曲存在。若在井田内有大型背斜构造，开拓系统中常把总回风道布置在背斜轴部附近，两翼煤层均可利用。有些位于向斜构造的矿井，常把运输巷道布置在向斜轴部附近，用一条运输巷解决向斜两翼的运输问题。

如果利用立井或斜井开拓，井筒位置最好不要布置在向斜轴部附近，因为这种井筒布置须留较大的保护井筒煤柱，损失煤炭资源。

大型向斜轴部的煤层顶板压力常有增大现象，必须加强支护，否则极易发生垮塌事故。在高沼气矿井中，若岩层透气性差，背斜轴部常是瓦斯突出危险区，应给予足够的重视。

2. 中型褶曲

（1）以褶曲轴线作为采区中心布置采区上山或下山。对开阔的平缓褶曲，以向斜轴作为采区中心，向两翼布置回采工作面，采区走向长可达 1000 m 以上（图 1－23）。

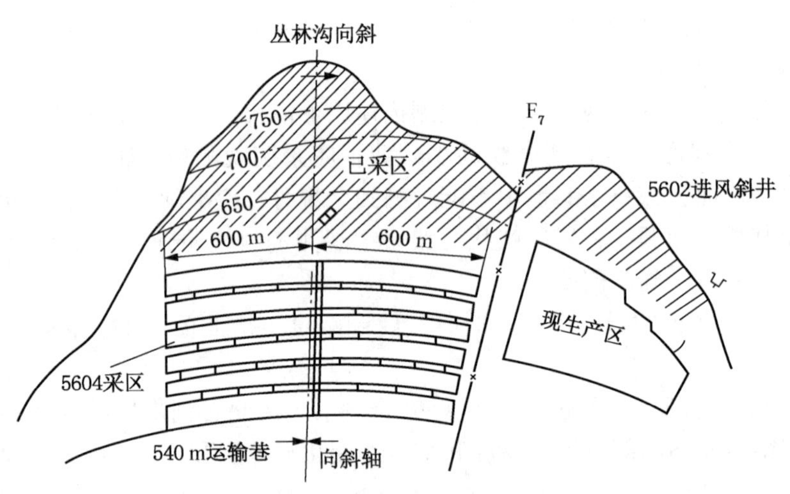

图 1－23　以中型向斜轴作为采区中心布置采区上山示意图

（2）以褶曲轴作为采区边界。在较紧闭的褶曲轴部，次一级构造往往发育，因此常以褶曲轴作为采区边界（图 1－24）。

（3）工作面直接推过褶曲轴。当褶曲较宽缓，而规模不太大时，可布置单翼采区，工作面直接推过褶曲轴部（图 1－25）。

3. 小型褶曲

（1）采面重开切眼生产。在小型褶曲发育地区，常见到煤层突然增厚或变薄，甚至不可采，使工作面无法通过，需要重新掘开切眼进行生产。

（2）采面运输巷改造取直。煤矿要求运输巷在 60 m 内不能有大的弯曲，弯

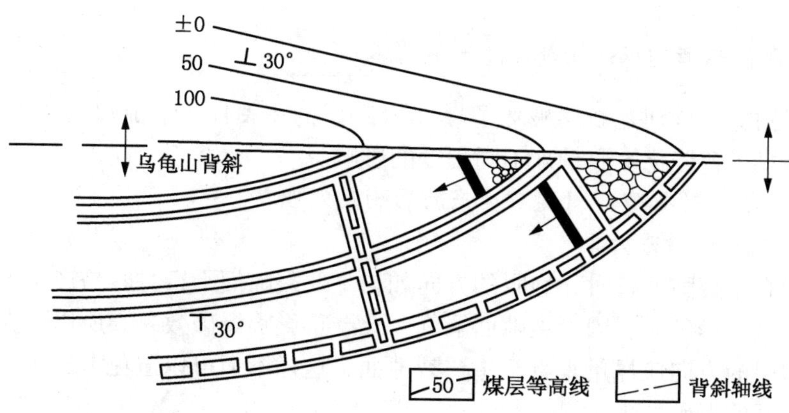

图1-24　中型较紧闭褶曲轴作为采区边界示意图

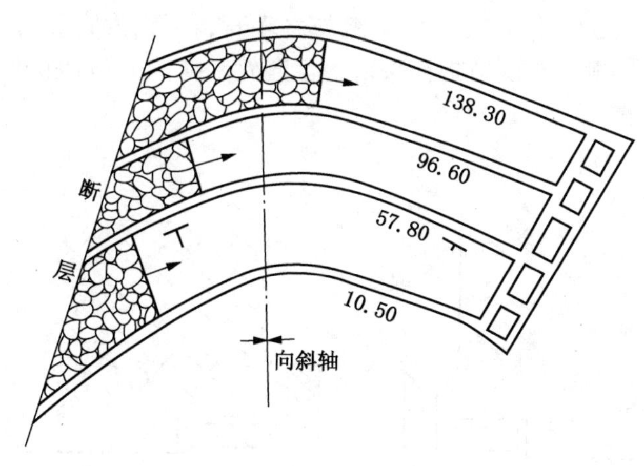

图1-25　工作面直接推过褶曲轴部示意图

曲过多无法使用。由于小褶曲的存在，使煤平巷弯弯曲曲。为满足生产要求，巷道需要改造取直（图1-26）。

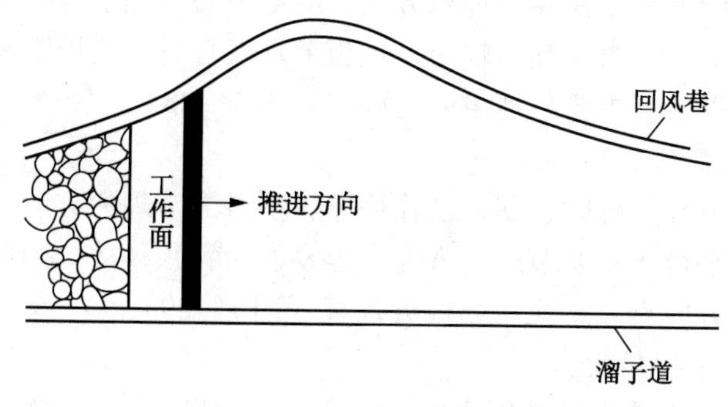

图1-26　对采面运输巷改造取直示意图

二、断裂构造对煤矿智能化生产的影响

断裂构造，特别是断层破坏了煤（岩）层的完整性，造成煤（岩）层的不连续，给煤矿智能化生产带来不同程度的影响。

（一）节理（裂隙）对煤矿生产的影响及处理

1. 影响钻眼爆破效果

当岩石中裂隙发育时，炮眼的方向如与主要裂隙面平行，容易产生卡钎子的事故，而且在爆破时，因沿裂隙面漏气，会严重影响爆破效果。所以，在钻眼爆破时，炮眼的方向应尽量垂直于主要裂隙面，这样不但可以避免卡钎子，而且还能获得较好的爆破效果。

2. 影响开采效率

在回采高变质和低变质煤层时，根据节理面的方向和发育程度合理布置回采工作面，可以提高生产效率。如图 1－27 所示，煤层中发育两组节理，一组倾向西，倾角为 50°～55°，较发育；另一组与之垂直，不太发育。若工作面由东向西推进，煤块容易顺发育的节理面采落，生产效率高，工作面推进快。相反则生产效率低，进度慢。

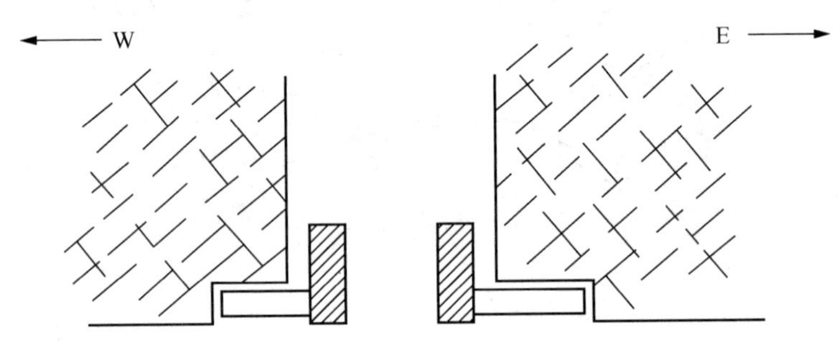

图 1－27　采煤方向与主要节理组关系示意图

3. 影响顶板控制方法

煤层顶板岩石节理发育时，工作面顶板支护一般不能用顶柱，而要采用顶梁，并且顶梁不能平行于主要节理组方向，应与主要节理组有一定交角，以防止顶板沿节理面冒落。当煤层倾角较小、顶板节理发育时，放顶距离要小。而且回柱放顶方向应根据顶板主要节理组方向确定（图 1－28）。

4. 影响工作面布置

当煤层顶板节理发育时，回采工作面布置要考虑节理的方向，以利于顶板支护。如果工作面平行于主要节理组方向，容易发生冒顶事故。因此工作面布置最好与主要节理组方向有一定交角或接近垂直（图 1－29）。

5. 对其他方面的影响

节理发育的地段是地下水和矿井瓦斯的良好通道。如果工作面回采前要进行瓦斯抽放，一般应使回采准备巷道与主要节理组方向呈一定角度。为保证回采的

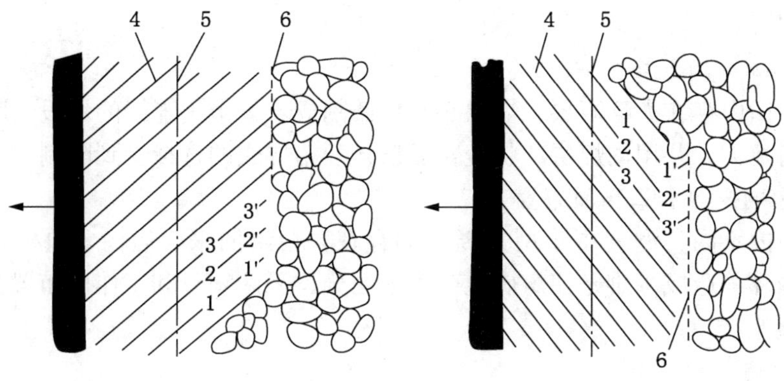

1－1、2－2、3－3—正确的放顶方向；4—顶板岩层主要节理组方向；5—新支架；6—老支架

图1－28　工作面回柱放顶方向与主要节理组关系示意图

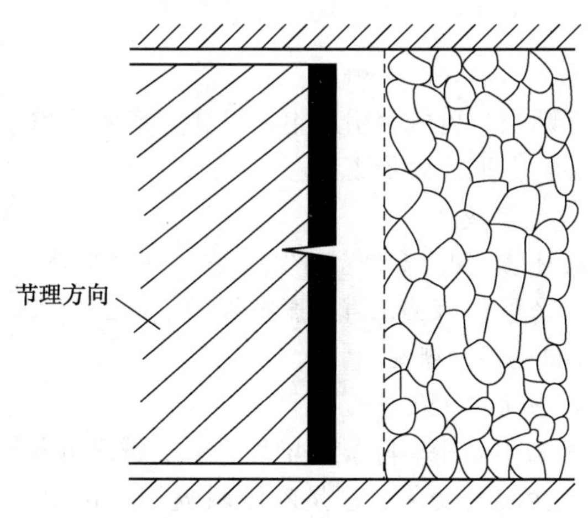

图1－29　采煤方向与主要节理组关系示意图

安全，应在采前查明节理的发育程度及其与水源的导通情况。

（二）断层对煤矿生产的影响

断层破坏了煤层的完整性和连续性，给煤矿生产造成了很大的影响。因此，在煤矿生产过程中，对断层进行经常性的分析研究是一项重要地质工作。断层规模不同，对生产的影响程度也不同，目前对断层规模等级的划分标准尚不统一。根据煤矿工作实践，建议采用下列划分标准：落差大于 50 m 的为特大型断层，落差在 50～20 m 的为大型断层，落差在 20～5 m 的为中型断层，落差小于 5 m 的为小型断层。

断层对煤矿生产的影响主要表现在 7 个方面。

1. 影响井田划分

断层是井田划分的主要依据之一。在井田划分时，若井田内存在大断层，必

然会增加岩石巷道掘进量，并给掘进、运输、巷道维护、矿井水和矿井瓦斯防治等带来困难。

2. 影响井田开拓方式

若井田内存在大型断层，煤层必然被截割成若干个不连续的块段。断层附近煤层倾角加大，井田内煤层产状变化复杂，开拓方式的选择受到限制。

3. 影响采区和工作面布置

井田内不同类型（中小型）断层的存在，会给回采、运输、顶板管理和正规作业循环等造成困难，使煤矿生产水平划分、采区划分和工作面布置受到不同程度的影响。

4. 影响生产安全

由于断层带岩石破碎，岩石强度降低，容易聚积瓦斯、导通地表水和地下水，引发矿井突水、瓦斯突出和坍塌冒顶事故。

5. 增加煤炭损失量

断层两侧需留有一定宽度的断层煤柱，形成煤炭损失，断层越多，断层煤柱损失量越大。

6. 增加巷道掘进量

在巷道掘进中遇断层，可能会引起生产设计方案调整和寻找断失煤层，导致巷道掘进量增加，甚至会形成大量废巷。

7. 影响煤矿综合经济效益

煤层内断层的破坏程度与煤矿劳动生产率（吨煤成本、千吨掘进率、煤损失率和机械化开采水平等）有关，直接影响煤矿生产的经济效益。

（三）煤矿生产中断层的研究

1. 断层揭露前的征兆

（1）煤层和顶底板岩石中裂隙显著增加，一般越靠近断层越增加明显。

（2）煤层产状发生显著变化。这是断层两盘相互错动，牵引附近煤岩层变形所致（图 1－30）。

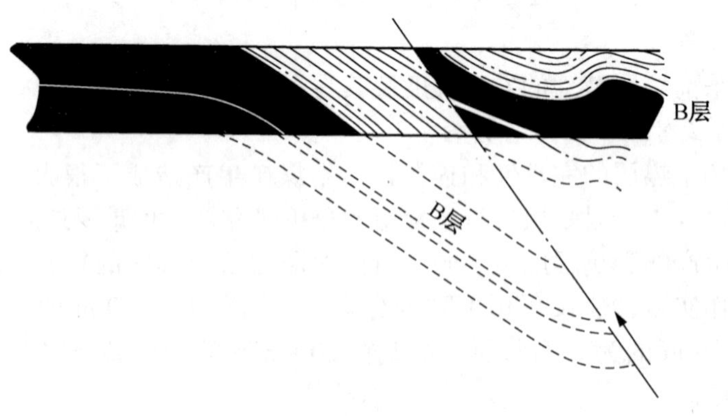

图 1－30　巷道在近断层处煤层产状变陡示意图

（3）煤层厚度发生变化，煤层顶底板出现不平行现象（图 1－31）。这是煤层较松软，或者顶底板岩石力学性质差异较大，在受到断层挤压和揉搓时，不同部位存在差异变形所致。

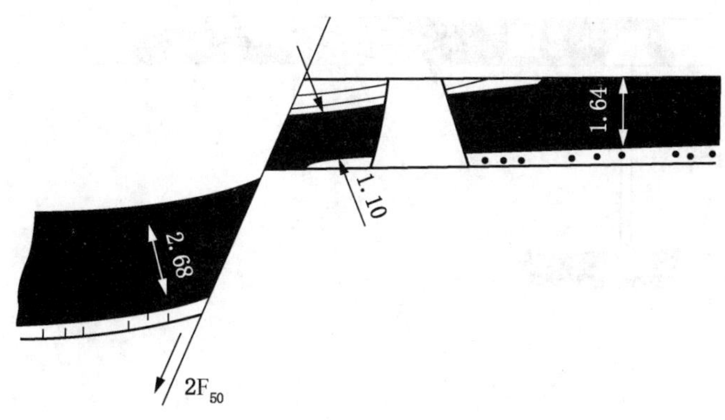

图 1－31　工作面断层附近煤层厚度发生变化，煤层顶底板不平行示意图

（4）煤层结构发生变化，滑面增多，出现揉皱和破碎现象。煤呈鳞片状、粉末状常有小褶曲出现（图 1－32）。

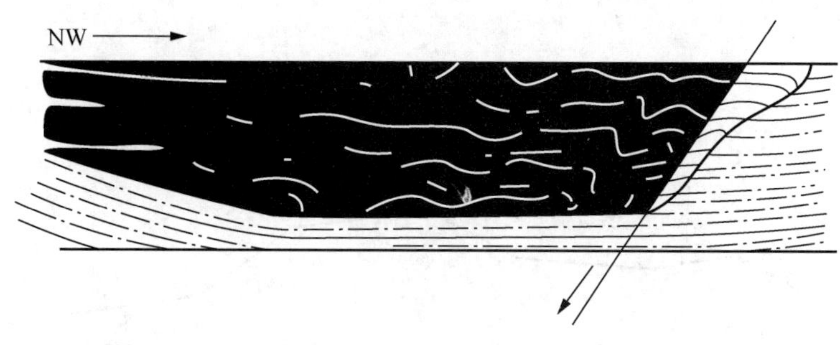

图 1－32　下山巷道遇断层前出现的揉皱和滑面

（5）在大断层附近常伴生一系列小断层，这些小断层与大断层性质相同，是大断层的伴生小构造（图 1－33）。

（6）在高沼气矿井，巷道中的瓦斯涌出量有明显变化的地段可能有断层存在，如图 1－34 所示，在断层附近，瓦斯涌出量出现高峰值。

（7）在充水性强的矿井，巷道接近断层时，常出现滴水、淋水以至涌水等现象。这是上部含水层或其他水体沿断层附近裂隙下渗所致。

上述各种征兆，不一定在所有断层带都出现，有的可能只出现其中几项，也有的断层甚至什么征兆都没有。

2. 断层的观测

（1）确定断层位置。在井下从已知测点用皮尺丈量距离，以确定断层的位

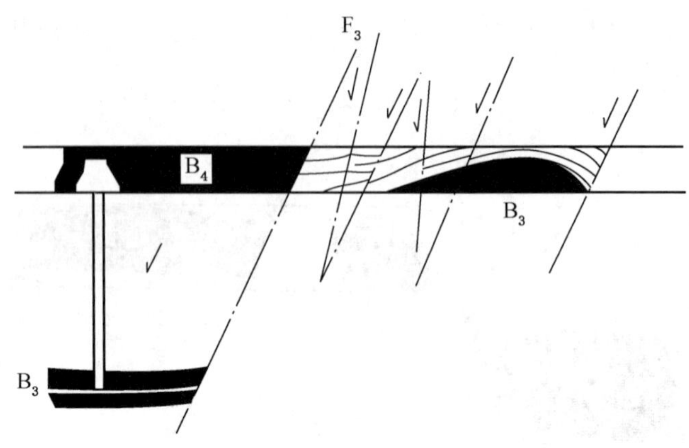

图 1-33　大断层附近的伴生小断层

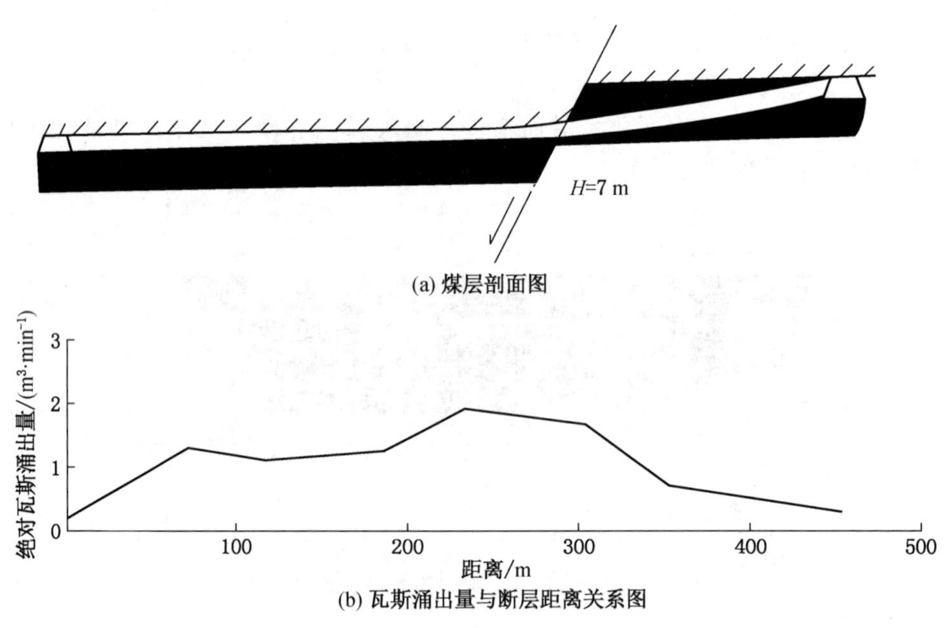

图 1-34　遇断层时瓦斯涌出量增大示意图

置。对于落差较大的断层，往往出现数个断裂面。要找出主要断裂面的确切位置并把测量结果绘在巷道平面图或剖面图上。

（2）观察断层面特征。观察断层面的产状（是平坦的、粗糙不平的还是舒缓波状的），断层面擦痕特征，断层破碎带的宽度及其变化，破碎带充填物特征（是断层角砾岩、糜棱岩还是断层泥），充填物的成分、大小、排列及胶结情况。

（3）观察断层的伴生派生构造。对断层两盘的煤岩层产状、厚度变化、牵引现象、羽状节理、帚状构造等进行观察，为确定断层性质和寻找断失煤层提供依据。

（4）确定断层性质及断层力学性质。在上述观察基础上，结合矿井构造规律，确定断层性质，同时还应确定断层面的力学性质（是压性面、张性面还是扭裂面等）。

（5）测量断层面产状。可在断层面上用罗盘直接测量，如果断层面比较平直、地层切割强烈且断层线出露良好，可以根据断层线的“V”字形来断定断层面的产状。

（6）确定断层的落差。落差是指断层两盘同一层面断失点之间的标高差。除测量落差之外，还要测量地层断距。当断距较大时，根据断层两盘煤岩层层位对比并结合地层柱状图，可推算出地层断距。

3. 断层的探测（断失煤层的寻找）

在掘进过程中遇到落差较大的断层时，常不能看到另一盘的煤层，由此需寻找断失煤层。因此，判定断层性质和确定断距已成为正确决定巷道掘进方向的重要问题。目前，煤矿中判断断层性质和确定断距的方法主要有以下 5 种。

1）层位对比法

根据巷道揭露的断层两盘煤岩层层位，寻找断失煤层位置。

在开采多煤层的矿井时，由于断层常把不同煤层错接在一起，导致掘煤巷时断层不易识别，容易漏掉断层。此时要特别注意掌握各煤层的煤岩特征和顶底板岩性，准确鉴定巷道的掘进层位。

2）伴生派生构造判断法

断层附近常伴生派生一些小型或微型构造，在成因上与断层有关，在分布上与断层相伴。它们既可作为断层存在的标志，又可作为判断断层性质、推测断失煤层位置的依据。主要伴生派生构造有牵引褶曲、断层擦痕、伴生小断层、断层面上的煤线（导脉）、羽状裂隙和帚状构造等。

3）规律类推法

随着矿井地质资料的积累，对矿区出现的断层得到某些规律性认识，并据此指导断失煤层的寻找。

4）作图分析法

充分利用各种矿图（包括矿井地质剖面图、水平地质切面图、煤层底板等高线图等），将新揭露的断层位置点投绘在图上，根据断层产状进行上、下、左、右对比连接，如与已查明的某条断层产状近似一致、特征相同，并能自然连接，就认为新断层是已知断层的延续，由此推断新断层的性质和规模。

5）生产勘探法

生产勘探的手段主要有钻探和巷探，此外还有物探。一般在断层性质已经确定，生产上又需要掘进过断层的巷道采用巷探。当断层性质及断距均不明确，生产上又需要先查明断层再确定掘进方向时，采用钻探。钻探原则上采用井下钻探，可以选用水平、倾斜、铅直和扇形群孔等方式达到勘探目的。

4. 断层的处理方法

1）开拓设计阶段对断层的处理方法

（1）井田边界和采区边界的确定。凡是井田内遇到落差大于 50 m 的特大型断层时，应以该大型断层作为井田边界。

划分采区时，也应以断层作为采区边界，但采区的走向长度应尽量与正常采区走向长度近似。一般当两条断层之间的煤层走向长度大于 800 ~ 1000 m 时，可以两条断层为界划为一个采区，用双翼上山方案进行开采；当断层落差大于 20 m，断层之间走向长度在 400 ~ 500 m 时，以断层为界划分采区，用单翼上山方案进行开采。

（2）井筒位置的选择。一般立井井筒要布置在倾角较大的大断层下盘、距断层 30 ~ 50 m 以外的位置。

对于倾角小的断层，立井井筒无法避开断层时，只能在井筒施工过程中采取必要的保安措施，选择煤层层数少的地点穿过断层，且井底车场的位置要避开断层带。斜井井筒也要以同样的原则处理。

（3）运输大巷的布置。运输大巷需布置在较坚硬的岩层中，且尽量少改变方向。但在断层错动处，断层两盘的煤岩层位移较大，甚至与另一盘的含水层相遇，因此必须考虑巷道的改道问题。

（4）采区内块段的划分。被断层切割破坏的地区，要综合考虑断层的位置、落差、被切割块段的大小和形态，以及已有的生产系统等因素来划分开采块段，要尽可能地将较大断层留在各块段之间的煤柱当中。

（5）井田开拓方式的确定。选择井田开拓方式时，要考虑各种地质因素的影响，其中断层占重要地位。在缓倾斜煤层中，用斜井开拓较好。但是如果煤层遭到断层破坏，产状发生变化，就应采用立井结合主要石门的开拓方式。

2）巷道掘进阶段对断层的处理方法

当煤层平巷遇斜交正断层，如果断层带的压力不大并没有瓦斯及水的威胁时，可沿断层带掘进并进入另一盘煤层；如果断层带岩石破碎、压力大又有瓦斯和水的威胁时，则不能紧靠断层面开掘巷道，而应使巷道穿过断层后，距断层面一定距离，平行断层走向开掘石门进入另一盘煤层。

（1）平巷过断层。平巷过断层分为穿过煤层顶板（或底板）和顺断层面掘进两种方式。

当煤层平巷遇断层后，要求不改变巷道坡度而可改变巷道的方向过断层，其中有破顶板掘进和破底板掘进两种情况（图 1 – 35）。至于是选择前者还是后者，应根据岩性有利于施工、距离短和少丢煤等因素综合考虑。

（2）倾斜巷道过断层。上、下山等倾斜巷道遇断层后，可以根据生产的要求采取多种形式通过断层。

当断层落差较小时，根据断失盘是上升还是下降，分别采用挑顶、挖底或挑顶挖底相结合的方式通过断层。无论选择什么方式，都必须使改变后的巷道坡度变化不大，有利于运输。当断层落差较大时，为防止丢煤和少掘巷道，可根据巷道用途（运输巷或回风巷）、断层面和煤层面产状（同向或反向）、断层性质等采用改变巷道坡度或掘石门的办法通过断层。

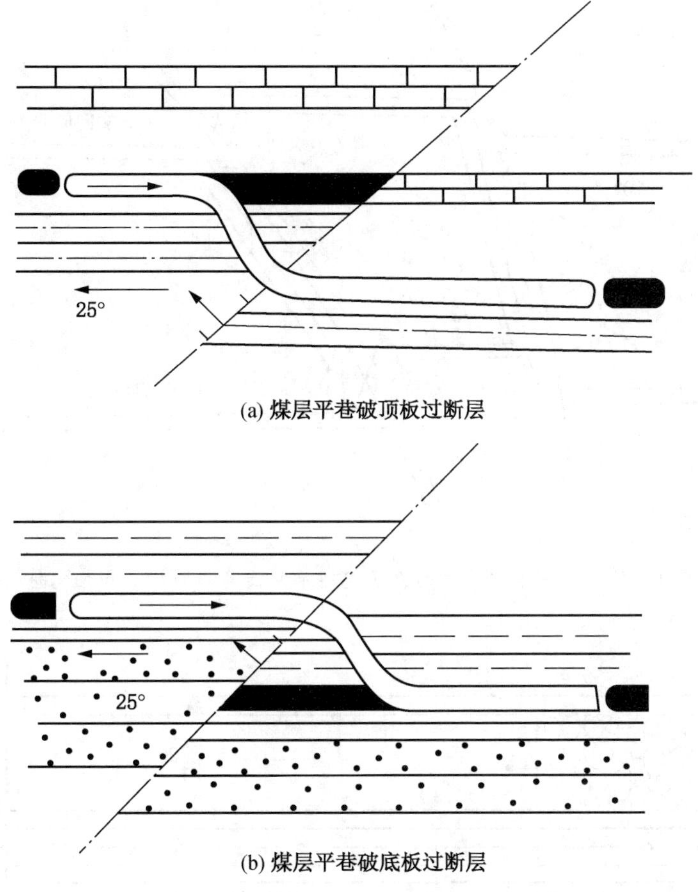

图 1－35　平巷穿过顶板或底板过断层示意图

3）回采阶段对断层的处理方法

（1）采用强行通过的方法。当断层落差较小，并满足“一是在普采及炮采工作面内，断层落差小于煤厚时；二是在综采工作面内，当断层两盘对接部分的煤厚大于液压支架的最小支撑高度时；三是在综采工作面内，当断层两盘对接部分的煤厚小于液压支架的最小支撑高度，但煤层顶底板岩性较软，采煤机能切割时。”其中情况之一者，可以采用强行通过断层的方法。

（2）采用重开切眼的方法。当断层落差大于煤厚时，对于倾向断层或斜交断层可采用重开切眼的方法，即提前在断层另一盘重新掘开切眼，待工作面推进到断层处停止回采，工作面搬家到新开切眼内继续开采（图 1－36）。

（3）采用划小工作面的方法。当断层落差大于煤厚时，对于走向断层，可在断层两侧补掘中间平巷，把原来一个采面划分为两个采面分别回采。对于落差一端大、一端小的斜交断层，可采用合采与分采相结合的方法，把断层两盘煤层结合起来开采（图 1－37）。

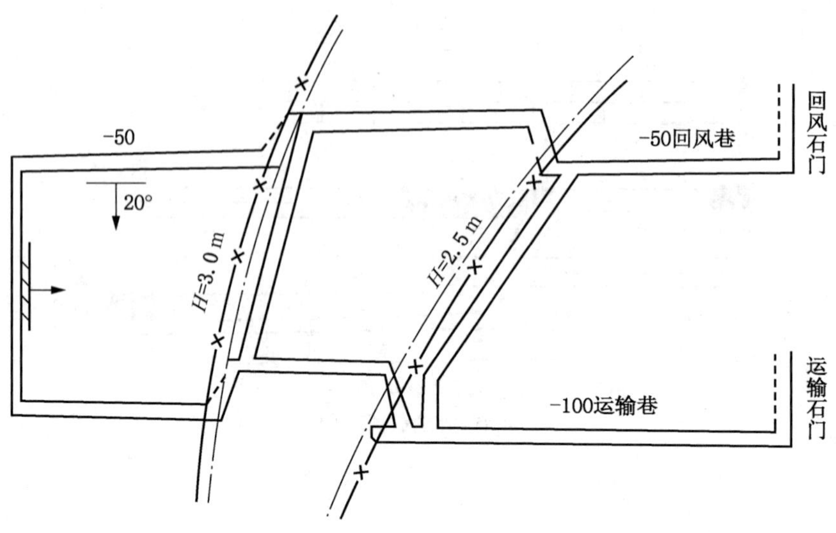

图 1-36　采用重开切眼的方法处理采面内的倾向断层和斜交断层

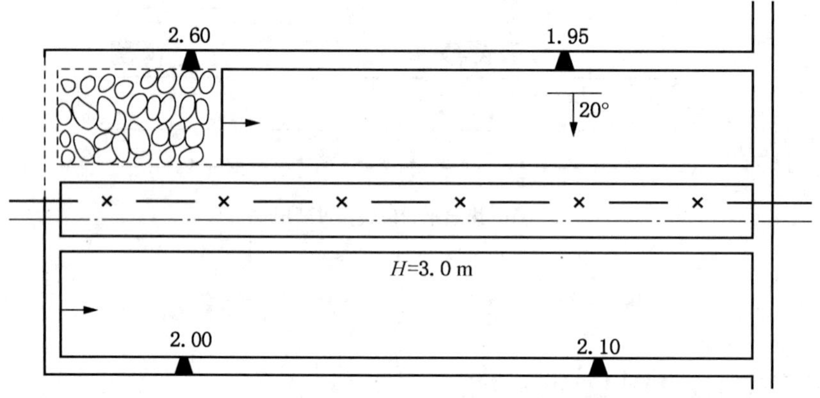

图 1-37　采用划小工作面的方法处理采面内的走向断层

思考与练习

1. 褶曲的判断与观测包括哪些内容？应注意什么问题？
2. 节理（裂隙）对煤矿生产的主要影响是什么？
3. 断层揭露前有什么征兆？
4. 矿井断层的观测包括哪些内容？
5. 断失煤层的寻找方法有哪些？
6. 什么是平巷过断层？什么是倾斜巷道过断层？
7. 回采阶段对断层采取怎样的处理？

任务四　岩溶陷落柱对煤矿智能化生产的影响

知识学习

喀斯特陷落柱，又称岩溶陷落柱，简称陷落柱，俗称“无炭柱”或“矸子窝”，是喀斯特塌陷的一种类型。它是由于煤层下伏碳酸盐岩等可溶岩层，经地下水强烈溶蚀，形成空洞，从而引起上覆岩层失稳，向溶蚀空间冒落、塌陷，形成筒状或似锥状柱体，故以其成因和形状取名。

在华北一些矿区，陷落柱较发育，尤以阳泉矿区、霍州矿区、汾西矿区及太行山东麓的峰峰矿区、井隆矿区特别发育，其他在开滦、鹤壁、新汶、枣陶、徐州、铜川、大同等均有发现。陷落柱发育的矿区，常使煤层遭受不同程度的破坏，给机械化开采造成极大困难，严重的可使部分煤层失去开采价值。在水文地质条件复杂的矿井，陷落柱是地下水的良好通道，给安全生产造成严重威胁。

一、陷落柱的成因

喀斯特洞穴的发育和喀斯特洞穴塌陷是形成陷落柱的根本原因。

（一）喀斯特洞穴发育的地质条件

（1）煤系或其下部地层中含有可溶性岩层，如石灰岩、石膏层、泥灰岩等，这些岩层易被地下水溶蚀后形成溶洞。

（2）煤系地层分布区域内发育有断裂构造等良好的地下水通道。

（3）地下水源丰富，并且地下水中含有溶蚀性强的各种酸根，如 CO_3^{2-} 等。

（4）有流畅的排泄口，地下水动力条件好，水的交替循环强烈，有较强的侵蚀“掏空”能力。

（二）喀斯特洞穴致塌机理

喀斯特洞穴是形成陷落柱的前提条件，但并不是所有的喀斯特洞穴都会塌落成陷落柱。目前有以下几种致塌机理。

1. 重力塌陷

喀斯特洞穴顶部承受不了上覆岩层的重力，产生裂隙，导致塌陷。由于地下水的持续活动，溶洞不断扩大，使上覆岩层垮落，形成几米、几十米，甚至上百米的陷落柱。

2. 真空吸蚀塌陷

在相对密封的承压喀斯特溶腔（指充满地下水的溶孔、溶洞）中，由于地下水的排泄、局部的地壳升降等，使溶腔盖层底面由承压转为无压，甚至形成负压口。在喀斯特溶腔内不断下降着的水面强有力的抽吸作用下，上面盖层向下陷落，此过程反复进行。同时，由于溶腔内外的压差效应，使溶腔外部大气压力对盖层表面产生冲压作用，降低岩层强度，加速盖层宏观平衡的破坏。当溶腔内真空积累达到临界值时，盖层失去平衡，出现瞬间坍塌。喀斯特真空吸蚀作用是解释喀斯特陷落的新观点。

3. 物理化学作用综合塌陷

陷落柱的形成至少是由三种物理化学因素综合作用的结果，包括：①岩层内某些物质的重结晶作用，如硬石膏的水化作用（$CaSO_4 + 2H_2O \rightarrow CaSO_4 + 2H_2O$），使体积增大 30% 以上；②地下水循环造成的冲蚀和溶蚀作用；③有机质分解产物的化学作用，即成煤过程中有机质分解释放出大量 H_2O、CO_2、CH_4 等物质进入煤系下伏地层，与岩层内部成分发生物理化学作用，使岩层破坏和垮落。

二、陷落柱的特征

（一）陷落柱的基本形态

1. 陷落柱的平面形状

陷落柱的平面形状是指陷落柱与某一层面（如煤层顶底面）或地表面相交切的形状。陷落柱的平面形状绝大多数为似圆形和椭圆形，也有长条形和不规则形，图 1－38 所示为阳泉三矿揭露的几种陷落柱平面形状，为了表征陷落柱的平面形状，用长轴长度、短轴长度、长短轴比值和长轴方向来表示。

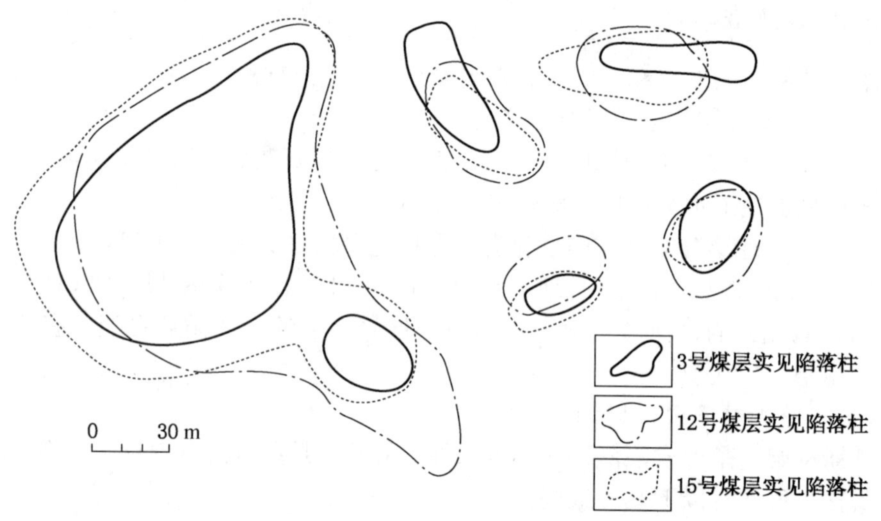

图 1－38 阳泉三矿在 3 号、12 号、15 号煤层中揭露陷落柱的平面形状及大小对照示意图（阳泉三矿地测科提供）

2. 陷落柱的剖面形状

陷落柱的剖面形状与所穿透岩层的岩性有关。在第四系松散沉积层或含水较多的松软岩层（如裂隙发育的泥质页岩）中，由于岩层松软极易塌陷，陷落柱体呈现上大下小的漏斗状，柱面与水平面夹角为 40°～50°（图 1－39a）。在坚硬岩层，如砂岩、砂砾岩、石灰岩中，由于岩石坚硬不易塌陷，陷落柱体呈现上小下大的锥状，柱面与水平面夹角为 60°～80°（图 1－39b）。图 1－39c 为某矿实际揭露的一个陷落柱，穿过几个煤层，各煤层破坏程度不一，柱体平面面积大小不一，轴心偏离也大。可见陷落柱剖面形状很不规则，但总体上还是呈现为锥形柱

体。由于柱体呈不规则的锥状，因此不能简单按照一个塌陷角计算不同层位或不同标高的陷落柱平面面积。

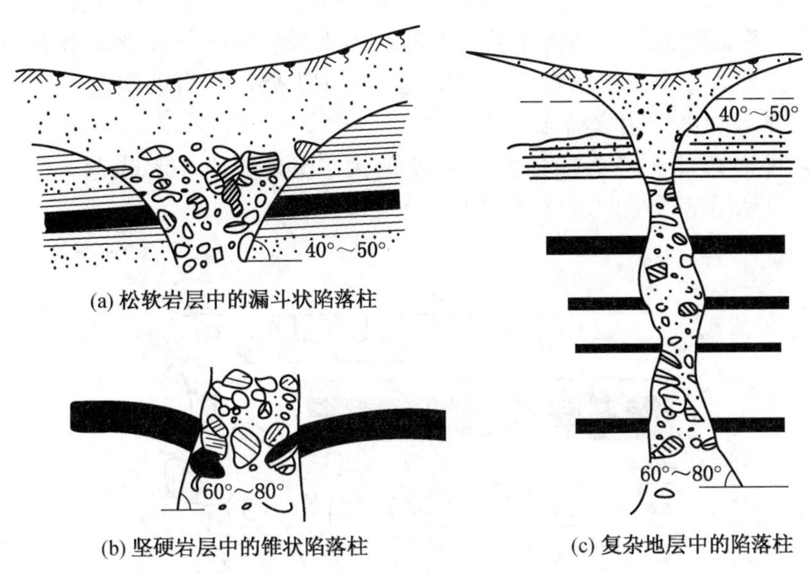

图 1－39　陷落柱剖面形状示意图

3. 陷落柱的高度

从溶洞底面至塌陷顶的垂直距离为陷落柱高度。陷落柱高度与溶洞的大小、地下水排泄条件、岩石物理力学性质及裂隙发育程度等有关，一般可由几十米到一二百米，但也有高达数百米的巨型陷落柱，有的塌至地表。当底部溶洞体积大、地下水排泄条件良好及岩层裂隙发育时，陷落柱高度就大；反之则小。

4. 陷落柱的中心轴

陷落柱各平面中心点的连线称为陷落柱的中心轴线。从图 1－38 可以看出中心轴大多数不是直立的，而是歪斜甚至扭转弯曲的。陷落柱中心轴通常垂直于塌陷岩层的层面。掌握中心轴变化规律，有助于预测下部煤层或下水平陷落柱的平面位置。

（二）陷落柱的出露特征

1. 陷落柱的地表出露特征

（1）盆状凹陷陷落柱出露地表后，常呈现盆状凹陷区。凹陷区岩层层序遭到破坏，而其周围岩层层序正常，岩层产状稍向凹陷中心倾斜。凹陷区常被黄土覆盖，在黄土层上常长满茂密的植物，较易识别。

（2）丘状凸起。在石炭－二叠纪煤系地层分布区，由粉砂岩和泥质岩组成的山西组地层中，若见到局部隆起的石盒子组或石千峰组砂岩碎块堆积，是陷落柱的一种地表特征。这是由于石盒子组或石千峰组砂岩较山西组地层坚硬、耐风化，致使山西组地层破坏，而石盒子组或石千峰组砂岩碎块呈现凸起的丘状地形。这种特征在阳泉矿区很典型。

（3）在沟谷两侧的自然剖面或公路、铁路两侧的人工剖面上，常见到一些柱状破碎带，此即陷落柱在地表的出露。

（4）特殊地貌形态。在黄土覆盖区，陷落柱常使表层黄土出现大大小小的凹形陷坑，构成形似蜂窝状的地貌，有时还出现弧形裂缝，裂缝大小不一，小者几厘米，大者达几米。陷落柱还可以引起地表黄土层产生滑坡现象。

2. 陷落柱的井下出露特征

（1）柱面特征。陷落柱柱面呈不规则状，坚硬岩石不易塌落，呈突出状；松软岩石很易塌落，呈凹进状（图 1－40）。

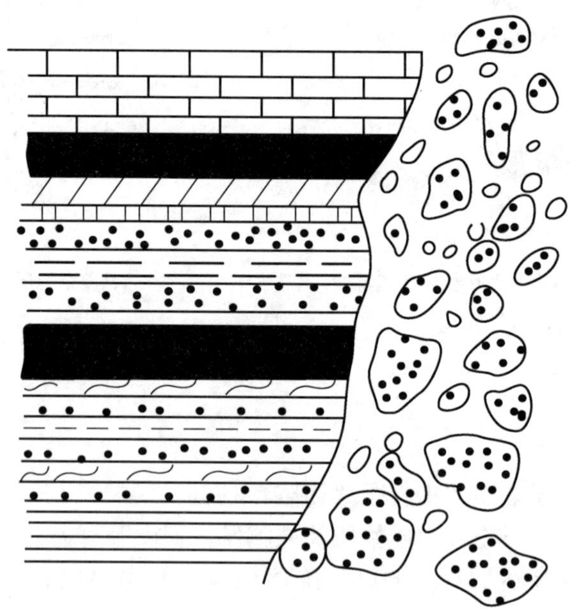

图 1－40 陷落柱柱面的曲折不规则状示意图

由于陷落柱的水平切面图形为一封闭曲线，所以巷道与柱面相遇处多呈弧线。弧的半径大小与陷落柱平面形状、陷落柱大小、相遇部位有关。如果陷落柱面积大或相遇部位靠近短轴位置，则弧线平缓；反之，弧线弯曲较大。据此，可依据弧线弯曲情况判断陷落柱的大小，还可以作为区别断层和陷落柱的标志。

（2）柱体特征。柱体多为较新层位的岩石碎块或第四系松散沉积物充填。柱体内塌落岩块岩性混杂、大小不一、棱角明显。古老陷落柱中的岩块多被胶结，近代塌落的岩块呈松散堆积。

（3）陷落柱内沉淀物。在陷落柱的柱面及柱体内裂隙面上常见到红色的铁质、白色的钙质或高岭土质沉淀物，有时还可见到新生界泥质沉积物，这些是地下水渗入陷落柱产生的沉淀物。

3. 陷落柱的分布特点

陷落柱的平面分布不均一，具有明显的分区性和分带性。

陷落柱的形成与喀斯特地下水活动的强烈程度有关，矿区内各个井田的水文地质条件存在差异，因此陷落柱的形成在时间上和空间上均有差别，其数量和规模都表现出明显的分区性。

构造裂隙是地下水的良好通道，是形成喀斯特的重要条件。因此陷落柱常沿喀斯特化断裂带、褶曲轴，特别是断层交会处呈串珠状密集分布，表现出明显的分带性。例如徐州大黄山矿陷落柱沿主向斜轴呈带状分布，井陉煤矿的陷落柱沿北东方向呈串珠状展布，均与该区地下水集中径流带有关。

三、陷落柱的观测与研究

（一）陷落柱出现前的征兆

1. 产状变化

陷落柱在陷落过程中，由于牵引作用使围岩向陷落中心倾斜，倾角一般为4°～6°，个别可达10°以上，其影响范围一般在15～20 m，少数可达30 m（图1－41）。

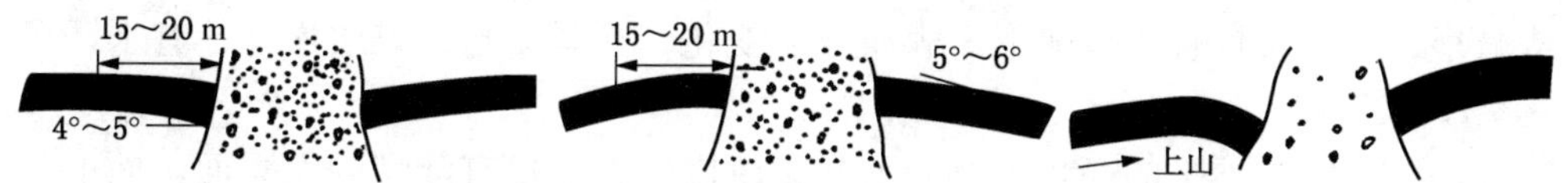

图1－41　陷落柱周围煤岩层产状变化示意图

2. 裂隙增多

在陷落过程中，陷落柱周围煤岩层产生大量裂隙。裂隙走向平行于柱面的切线方向，裂隙面向陷落中心倾斜。裂隙的发育程度与围岩的物理力学性质有关，在脆性岩石中裂隙较发育，在柔性岩石中裂隙较少。在裂隙中，常见有黏土、高岭土、碳酸钙、氧化铁等充填物。

3. 小断层增多

陷落柱周围的煤岩层由于受塌陷和重力的影响，沿裂隙面向下发生位移产生小断层。此种小断层规模小，走向延长10～27 m，落差多在0.5 m以内，且都是向陷落中心倾斜的正断层（图1－42）。

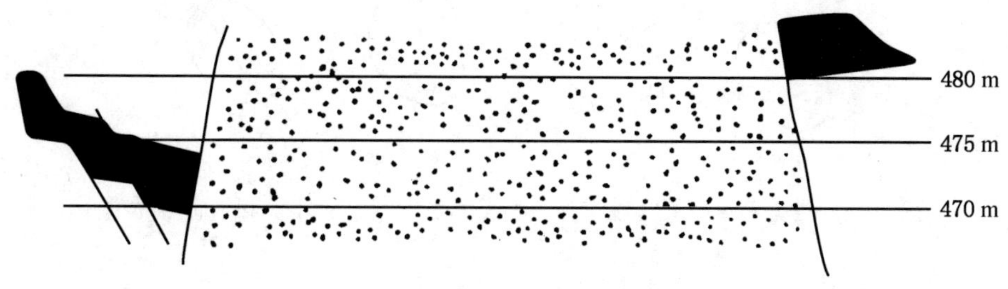

图1－42　陷落柱围岩中的小断层示意图

4. 煤质氧化

陷落柱附近的煤层由于地下水作用，易发生氧化。氧化煤的光泽变暗，灰分增高、强度降低，严重者可变为煤华。煤的氧化程度和影响范围与陷落柱大小、裂隙发育程度和地下水活动有关。陷落柱越大、裂隙越发育、距陷落柱越近、水量越大，影响范围则越大，反之则小。

5. 涌水量增大

陷落柱穿过含水层时，将地下水导入矿井。当巷道接近陷落柱时，涌水量会骤然增加，有时会发生突水事故。其涌水量的大小与该处水文地质条件有关。

（二）井下遇陷落柱的观测

巷道遇到陷落柱，揭露的只是一个很小的接触面（柱面），观测时应确定巷道与陷落柱的相遇部位。由于这种接触面与断层带、冲刷带有相似的特征，必须仔细观察才能作出正确判断。

1. 柱体前的煤岩层特征

与柱体相接触部位的煤层及顶底板岩层产状会稍有变化。倾向柱体倾角增大或减小，裂隙发育且常呈弧形。煤质亦有变化，光泽变暗，煤质松软，有水锈。

2. 柱面特征

一般为凹凸不平的高角度倾斜面，呈镶嵌状，但也有陡峭的直立面。面上常有水锈。柱面上有煤粉、岩屑组成的软泥时，要注意测定柱面与巷底交切弧线的弧度及方向。

3. 柱体内特征

观察岩块的岩性、形状、大小及堆积方式等，要特别注意与揭露点附近的钻孔或石门剖面资料进行岩性对比，判断陷落层位。

4. 利用已有资料

根据上部煤层、地表或各水平的资料，结合观测特征，判断陷落柱的形状、大小及陷落柱的相遇部位（图 1－43）。

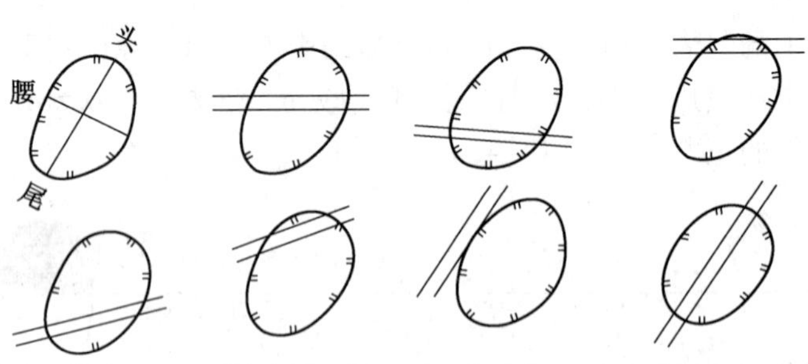

图 1－43　根据巷道与陷落柱交线判断陷落柱形状、大小及相遇部位示意图

（三）陷落柱的探测

为了准确圈定陷落柱的位置、大小、形状和面积，在观测基础上，必须使用探测手段。

1. 钻探

钻探使用的范围较广。在地表可用钻探验证异常区有无陷落柱；在井下可用钻探探测巷道前方或由巷道圈定的回采工作面内有无陷落柱（图1-44）。

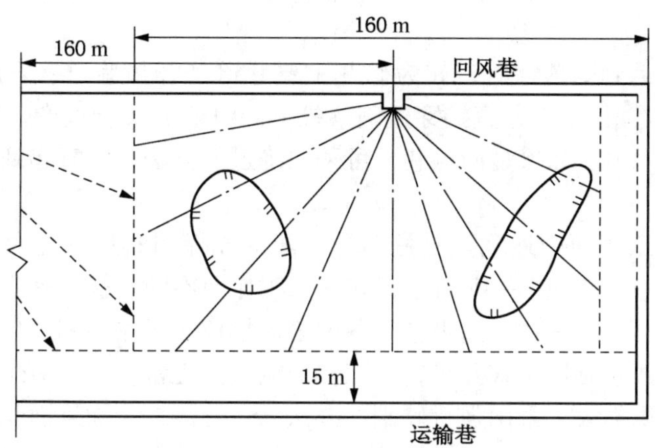

图1-44　钻孔圈定陷落柱示意图

2. 物探

由于煤层与陷落柱的电性不同，对电磁波具有不同的吸收作用，所以可用无线电波透视法探测工作面内的陷落柱。

3. 巷探

巷探能直接进行观察和测定，可靠程度高，但工作量大，费用高，安排巷探时尽可能考虑一巷多用，或采取小断面掘进。

四、陷落柱对煤矿智能化生产的影响及处理

（一）陷落柱对煤矿生产的影响

1. 破坏可采煤层，减少煤炭储量

由于陷落柱本身及其周围不能开采的煤层，使煤炭储量减少。例如汾西富家滩西矿由于陷落柱造成的煤炭损失占全矿总储量的53%。

2. 影响开采

由于陷落柱破坏，无法布置回采工作面，影响开采。

3. 影响采掘施工

由于存在陷落柱，必然增加巷道掘进率，增加岩巷工作量和支护难度。陷落柱使开采条件复杂化，降低回采效率，特别是对机械化采煤不利。例如西山杜儿坪矿一个回采工作面由于遇到一个直径为30 m的陷落柱，工作面搬家49天，无效进尺1027 m，经济损失294万元。

4. 影响生产安全

陷落柱可能是矿井水或矿井瓦斯的通道，影响煤矿生产安全。例如1984年

5月，开滦范各庄煤矿2171工作面由于陷落柱导水，造成特大水灾，涌水量最大达到2053 m^3/min。

（二）陷落柱的处理方法

（1）设计时尽量把陷落柱留设在煤柱中，既减少煤炭损失，又保证生产安全。

（2）掘进遇到陷落柱时，如为矿井主要巷道（开拓巷道、采区和采面运输巷道），应按原设计施工，直接穿过陷落柱。同时注意安全生产，特别是防止矿井水或瓦斯的涌出。如果是回风巷，可采取绕过的方法，同时起到探明陷落柱的作用。

（3）回采工作面中遇到陷落柱时，一般应先探明其形状、大小、位置，然后决定处理方法。如图1－45所示，在回采工作面不同位置上有三个陷落柱，其长轴方向与煤层倾向一致。图中左下角的陷落柱位于运输巷和开切眼交会处，采用斜开切眼，回采时摆尾式开采，将工作面调整到正常位置。对工作面中部的陷落柱，如果面积不大，采用强行硬割的办法通过陷落柱；如果面积较大，则需要预先新掘开切眼，当工作面推进到陷落柱左侧时，倒面搬家，跳过陷落柱继续回采。当陷落柱位于风巷和上山交会处时，采用缩短工作面长度或者用减小溜尾进尺的办法避开陷落柱。

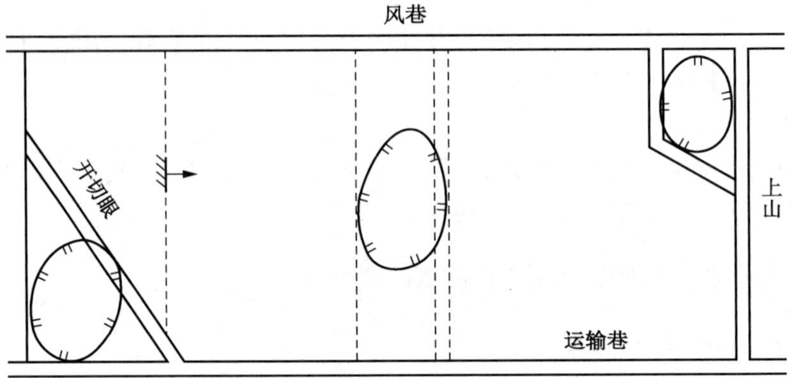

图1－45　回采工作面处理陷落柱示意图

思考与练习

1. 什么是岩溶陷落柱？
2. 喀斯特洞穴致塌机理是什么
3. 陷落柱有哪些井下出露特征？
4. 陷落柱出现前有哪些征兆？
5. 陷落柱探测方法有哪些？
6. 在生产过程中，对陷落柱如何处理？

任务五　岩浆侵入体对煤矿智能化生产的影响

知识学习

在漫长的地质历史中，我国境内岩浆活动极为频繁，尤其是中生代以来，我国东部地区地壳运动比较强烈，岩浆活动广泛。因此，我国阜新、鸡西、井陉、峰峰、淄博、陶枣及坊子等不少矿区都或多或少受到岩浆侵入活动破坏。有的煤层变成天然焦；有的煤层几乎全部被岩浆吞蚀；有的煤层被岩墙切割破坏，直接影响了煤矿的生产。

岩浆侵入煤层，形成岩浆侵入体，不仅破坏煤层的连续性，减少煤炭储量，还会使煤质变差，降低煤的工业价值。同时，侵入岩体硬度大，妨碍采掘工程顺利进行。

一、岩浆侵入体对煤质和生产的影响

1. 岩浆侵入体对煤质的影响

岩浆侵入使煤层发生变质作用，并使煤质变劣，其变质程度由岩浆的成分、侵入体大小、形态及侵入煤层的位置所决定。一般来说，岩浆侵入引起的变质作用有以下规律。

（1）岩墙切割煤层，对煤质影响小，通常只是岩墙两侧几米的煤发生变质。岩床沿煤层侵入，对煤质影响范围大。一般岩浆侵入煤层下部影响较大，侵入顶部影响较小，侵入中部影响最大。

（2）侵入体的大小、厚度直接影响变质程度。侵入体越大，煤层变质越严重，影响范围越大；反之则小。

（3）侵入体岩性对煤质的影响，一般认为辉绿岩影响最大，闪长岩次之，石英斑岩影响最小。这是因为辉绿岩属基性岩，熔化温度高，因此对煤质影响较大；石英斑岩属酸性岩，熔化温度低，对煤质影响小。

（4）岩浆侵入煤层，形成一个热力变质带。距侵入体近者变质深，远者变质浅。可按煤种划分若干带，由近而远为天然焦、高变质煤、低变质煤，逐渐转成正常煤。从一个煤层看，不仅有水平分带，而且垂直分带现象也很明显（图1-46），煤种沿倾斜方向有明显分带现象，这种分带现象与侵入体的产状和形态有密切关系，产状越缓，体积越大，分带现象越明显。

2. 岩浆侵入体对生产的影响

岩浆侵入体对煤矿生产的影响主要表现在三个方面。

（1）减少煤炭储量，缩短矿井服务年限。例如阜新平安矿某区面积为25万m^2，原有储量152万t，由于岩浆侵入破坏，只剩下200t，其余均被岩浆吞蚀或变成天然焦。

（2）使煤质变差，灰分增高，挥发分显著降低，黏结性遭到破坏。使原来的优质工业用煤降为一般的民用煤或天然焦。例如河北井隆一矿原产很好的主焦

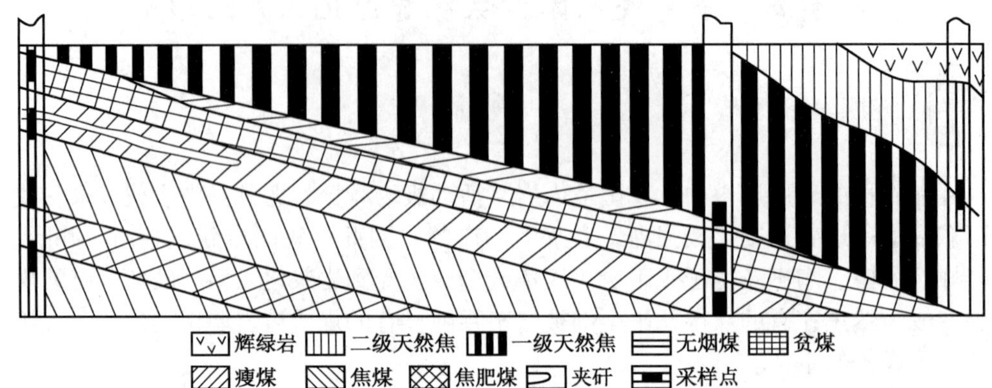

图 1－46　煤种沿倾向分带示意图

煤，但在岩浆侵入体附近采出的煤炭质量很差，甚至不能使用。

（3）破坏煤层的连续性。岩浆侵入体把煤层分割成若干块段，并在煤层中分布着许多零星岩体，给巷道掘进、采面回采带来困难，影响采面合理布置。

二、岩浆侵入体的观测、探测及研究处理

1. 对岩浆侵入体的观测

对井下一切揭露侵入体的地点，都应进行观测和素描，观测的内容有以下 4 个方面。

（1）岩浆侵入体的颜色、矿物成分、结构与构造特征及岩石类型。

（2）岩浆侵入体的产状。

（3）岩浆侵入体与断裂的关系。

（4）煤层受影响的情况，包括侵入体与煤层的接触关系、天然焦的宽度、煤层的变质程度等。

2. 对岩浆侵入体的探测

由于侵入体形状变化多端，为指导采掘工作的顺利进行，在岩浆侵入体分布区要专门布置一些探巷和钻孔来探明侵入体的分布范围。

当岩浆侵入厚煤层时，在掘进巷道的同时，每隔一定距离应探测一次侵入体和煤层的厚度变化，得到从顶板到底板完整的煤岩柱状，最后编制剖面图反映煤层、岩体的分布情况（图 1－47）。

对中厚煤层和薄煤层，可以在同一煤层中布置钻孔或探巷查明侵入体平面分布范围（图 1－48），也可以在邻近煤层的巷道中打钻孔圈定侵入体的分布范围（图 1－49）。

为了查明侵入体附近的煤变质情况，应加强取样化验工作。一般根据岩浆侵入体的形态特征和煤的变质情况布置取样点。同时，还可以根据煤变质的规律变化预测侵入体的分布。

3. 对岩浆侵入体资料的综合研究

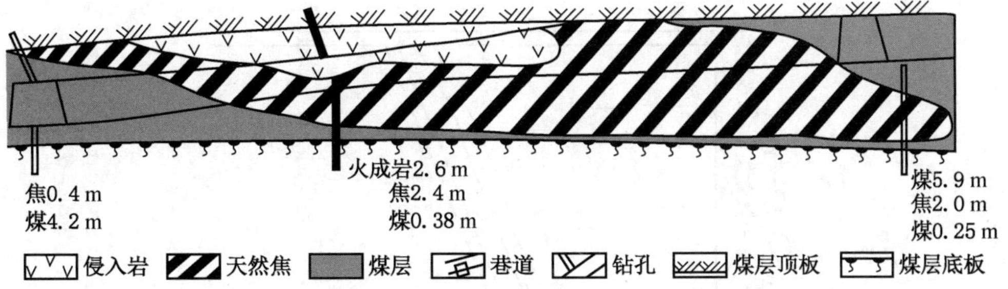

图1-47　根据钻探编制煤层素描剖面图

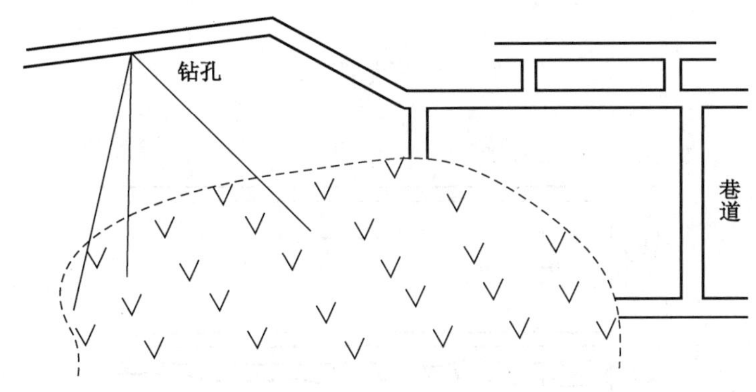

图1-48　在同一煤层中布置钻孔和探巷平面示意图

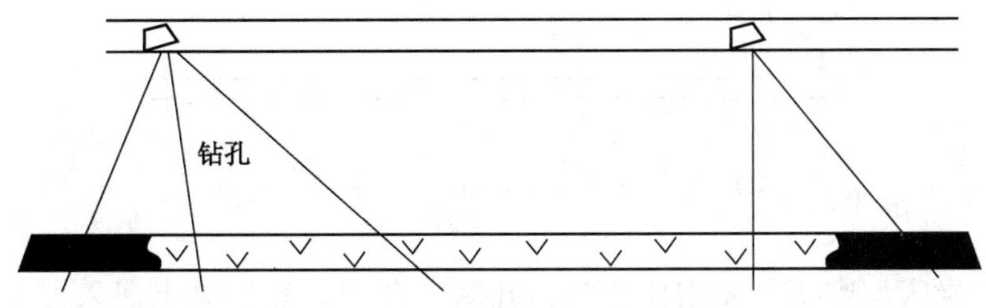

图1-49　在邻近煤层的巷道中布置钻孔剖面示意图

对揭露岩浆侵入体的钻孔、巷道及取样化验资料，加以系统整理和综合分析，编制反映岩浆侵入体分布和煤层变质情况的综合图件，如侵入体分布图、煤质等值线图、相应的剖面图、素描图等。

4. 岩浆侵入体的处理

掘进巷道遇到岩墙时，可按原设计直接穿过。回采时，可根据岩墙的大小与分布情况，决定是重开切眼还是分两个工作面回采。如果岩墙沿倾向或斜交方向分布，回采至岩墙时，重开切眼，继续回采（图1-50）；如果岩墙沿走向分布，可分成上、下两个小面回采（图1-51）。

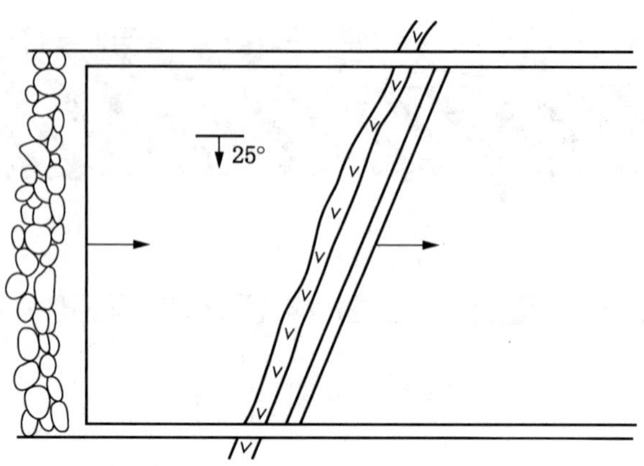

图 1－50　重开切眼示意图

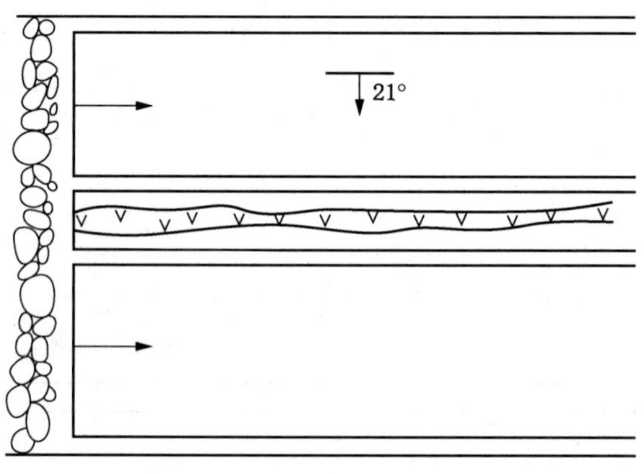

图 1－51　工作面分成两个小面回采示意图

对于岩床，则要求先用探巷和钻孔圈定范围，然后决定回采方案。对串珠状侵入体，如果对煤层破坏不严重，工作面可直接推过，但要增加采面处理侵入体的工序。若侵入体分布区大，残留煤层很薄，只能作为不可采区处理。

思考与练习

1. 岩浆侵入体对煤质有哪些主要影响？
2. 在煤炭开采过程中，掘进巷道遇到岩墙时应如何处理？

任务六　其他地质因素对煤矿智能化生产的影响

知识学习

一、淤泥带对煤矿智能化生产的影响

（一）淤泥带

淤泥带是指在可溶性岩层地区，地下水溶蚀构造节理，使之成为很深的裂隙，泥土和碎石填入这些裂隙所形成的一种地貌（图1－52）。

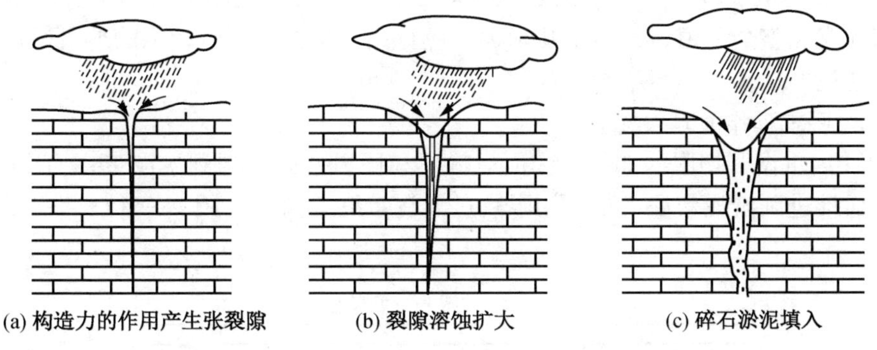

图1－52　淤泥带的形成过程

（二）淤泥带的特征

（1）多发生在冲沟地带。淤泥带由地表向深部发育，所以一些大的淤泥带其地表多呈低洼的冲沟。对于有些小型的淤泥带或者地表覆盖层较厚时，往往地表不明显。

（2）上宽下窄，到一定深度后消失。淤泥带除了向深部发育外，沿水平方向也不断扩展，以至延伸到煤系的下部，造成煤系地层的塌陷，从而破坏了煤层的完整性。从井下回采证明，淤泥带多出现在煤层浅部，深部很少发现。淤泥带在水平切面上表现为不规则的条带状（图1－53）。

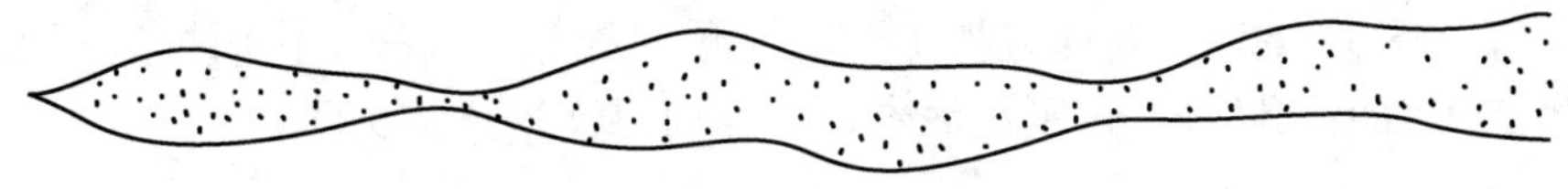

图1－53　淤泥带的平面形态

（3）平面延展方向受构造控制。淤泥带在平面上的延伸主要受构造断裂的控制。如紧闭背斜，往往横张裂隙发育，因而淤泥带多垂直背斜轴分布，倾伏向斜转折端张裂隙呈放射状，这也就决定了淤泥带呈放射性分布。有些急倾斜石灰

岩层由于受地壳变动影响，层间错动强烈，因而也有的淤泥带沿急倾斜走向发育，有的甚至发育很深。

（4）淤泥带内物质成分沿垂直方向变化。靠近地表多由黄泥和碎石组成。往深处碎石含量减少，黄泥增多，逐渐全部变成黄泥。再往下岩溶裂隙水的涌出代替了黄泥。

（三）对淤泥带的处理方法

1. 巷道过淤泥带

（1）直接穿过。当巷道揭露淤泥带时，如果淤泥流动性小、来势不大，可采取边掘进边处理方法，控制淤泥带流动，慢慢直接穿过。但施工要细心，切忌放大炮。任何粗枝大叶的做法，都可能导致淤泥大量下泄，前功尽弃。

（2）巷道绕行。井下遇到淤泥带后，如果淤泥带流动性大，来势很猛，可能瞬间充满整个巷道，长达十几米远，应打钻，选择淤泥带较窄的地段另掘巷道绕行通过。

2. 回采工作面过淤泥带

（1）重做开切眼。如果工作面运输巷和回风巷同时遇到淤泥带，均应穿过。工作面推进到淤泥带后，重开切眼跳过淤泥带继续回采（图 1－54）。

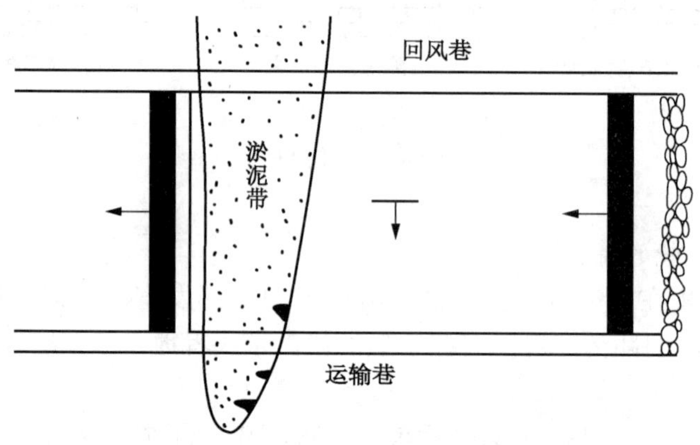

图 1－54　淤泥带的形成及处理方法

（2）缩短工作面。如果只有回风巷遇到淤泥带，应采用巷探方法，探明淤泥带位置（图 1－55）。巷探应按 1、2、3 顺序施工，回采工作面推进到淤泥带时，将工作面短推过去，过了淤泥带，工作面再恢复正常长度。

二、瓦斯对煤矿智能化生产的影响

（一）瓦斯对煤矿生产的影响

瓦斯对煤矿生产的影响主要是降低巷道掘进效率，造成工作面和采区的接替紧张，影响矿井生产能力，增加生产和准备采区的个数和矿井连续生产，增加生产成本，降低煤矿的经济效益，严重威胁矿井的安全生产。

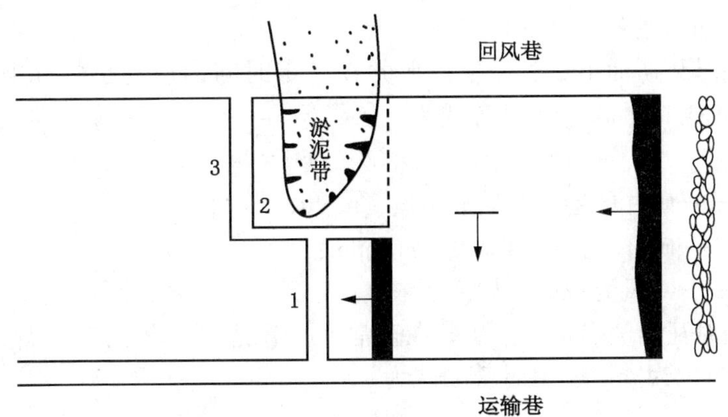

图 1－55　缩短工作面推进淤泥带示意图

（二）煤层瓦斯含量的测定

煤层瓦斯含量是煤层瓦斯主要参数之一，是矿井进行瓦斯涌出量预测和煤与瓦斯突出预测的重要依据参数之一。煤层瓦斯含量的测定方法有以下两种。

1. 直接测定法

使用密闭式岩心采取器或集气式岩心采取器直接采集全层瓦斯煤样，送化验室测定单位煤量中含有的瓦斯量及瓦斯成分。还可以用半自动测井仪在钻进的同时测定煤层瓦斯含量。

2. 间接测定法

间接测定法即室内容量法。把未经氧化的新鲜煤样装入容器，盖紧密封，送进实验室。根据实验室作出的吸附数据和井下煤层的实测瓦斯压力，用各种影响系数校正后，计算得出煤层瓦斯含量。

3. 瓦斯含量预测图的编制

瓦斯含量预测图的主要内容包括瓦斯取样点、各取样点煤层的实际瓦斯含量、瓦斯风化带界线及瓦斯含量等值线等。编制瓦斯含量预测图应按下列规定进行：

（1）编图的底图。瓦斯含量预测图常以煤层底板等高线图作为底图，分煤层编制。

（2）编图资料。有定性和定量的取样成果资料，前者是指从煤心中抽取的并经过化验确定的瓦斯成分及各种成分所占的百分数，后者是指自然状态下煤层的瓦斯含量。

（3）编图步骤。首先填绘取样点，并着色，在各取样点（钻孔）旁边注明瓦斯含量、煤层底板标高、离地表深度，然后作瓦斯含量等值线，并标明瓦斯风化带，根据实测地段的规律，结合地质条件进行等值线外推。

（三）瓦斯涌出量与瓦斯等级

矿井瓦斯涌出量是指矿井在开采过程中涌入巷道内或管道中的瓦斯量。

1. 瓦斯涌出量的表示方法

（1）绝对瓦斯涌出量。指生产矿井在一定时间内所涌出的瓦斯量（$Q_{绝}$），单位为 m^3/d 或 m^3/min。其计算式为

$$Q_{绝} = Q \times C\% \times 60 \times 24 \tag{1-5}$$

式中 $Q_{绝}$——矿井的绝对瓦斯涌出量，m^3/d；

Q——矿井总回风道风量，m^3/min；

$C\%$——回风流中的平均瓦斯浓度。

（2）相对瓦斯涌出量。指矿井在正常生产情况下平均生产 1 t 煤的瓦斯涌出量（$q_{相}$），单位为 m^3/t。其计算公式为

$$q_{相} = Q_{绝} \times n/T \tag{1-6}$$

式中 $q_{相}$——矿井的相对瓦斯涌出量，m^3/t；

$Q_{绝}$——矿井的绝对瓦斯涌出量，m^3/d；

n——矿井瓦斯鉴定月的工作天数，d/月；

T——矿井瓦斯鉴定月的产量，t/月。

2. 矿井瓦斯等级划分

在一个矿井中，只要在一个煤（岩）层中发现过瓦斯，该矿井即定为瓦斯矿井，并依照矿井瓦斯等级的工作制度进行管理。

（1）低瓦斯矿井。矿井相对瓦斯涌出量≤10 m^3/t，且矿井绝对瓦斯涌出量≤40 m^3/min。

（2）高瓦斯矿井。矿井相对瓦斯涌出量>10 m^3/t，或矿井绝对瓦斯涌出量>40 m^3/min。

（3）矿井在采掘过程中，只要发生过一次煤（岩）与瓦斯（或二氧化碳）突出，该矿井即定为煤（岩）与瓦斯（或二氧化碳）突出矿井。

（四）预防瓦斯爆炸和煤与瓦斯突出的措施

瓦斯爆炸、煤与瓦斯突出，都属于矿井瓦斯的特殊涌出现象，是矿井生产的重大灾害。

1. 预防瓦斯爆炸的措施

防止瓦斯的聚积和引燃，是预防瓦斯爆炸的根本措施。

（1）防止瓦斯聚积的措施是加强通风、加强瓦斯检查、及时处理局部聚积的瓦斯。

（2）防止瓦斯引燃的措施是防止明火、防止电火花、防止爆破引燃瓦斯。

2. 预防煤与瓦斯突出的措施

（1）区域性预防措施。区域性防突措施的作用在于使煤层在一定区域（如一个采区）消除突出危险性。该类措施有开采保护层、预抽煤层瓦斯和煤层注水等。区域性防突措施的优点是在突出煤层采掘工作开始前，预先采取防突措施，措施施工与采掘作业互不干扰，且其防突效果优于局部防突措施，故在采取防突措施时，应优先选用区域性防突措施。

（2）局部防突措施。局部防突措施的作用在于使工作面前方小范围煤体丧

失突出危险性。该类措施有超前钻孔、水力冲孔、松动爆破等。局部防突措施的缺点是措施施工与采掘工艺相互干扰，且防突效果受地质条件和开采条件变化的影响较大。因此，仅在没有条件采用区域性防突措施时，才采用局部防突措施。

三、地温对煤矿智能化生产的影响

随着煤矿开采深度的不断增加及其他地质因素的影响，我国不少矿井的井下温度超过《煤矿安全规程》规定的许可范围（26 ℃），有的煤矿井下温度甚至高达 44 ℃，出现了不同程度的热害。

1. 地温与矿井热害

地温又称地球的温度，指地表面和地面以下不同深度地层的温度。

矿井热害指矿井中影响人体健康、降低劳动生产率和危及安全生产的热、湿作业环境。

2. 矿井热害源

矿井热害源指产生矿井高温热害的热量来源，包括地热、空气的自然压缩热、机电设备生热、煤炭或硫化矿石氧化生热、入风气温高、人体散热、爆破生热等，其中地热是最重要的热源之一。地热主要受地温增温率的影响。大多数地区地下增温率在 2 ~ 5 ℃/100 m，平均为 3 ℃/100 m。随着我国煤矿开采深度的增加，矿井地温会不断升高，井下空气湿度增大，由此造成的矿井热害问题越来越突出。

3. 矿井热害的防治

一般来说，若空气温度超过 27 ℃，人体散热就极为困难，并可能从空气中吸热而使人体热平衡破坏。

我国《煤矿安全规程》规定：进风井口以下的空气温度必须在 2 ℃以上。生产矿井采掘工作面空气温度不得超过 26 ℃，机电设备硐室的空气温度不得超过 30 ℃；当空气温度超过时，必须缩短超温地点工作人员的工作时间，并给予高温保健待遇。采掘工作面的空气温度超过 30 ℃、机电设备硐室的空气温度超过 34 ℃，必须停止作业。新建、改扩建矿井设计时，必须进行矿井风温预测计算。生产矿井应采取积极的措施，降低作业场所的空气温度，如加强井下通风、采用喷水降温等，保护井下作业人员的身体健康，避免因温度过高而引发安全事故。

四、地压对煤矿智能化生产的影响

煤矿在开采过程中，在高应力状态下，积聚着大量能量的煤岩体，在特定条件下突然发生破坏，而使能量突然释放。冲击地压现象是一种以急剧、猛烈破坏为特征的矿山压力动力现象。冲击地压常伴有很大的声响、岩体震动和冲击波，在一定的范围内可以感到地震，有时向采空空间抛出大量的碎煤或岩块，形成很多煤尘，有时还释放出大量的瓦斯，常导致巷道遭到破坏、设备移动和空间被堵塞（图 1－56）。

(a) 巷道破坏

(b) 空间堵塞

(c) 设备破坏

(d) 支护破坏

图 1-56　地压带来的危害示意图

（一）冲击地压的危害

（1）严重损坏巷道。瞬间使巷道断面收缩变小，损坏支架，严重时使巷道顶底板合拢。

（2）损坏设备。在冲击地压发生瞬间，使设备颠覆移位、损坏变形。

（3）摧毁通风设施。强大的冲击波会摧毁风门和掘进工作面的风筒。

（4）造成人员伤亡。人员大部分受撞击、冲击波和埋没伤害。

（5）可能引发瓦斯次生事故。2005 年 2 月 14 日，阜新瓦斯爆炸事故是由冲击地压造成瞬间瓦斯大量涌出引发的。

（二）冲击地压的特点

1. 突发性

没有明显的宏观前兆，难以事先准确确定发生的时间、地点和强度。

2. 瞬时震动性

发生过程短暂，像爆破一样，有声响和强烈的震动，震动波及范围可达几千米至几十千米，地面有震感。

3. 巨大破坏性

有时顶板瞬间明显下沉，有时底板突然开裂鼓起甚至接顶，造成设备损坏和人身伤害。

4. 复杂性

发生原因、发生地点复杂多样（图 1－57 至图 1－60），对冲击地压的防治措施也很复杂。

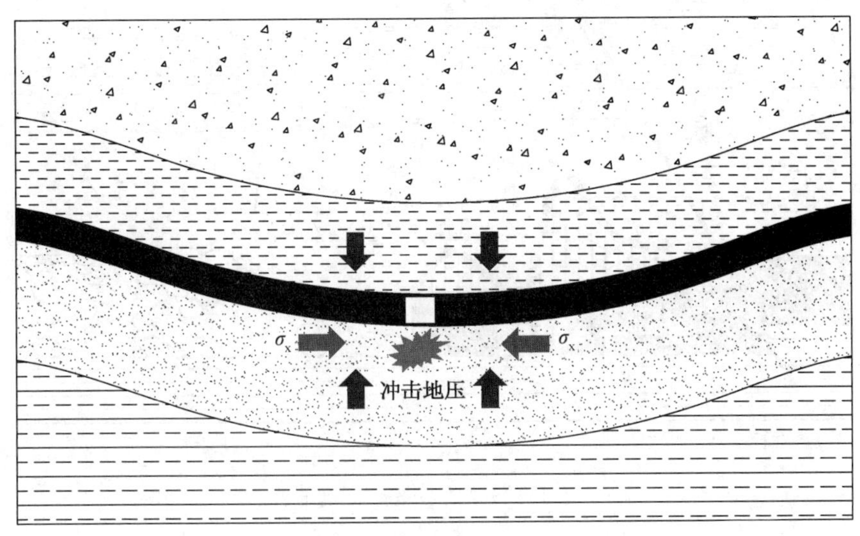

图 1－57　顶板型冲击地压

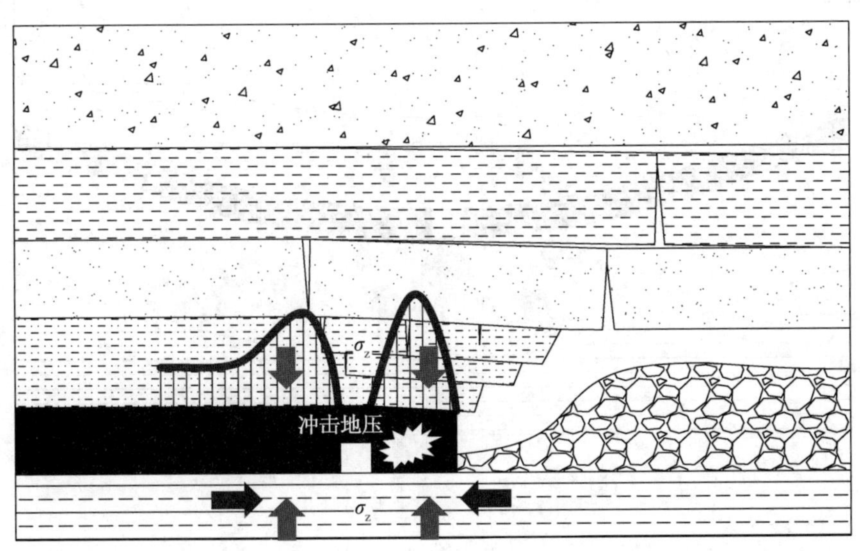

图 1－58　煤柱型冲击地压

（三）冲击地压发生的原因

很多学者认为冲击地压的成因和机理是由于三项高应力的作用，使周围岩体积聚有大量弹性能和部分岩体接近极限平衡状态。当采掘工作接近到这些地方

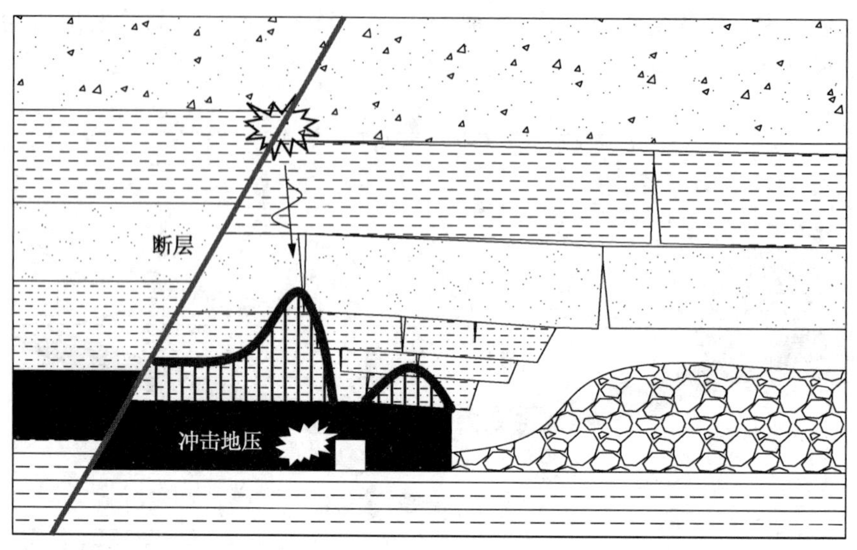

图 1－59　断层型冲击地压

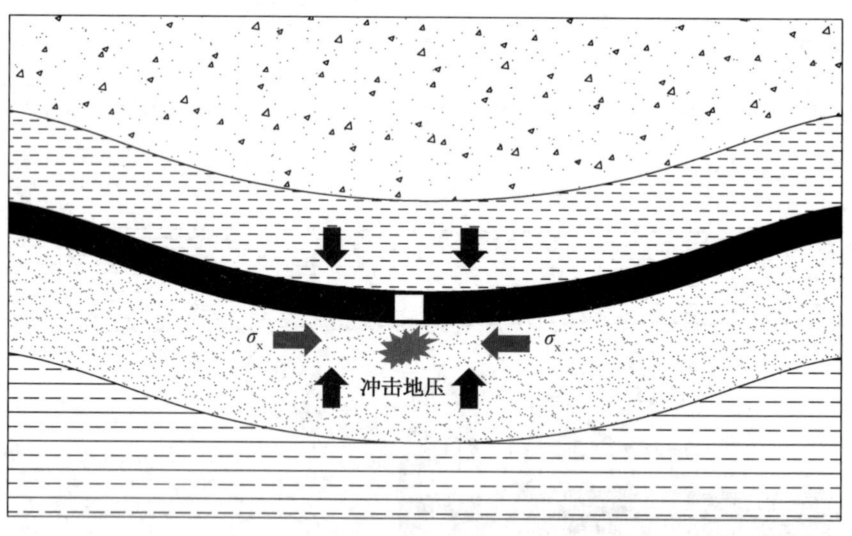

图 1－60　褶曲型冲击地压

时或由于爆破等外部原因使其力学平衡状态破坏时，煤体或岩体发生脆性破坏，积聚的能量突然释放，其中大部分能量转变为动能，因而产生冲击性的动力现象。

冲击地压发生时的原因是多方面的，但总的来说可以分为三类，即自然的、技术的和组织管理方面的，如图 1－61 所示。

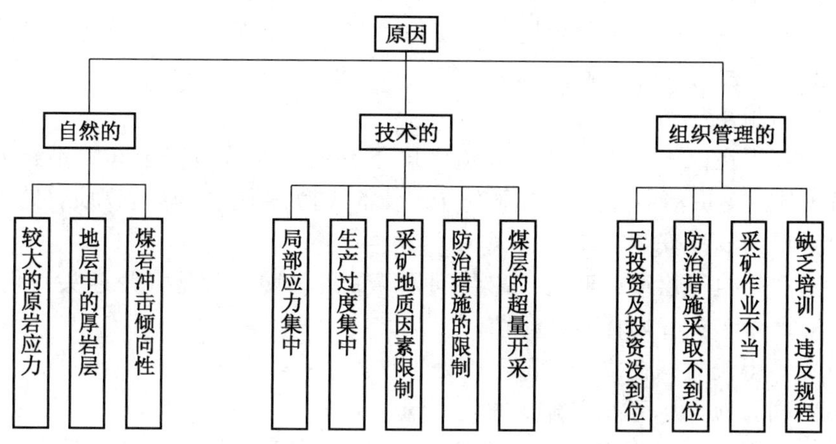

图 1-61　冲击地压发生的原因关系图

（四）冲击地压的防范措施

1. 合理的开拓布置和开采方式

合理的开拓布置和开采方式能避免应力集中和叠加，这是防治冲击地压的根本性措施。多数冲击地压是由于开采技术不合理而造成的。不正确的开拓和开采方式一经形成就难以改变，临到煤层开采时，只能采取局部措施，而且耗费很大，效果有限。

（1）开采煤层群时，开拓布置应有利于解放层开采，首先开采无冲击危险或冲击危险小的煤层作为解放层，且优先开采上解放层。

（2）划分采区时，应保证合理的开采顺序，最大限度地避免形成煤柱等应力集中区。

（3）采区或盘区的采面应朝一个方向推进，避免相向开采，以免应力叠加。

（4）在地质构造等特殊部位，应采取能避免或减缓应力集中和叠加的开采程序，在向斜和背斜构造区应从轴部开始回采，在构造盆地应从盆底开始回采；在有断层和采空区的条件下应采用从断层或采空区开始回采的开采程序。

（5）有冲击危险煤层的开拓或准备巷道、永久硐室、主要上下山、主要溜煤巷和回风巷，应布置在底板岩层或无冲击危险煤层中，以利于维护和减小冲击危险。

（6）开采有冲击危险的煤层，应采用不留煤柱垮落法管理顶板的长壁开采法。

（7）顶板管理采用全部垮落法，工作面支架采用具有整体性和防护能力的可缩性支架。

2. 合理开采解放层

（1）一个煤层（或分层）先采，能使邻近煤层得到一定时间的卸载。

（2）先采的解放层必须根据煤层赋存条件选择无冲击倾向或弱冲击倾向的煤层。

（3）实施时必须保证开采的时间和空间有效性（全垮3年，全充2年）。

（4）不得在采空区内留煤柱，以使每个先采煤层的卸载作用能依次地使后采煤层得到最大限度的“解放”。

3. 冲击地压个体防护措施

（1）不得在以下地点逗留：巷道高度不够处、人行道安全间隙不够处、锚杆失锚或其他支护薄弱地点、锚索下方、设备或物料附近、靠近铁质管路处。

（2）严禁摘掉安全帽。

（3）严格执行煤壁或迎头“敲帮问顶”制度，防止片帮（片迎头）伤人。

（4）严禁多人扎堆休息、逗留。

（5）不得长时间在安全间隙不够处工作。

（6）同一地点尽可能安排少的人员同时工作。

（7）出现迎头或巷道压力明显增大、煤炮明显增强时，应立即停止作业，撤出迎头或工作地点。

4. 冲击地压发生时，紧急处置措施

冲击地压发生时，切记不要慌张，尽快就近躲避至相对安全处，并注重摸清周围支护状况和人员情况，待冲击地压影响减缓后，利用通信设备、机电信号及附近钢制管路，视冲击地压严重程度及时进行汇报、联系及求救。

5. 及时预测预报，撤离人员

冲击地压对井下工作人员的危害主要是使人员受外伤，以及被抛出和冒落的煤岩石击伤和埋压，还有瓦斯等有害气体的威胁。应将肉眼可见的冲击地压危险性特征、冲击前兆，减缓或消除事故的方法及自救措施等有关事项，向井下人员进行培训和详细指导；平时应积极组织冲击地压的预测预报工作，出现危险时应积极组织人员撤离。

6. 强力可缩支护

（1）在厚煤层中的巷道要用强力可缩性全封闭型金属支架。

（2）采用综采或综放采煤工艺，选用高强度液压支架，全垮法管理采空区。

（3）两巷超前支护达到200 m以上，冲击危险巷道采用强力支护材料加固，如大立柱、移步支架、门式支架等。

7. 特殊措施

（1）在冲击地压危险特别大的情况下，应远距离控制和操纵采掘机械，实现“无人工作面”的回采和掘进方式。

（2）在人员经常作业的地点，对巷道进行软包。

（3）为了防止瓦斯积聚，必须规定有快速恢复正常通风条件和向被冒落矸石隔离的地区供给新鲜空气的专门措施（压风自救系统），以及用于个人自救的工具（自救器等）

8. 其他防护措施

在未能根治冲击地压之前，为了减少冲击地压造成的损失，消灭“死角死面”，实现整体防护与个体防护相结合。根据实践经验，采取一系列安全防护措施。

（1）分散作业人员，限制作业人数及作业时间。

（2）及时清理现场闲置设备和杂物，对必要设备进行捆绑固定。

（3）延长掘进爆破躲炮时间和躲炮距离（300 m 以上、不少于 30 min）。

（4）作业人员穿抗震背心和戴抗震帽。

（5）压风自救系统进工作面。

（6）在冲击地压高危点设立“O”形棚加海绵垫构成的抗震硐室。

（7）对职工加强冲击地压知识培训，提高防冲认识和抗灾能力。

（8）出现迎头或巷道压力明显增大、煤炮明显增强时，立即停止作业，撤出迎头或工作地点。

（五）冲击地压的治理措施

1. 卸压钻孔

采用煤体钻孔可以释放煤体中聚集的弹性能，消除应力升高区。在钻孔周围形成一定的破碎区卸压。通过煤层卸压，释放能量，清除冲击危险（图 1－62）。钻孔直径为 95 mm、145 mm、200 mm，深度为煤层厚度的 3～4 倍，孔间距为 0.5～1 m（图 1－63）。

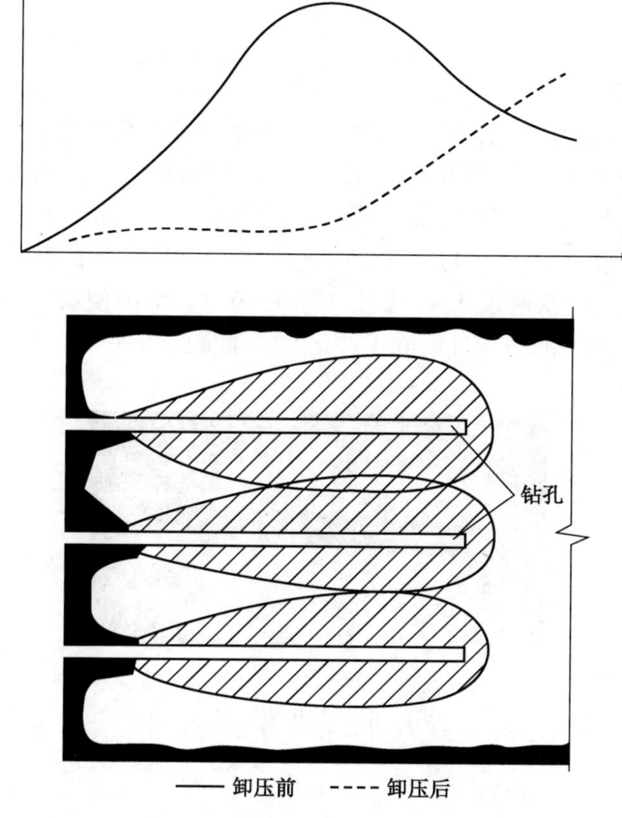

图 1－62　钻孔的卸压作用

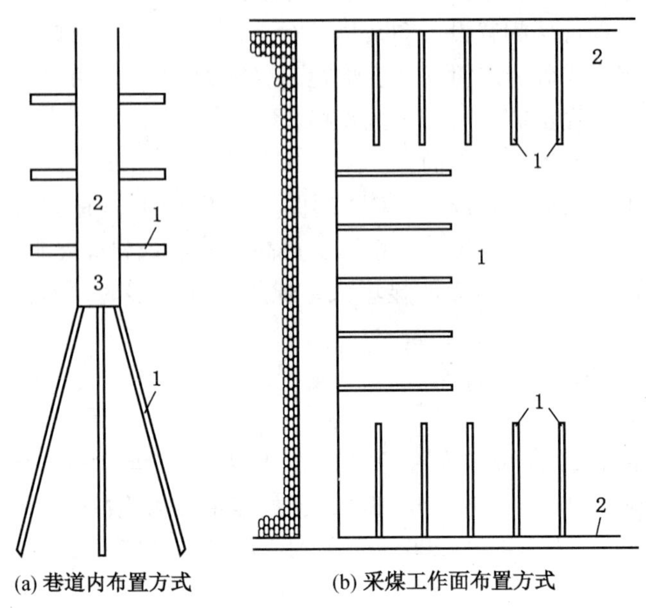

1—钻孔；2—巷道；3—工作面

图 1－63　卸压钻孔布置方式

2. 爆破卸压

采用煤层爆破卸压防治冲击地压时，应当依据冲击危险性评价结果、煤岩物理力学性质、开采布置等具体条件确定合理的爆破参数，包括孔深、孔径、孔距、装药量、封孔长度、起爆间隔时间、起爆方法、一次爆破的孔数。爆破卸压采用卸压炮大药卷（图 1－64），在危险区段打 10～20 m 深的孔，孔间距为 5 m，每孔装药 5.4 kg，一次起爆 3～4 个孔（图 1－65）。爆破使煤体内部产生大量裂隙，强度降低，弹性能减少，解除了冲击地压生成的条件。

图 1－64　卸压炮大药卷

3. 煤层注水

大量的研究表明，煤层的单向抗压强度随着其含水量的增加而降低。同样，煤的强度与冲击倾向指数也随着煤的湿度的增加而降低。实践也证明：煤层注水

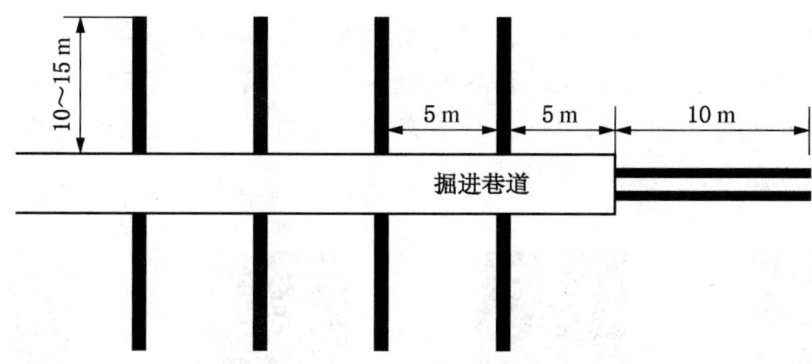

图 1－65　掘进工作面爆破钻孔示意图

后，工作面支承压力带宽度为 12～18 m 时，压力峰值减小，应力集中系数明显降低，顶板下沉速度增加，煤体的硬度降低，塑性增加。煤层注水可有效防治和减弱冲击地压的危险性。一系列注水措施后，冲击地压强度明显减弱，冲击频率降低、破坏性冲击大大减少。

思考与练习

1. 简述淤泥带的主要特征。
2. 在处理巷道过淤泥带时，主要的处理方法有哪些？
3. 简述煤层瓦斯含量的测定方法。
4. 什么是矿井热害源？
5. 矿井冲击地压的危害有哪些？

拓展与应用

三维地质技术与虚拟仿真教学实验系统

对于透明地质来讲，三维建模是一种重要的透明化手段。在当今时代，科技日新月异，三维地质技术的发展更是为地质研究开辟了全新的视野。作为学习这一领域的学生，不仅要掌握先进的科技手段，更要怀揣着深厚的爱国情感。因为每项科技的进步，都是国家实力的体现，也是我们为祖国发展贡献力量的机会。

利用虚拟仿真教学实验系统，构建三维模拟实验室场景可视化学习环境，包括各种实验器材模型（如浮选机、盘式真空过滤机）、材料模型（如粉状聚丙烯酰胺、聚合氯化铝），配合灯光、材质、动画、粒子特效、刚体特效、流体特效等特效仿真整个实验的过程和效果展示。

虚拟仿真教学实验系统划分为实验基本原理、实验设备介绍、实验流程模拟等教学模块。实验基本原理和实验设备的介绍，能够让初学者对实验内容有个初

步认知。实验流程模拟为分步骤教学，对实验流程进行正确排序后，方能进入虚拟仿真实验室场景进行流程操作，可通过步骤提示信息引导学习者逐步完成实验流程交互操作模拟，内容直观、详尽且通俗易懂，满足学生实践锻炼需要。

下面以断失煤层的寻找为例，介绍穿顶板过断层、穿底板过断层、平行断层面掘石门过断层和顺断层面过断层等内容。

穿顶板过断层

穿底板过断层

平行断层面掘石门过断层

顺断层面过断层

教学单元二　透明地质探查技术

项目一　透明地质的认识

学习要点

1. 了解煤矿透明地质保障建设的内容；
2. 掌握井田地质探查工作的技术要求；
3. 掌握采（盘）区地质探查工作的技术要求。

一、煤矿透明地质

煤矿透明地质是通过地质探测手段查明当前及未来采掘活动范围内开采地质条件及隐蔽致灾地质因素的空间分布与属性特征，以钻探、物探、采掘揭露等地质数据为基础构建煤矿地质体、地质结构、地质属性、采掘工程等三维模型，实现地质模型与采掘工程的动态融合，为煤矿生产场景提供地质条件准确预测预报的技术。

煤矿透明地质保障建设的内容应包括地质探查、地质数据库、三维地质建模和透明地质保障系统。建设分为初级、中级、高级三个级别。地质探查各级别建设要求见表 2 – 1。

表 2 – 1　煤矿透明地质保障建设地质探查各级别建设要求一览表

建设分级	具　体　要　求
初级	开展采掘工作面地质构造、水害、瓦斯等隐蔽致灾地质因素超前探测，达到《煤矿安全规程》等标准、规范、细则的要求
中级	在初级建设的基础上，采用采掘工作面前方地质异常体动态探测的技术与装备、勘探设备应具有数据自动采集、上传、存储等功能
高级	在达到中级建设要求的基础上，应采用采掘工作面前方地质异常体的动态探测、多属性隐蔽致灾地质因素实时监测技术与装备

二、地质探查

地质探查的主要任务是查明煤矿开采地质条件和隐蔽致灾地质因素，针对存在的具体地质问题选择技术可行、经济合理、安全可靠的调查与探查技术方法，开展立体综合勘探。

地质探查与煤矿采掘接续、隐蔽致灾因素普查、煤矿灾害治理中长期规划紧密结合，按照采掘区域的滚动变化，采用探测、监测技术手段，逐步提高井田、采（盘）区、采掘工作面地质透明化水平。

1. 井田地质探查工作

主要服务于矿井水平、采（盘）区划分和开拓工程部署决策。采用地面钻探、物探相结合的方法，查明井田地层、构造、煤层、煤质、水文、瓦斯及其他开采地质条件，并满足《矿产地质勘查规范　煤》（DZ/T 0215—2020）要求。

2. 采（盘）区地质探查工作

主要服务于采（盘）区地质预测预报、工作面布置、采掘工程部署等决策。在采（盘）区掘进期间，采用钻探、物探相结合的方法，查明以下地质条件：①落差 5 m 以上的断层、直径大于 20 m 的陷落柱、幅度 10 m 以上的褶曲的形态及影响范围等；②煤层层数、厚度，煤层结构和煤体结构及其变化；③瓦斯赋存规律；④水文地质条件以及采掘工程与采空区、老窑的空间关系；⑤煤层顶板坚硬岩层分布特征，周边采空区大面积悬顶、上覆遗留煤柱等情况；⑥煤层顶底板特征及其他开采技术条件。

3. 采掘工作面地质探查工作

主要服务于智能掘进地质导航、智能开采规划截割、地质预测预报、资源/储量动态管理和地质灾害监测预警等。工作面掘进和回采期间，采用随采地震、随掘地震、长掘长探、微震监测、电阻率监测等动态探测、监测技术，查明以下开采地质条件和隐蔽致灾地质因素：①落差大于 1/2 煤厚的断层、直径大于 10 m 的陷落柱、影响采掘连续推进的褶皱及影响范围；②瓦斯（油气）赋存规律，瓦斯富集区、油气储集层；③工作面及周边老空水、含水层富水性、断层和陷落柱导（全）水性，顶底板富水异常区等水文地质情况；④煤层厚度及结构变化情况；⑤煤层冲刷变薄带及其影响范围；⑥煤质，煤岩参数及变化规律；⑦煤层顶底板岩性、厚度、物理力学性质和裂隙发育程度；⑧煤层顶板坚硬岩层分布特征，应力集中区，周边采空区大面积悬顶、上覆遗留煤柱等情况及其他开采地质条件。

其中，落差不小于 1/2 煤厚的断层平面位置误差不大于 5 m，直径大于 10 m 的陷落柱平面位置误差不大于 5 m，顶底板富水异常区、瓦斯富集区、应力集中区等隐蔽致灾因素的范围误差不大于 10 m，验证准确率不低于 80%。

思考与练习

1. 什么是煤矿透明地质？

2. 井田地质探查工作有哪些技术要求？
3. 采（盘）区地质探查工作有哪些技术要求？
4. 采掘工作面地质探查工作有哪些技术要求？

煤矿地质测量系统

煤矿地质测量系统的建立是一项复杂的系统工程，涉及专业基础数据的采集与管理、专业模型的建立与应用、专业图件自动生成的实用算法研究等方面。

地测部门各种资料的采集、处理与图形化生成是一个动态过程，各种资料和图件之间的关系可通过图的数据流程来表达。图 2－1 为煤矿地测部门数据流程。

项目二　钻探工程技术

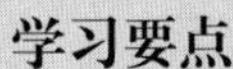
学习要点

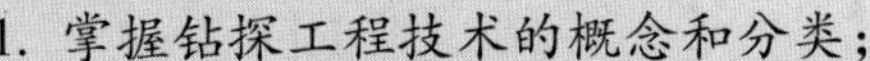
1. 掌握钻探工程技术的概念和分类；

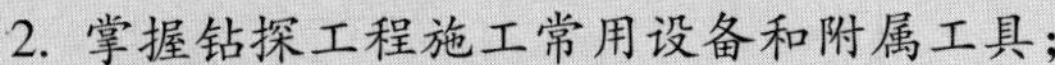
2. 掌握钻探工程施工常用设备和附属工具；

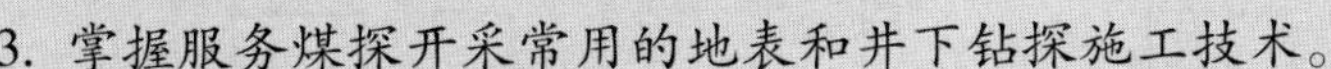
3. 掌握服务煤探开采常用的地表和井下钻探施工技术。

任务一　钻探工程技术的认识

一、基本概念

钻探工程是指为探明地下资源、地质条件，以及其他目的（地下水开采、工程施工等）而使用一定的工具，在地壳内按照一定的工艺技术破碎岩石形成钻孔的整个施工工程。

钻探工程技术认知

钻孔是指根据地质条件或工程要求，在岩石中开凿的圆形断面空间。一般是孔径较小的柱状圆孔。

钻进是指钻入地层形成钻孔的过程。在钻进过程中，只有按照一定的工艺技术和施工措施，才能有效查明地质条件，达到工程施工要求的目的。所以，钻探工程技术是一门应用性很强的工艺技术。

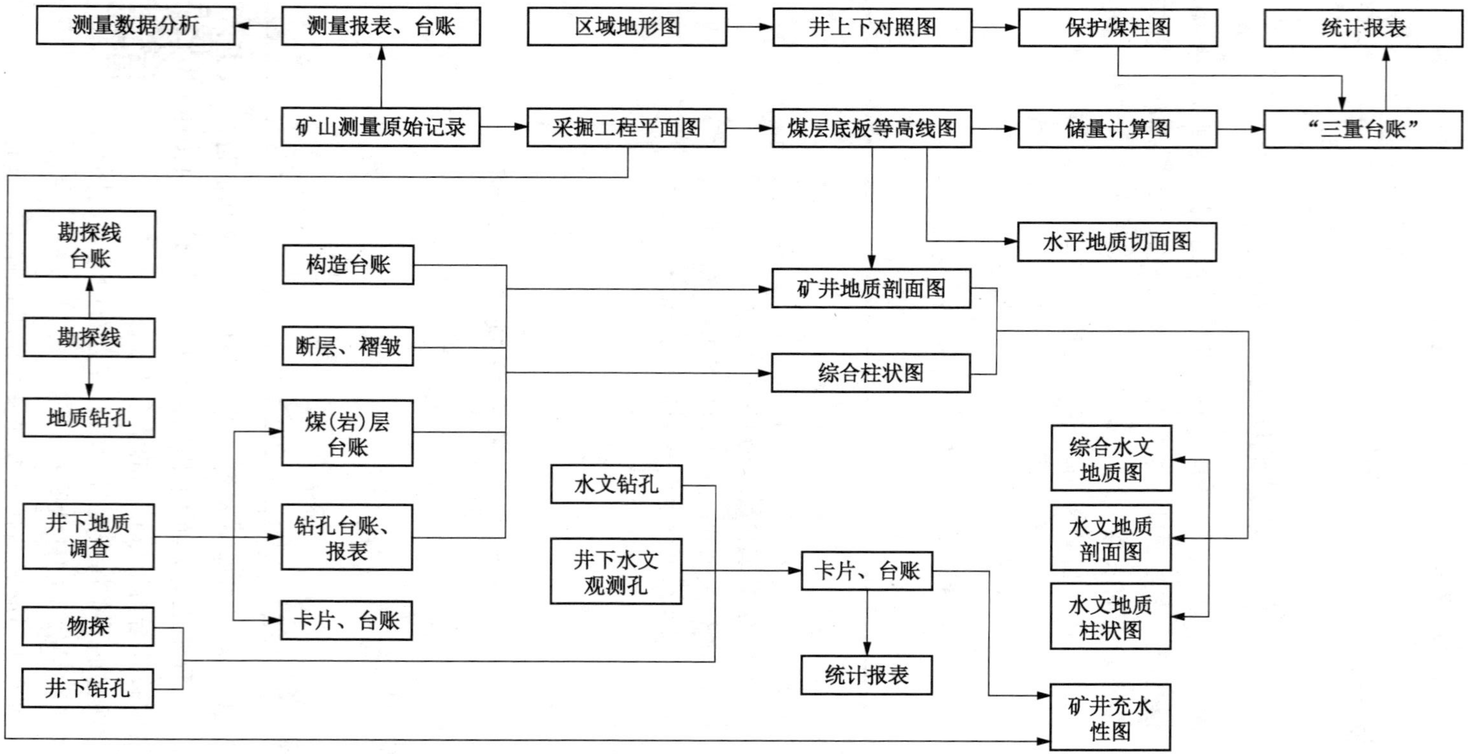

图 2-1　煤矿地测部门数据流程

钻探工艺是指钻孔施工所采用的各种技术方法、措施及施工过程。

二、钻探工程技术分类

钻探工程技术涉及多种钻探方法和技术的应用，随着钻探装备和科学技术进步发展，钻探工程应用面向愈加广泛。一般可按照钻探工程应用范围、钻进时取心的特点、钻孔的用途、钻孔结构、孔位位置、破岩形式或使用冲洗液的不同进行分类。

（一）根据应用范围分类

根据应用范围，可分为以下几类。

1. 地质勘探

（1）普查找矿钻探，是在普查找矿工作中，为了探查表土层下基岩的性质、产状，了解地层，探明地质构造，验证物探资料而进行的钻探。在普查找矿中应用的钻探一般为取心钻探或浅孔钻探。

（2）矿产勘探钻探，是随着勘探阶段的加深，对一个矿区需要进一步了解其地质构造，矿层的埋藏深度、存在的产状及矿层的品位，获得有用矿产的储量并圈定其分布范围，有必要按照一定的勘探线、勘探网进行的钻探。矿产勘探钻探布置的孔相对比较集中，且用较大型钻探设备进行钻探工作。

（3）水文地质钻探，是为找水和探明地下水赋存规律、水质、水量及其运动情况而进行的钻探。一般水文地质钻探孔多为探、采结合的钻孔，即在勘探结束后，下管成井，钻孔作为供水井用。

（4）工程地质钻探，是为探明某些建筑工程的地下基础及地基的承载力而进行的钻探。如查明高层、大型建筑、港口、水库、桥基、路基等的地基基础。

（5）油气钻探，是为勘探石油、天然气等矿层而进行的钻探，一般钻孔较深。

2. 开采矿产资源钻探

开采矿产资源钻探是为了开采液、气体矿产资源而进行的钻探，包括开采水资源打水井，开采地热资源打地热井，开采海洋或陆上石油、天然气资源为石油钻探。

3. 工程施工钻探

工程施工钻探是为工程施工而进行的钻探，常见的有：钻孔灌注桩孔；整治滑坡、危岩坍塌、泥石流的钻孔锚桩；钻孔注浆处理加固；打各种铺设管道、电线、电缆的技术孔；利用钻探技术打矿山的竖井、通风井及各种辅助井，并可代替开挖隧道打大断面的地下坑道；用于军事工程，如发射导弹的发射井等。

（二）根据钻进时取心的特点分类

根据取心的特点，钻探分为岩心钻探和无岩心钻探两大类。岩心钻探可以从钻孔内取出圆柱形的岩样岩心。无岩心钻探（或称不取岩心钻探，或称全面钻进钻探）即在钻进过程中将孔底的岩石全部破碎成岩粉（屑）排出孔口。

（三）根据钻孔的用途分类

根据钻孔的用途，将钻探分为普查测量钻探、勘探钻探、开采钻探及辅助钻探。

在下列情况下进行岩心钻探：①地质测量和普查固体矿产；②在不同的钻孔深处定期采取矿样的普查和勘探液态、气态矿产；③钻进构造填图钻孔和基准钻孔；④工程地质勘查；⑤圈定可采矿层（开采勘探）；⑥为了研究地壳深部地质和揭示地球覆盖层而进行的超深孔钻进（科学钻探）；⑦在月球和其他星球上采取岩样等。

钻进深度在几米到几千米不等。如油、气勘探和开采的钻孔深度较大，一般为4000～5000 m。研究地壳科学的超深井，深度已超过10000 m。

钻孔直径的大小取决于钻孔的深度、钻孔的用途和地质构造的自然条件。勘探钻孔直径一般为76～146 mm，但特殊用途的钻孔直径则可达5000 mm。

（四）根据钻孔中心线的倾角和方位角分类

根据钻孔中心线的倾角和方位角，地表钻探可以分为垂直孔钻进、倾斜孔钻进和水平孔钻进。

在地下坑道中可以钻进初始倾角为0°～360°的钻孔。在现代条件下，有可能借助钻探的技术手段和钻进工艺来控制钻孔的方向。

除了上述钻进技术外，还可按以下方案进行钻探。

（1）丛状布孔。用安装在一个孔位上的钻探设备钻进几个钻孔，每个钻孔都是在钻机立轴转动一定角度时开始钻进。

（2）多井筒钻进。用一套钻探设备通过移动天车架上的滑车来钻进两个或两个以上的钻孔。每个钻孔都有其自己的地面起点（孔口）。这种布井方案首先用于石油的开采，并称其为多井筒布井。

（3）多孔底钻进。由一个从地表钻进的基本井筒中，依次钻出几个附加的孔底，以便多次在不同的水平上穿过矿体。为了详细勘探固体矿床，以及根据所得岩心材料更可靠地取样，可采用这种方法。这样的钻进叫定向钻进；这样的钻孔叫定向分支孔。

（五）根据孔位位置分类

根据孔位位置，钻探可以分为地表钻探、水上钻探（河上、湖上、海上）和地下坑道钻探。

（六）根据破岩形式分类

根据破岩形式，钻探方法通常可以分为物理破岩钻进、化学破岩钻进和机械破岩钻进三种。

（1）物理破岩钻进。①用高温（1400～3500 ℃）、高压（200～250 MPa）使岩石破碎熔化，高温高速的火焰气流一边破碎岩石一边将岩屑吹至孔外；②用超声波和低声波破碎岩石；③用爆破、高压水射流等方法破碎岩石。

（2）化学破岩钻进。此法使用较少，例如溶解、软化岩石等。

（3）机械破岩钻进。这种方法目前应用最广，主要是在岩石中产生很大的局部应力（冲击力、压力和剪切力，或者一定频率的振动力）使岩石破碎。机械破岩的钻探方法分类如图2－2所示。

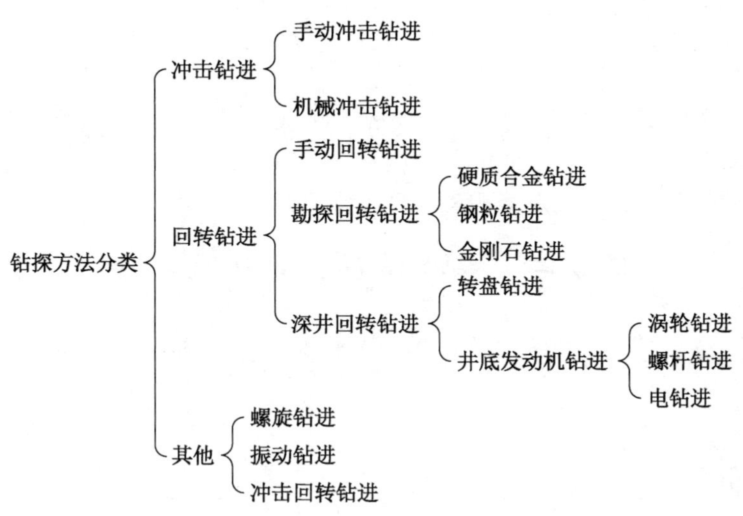

图 2－2　机械破岩的钻探方法分类

（七）根据钻进使用的冲洗液分类

根据目前使用的冲洗液，有以下几种钻进形式。

（1）清水钻进。在孔壁稳定的岩层中钻进时使用。

（2）泥浆钻进。在弱稳定性岩石或破碎岩石中钻进时使用。

（3）加重冲洗液钻进。为防止地下水、石油和气体从孔内喷出，并防止弱稳定性岩石从孔壁上塌落，可用加重冲洗液钻进。

（4）充气冲洗液钻进。为降低冲洗液的比重，减小液柱对孔壁的静液柱压力，并在裂隙和有洞穴的岩石中减少冲洗液的漏失，可用充气冲洗液钻进。

（5）乳化液钻进。为减小钻具与孔壁的摩擦系数，降低钻具振动，减少钻具回转功率损失，实现高速钻进等，可用乳化液冲洗钻孔钻进。

（6）饱和盐溶液钻进。当钻进盐类地层时用同样成分的饱和盐溶液，可以防止岩心和孔壁的溶解。

（7）冷却压缩空气（气体）钻进。用于永冻地层钻进，对供给孔内的空气进行冷却和脱水处理，吹洗钻进时可以避免岩心和孔壁暖化。

（八）根据冲洗液循环方式分类

根据冲洗液循环方式，可分为冲洗液正循环钻进和冲洗液反循环钻进。

（1）冲洗液正循环钻进。冲洗液或压缩空气通过钻杆柱中间的内孔送到孔底，然后携带孔底已破碎的岩屑沿着孔壁与钻杆柱外表面的环状间隙流回到地表，把岩屑排到地面，这种循环方式称为正循环钻进。

（2）冲洗液反循环钻进。冲洗液或空气经过孔口的密封装置，沿着孔壁与钻杆柱外表面的环状间隙送到井底，然后携带孔底的岩屑，经过钻杆柱中间的内孔返回到地表，再排出携带的岩屑，这种循环方式称为反循环钻进。

除上述循环方式外，还有孔底反循环钻进。

思考与练习

1. 简述取心钻进施工时，正循环钻进和反循环钻进工艺对岩心完整性的影响。

2. 回转钻可细分为几种类型?

任务二 钻探设备、管材及工具

知识学习

一、钻探设备

钻探设备是钻孔施工所使用的全部地面设备、孔内设备（潜水钻机）的总称，主要机械设备有钻机、泥浆泵、动力机、钻塔（桅杆）等。在钻探生产过程中，常把钻机、泥浆泵、动力机及钻塔等配套组合的钻探设备称为钻机机组。

（一）钻机

1. 钻机的功用及要求

钻机是驱动、控制钻具钻进，并能升降钻具的机械。钻机是完成钻进施工的主机，在地质勘探、建筑基础勘查、建筑基础施工中，用钻机按一定设计角度和方向施工钻孔。通过钻孔采取岩（矿）心（或土样）、岩屑或在孔内下入测试仪器，以探查地下岩层、矿体、油气、地热或在孔内注浆等。钻机是用于向地下钻进的最重要的机械设备。

常见的钻机有岩心钻机、水文水井钻机、工程钻机、石油钻机等，如图2－3至图2－5所示。不同用途的钻探应用不同类型的钻机，而钻机用途的共同特性都是向地壳深处钻孔，通过钻孔，采取岩（矿）心（土样），或者打开通道进行石油、天然气与地下水（冷水与热水）资源的开采或注浆。因此，不同类型的钻机有不同的用途、要求和特点。

图2－3 岩心钻机

图2－4 水文水井钻机

图2－5 工程钻机

钻机的技术性能要保证在不同用途的钻探生产施工中满足合理的钻进工艺对钻机的性能要求。根据钻机的基本功用，要求其满足以下要求。

（1）钻机应有足够的功率和一定的调速范围，以利选取最优的钻进参数。

（2）能完成升降钻具的工作，并能随着钻具的质量变化而改变提升速度，以充分利用动力机的功率和缩短辅助时间。

（3）能变换钻进角度和按一定技术经济指标钻进相应深度与直径的钻孔，以满足钻孔设计的要求和提高钻进效率。

（4）具备完成纠斜、处理孔内事故等特种工程的技术性能。

（5）钻机运转（尤其是高速运转）稳定性好，振动小，回转给进时导向性好。

（6）钻机应操作方便、工作安全可靠，并配有各种观测仪表。

2. 钻机的技术特性参数

钻机的技术特性参数即钻机的技术性能（或规格），是钻机生产技术与经济性能的数量、质量指标的总和，也是选用、比较、评价钻机的依据。钻机的技术特性参数有三种，分别为基本参数、主要参数和一般参数。以 XY－200 型液压钻机为例，钻机参数铭牌如图 2－6 所示。

XY-200型液压钻机

钻进能力	孔径(mm)	400	220	150	110	75
	钻深(m)	10	50	90	130	200
卷扬能力(kN)	15	功率	柴油机22马力			
钻机重量(kg)			电动机15 kW			
出厂编号		出厂日期				

图 2－6　钻机参数铭牌

（1）基本参数。基本参数是反映钻机钻进能力最稳定的参数。岩心钻机至今仍以钻进深度为基本参数，因为钻机的其他参数与结构都受孔深的直接或间接影响。但仅以孔深为基本参数，还不能全面反映钻机的钻进能力与所消耗的功率，因为同一钻机若用不同直径的钻杆钻进，则能钻到的公称深度是不相同的。因此，以孔深和使用钻杆的直径联合表示作为基本参数更符合实际情况。目前国内外许多钻机的技术性能表中常采用这种表示法。

（2）主要参数。主要参数是反映钻机整体或部件的主要技术经济性能的参数，取决于基本参数。其主要有回转器的转速、上顶力与钻进力、给进速度与行程、提升能力与提升速度，钻机的质量与外廓尺寸，动力机的功率和转速等参数。

（3）一般参数。一般参数从属于基本参数和主要参数，如钢丝绳直径、卷筒直径等，反映次要技术参数。

3. 钻机分类

目前国内外的钻机比较多，其分类方法也不尽一致。通常是按钻机的用途、钻井深度、设备管理、装载方式等进行分类，如图2-7所示。

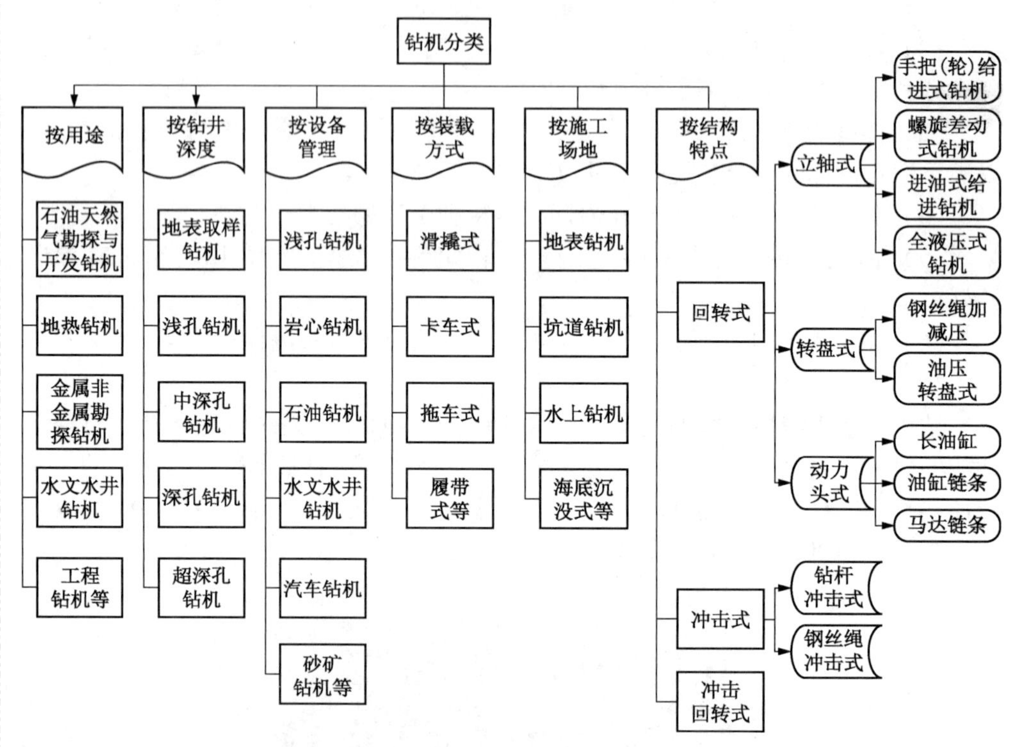

图2-7　钻机分类

4. 钻机的基本组成

钻机种类繁多，结构各异。现以目前常用的回转式钻机为例说明钻机的基本组成及参数。

图2-8　立轴式回转机构钻机

（1）液压传动系统。利用油泵输出的压力油驱动油马达、油缸等液动机，以使立轴回转和控制给进机构、移动钻机、松紧卡盘等。

（2）回转机构。回转机构是钻机的主要部件，其任务是带动钻具回转以破碎孔底岩石。现用钻机的回转机构有三种，分别为立轴式、转盘式和动力头式。

立轴式回转机构使用最为普遍（图2-8）。立轴是空心的，能做旋转运动并能轴向移动，通过卡盘把回转力矩及轴向力传给钻具。其特点是回转稳定，适用于高速钻进，但行程小，需要经常“倒杆”。

转盘式回转机构是利用转盘（图2－9）直接带动钻具回转，并能做轴向移动。给进力直接加于钻杆上。这种回转机构行程大，但钻具回转不稳定。

图2－9　转盘

动力头式回转机构（图2－10）是将回转的原动机直接装在钻杆上端以带动钻杆回转。其具有行程大、转速高的特点，既适用于小口径，又适用于大口径。

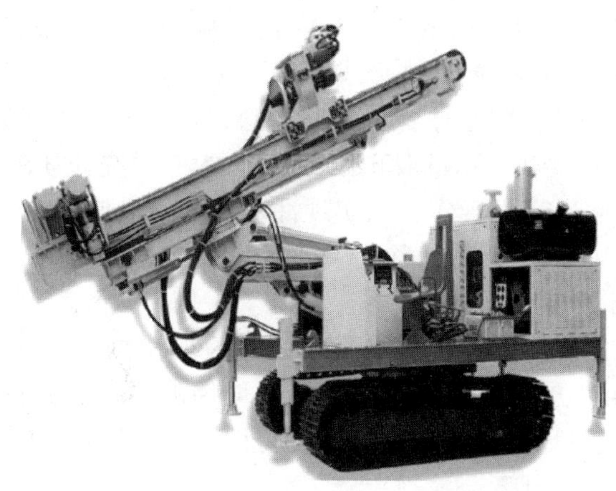

图2－10　动力头式回转钻机

（3）给进机构。给进机构用于调整破碎岩土所需要的轴心压力和控制给进速度，有油压给进、绳索给进等。

（4）升降机构。升降机构在各种钻机上普遍采用卷扬机缠绕钢丝绳牵引钻具。但动力头式钻机采用油缸或油马达与倍速机构提升，这样一来，升降机构可省掉笨重的钻塔，但行程短，提升速度较慢。

（5）传动变速系统。传动变速系统采用齿轮传动机构，但动力头式钻机可实现液压无级变速，具有转速稳定、无噪声和体积小等特点。

（6）机架。支撑上述各机构及系统，使之组成一个整体，成为完整的机器。

（二）泥浆泵

1. 泥浆泵的功能

泥浆泵（图2－11）是在钻探过程中，向钻孔输送泥浆或水等冲洗介质的机械。

图2－11　泥浆泵

泥浆泵是钻探机械设备的重要组成部分，其主要作用包括以下三个方面。

（1）在钻进过程中，由泥浆泵向孔内输送各种冲洗介质，以冷却钻头、润滑钻具、净化孔底、维护孔壁、携带或悬浮岩粉等。

（2）由泥浆泵向孔内输送水泥等灌浆材料，以堵塞钻孔漏失或封孔。

（3）在使用孔底发动机钻进时，则用泥浆泵将冲洗介质输入孔内井底液动机，以液力驱动孔底发动机工作，以实现冲击回转钻进或定向钻进等，流经孔底发动机后的液体还可兼作冲洗介质。

2. 钻探工作对泥浆泵的基本要求

为满足对钻探工作的需要，泥浆泵应满足下列基本要求。

（1）在水泵泵量方面。要求具有连续、均衡的泵量，保持孔内冲洗液的流速大于或等于岩、矿粉屑在冲洗液中的下降速度，要求泵量与泵压的变化无关，且又可在一定范围内控制调节。

（2）在水泵排水压力方面。应具有在不同的排水压力下，保持具有相同泵量的特性；具有较大的超过泥浆泵额定排水压力的能力和自动卸压的能力，即防止泥浆泵因超高压损坏的能力。

（3）在水泵泵体，特别是那些与冲洗液直接接触的运动件方面。循环使用的冲洗液中含有一定量的固体颗粒，这些颗粒一部分是造浆材料自身的颗粒，另一部分是混入的岩、矿粉屑，虽经沉淀、过滤，但仍不能完全消除。在冲洗液流经泥浆泵时，就会磨损零件，因此水泵零件，特别是与冲洗液直接接触的运动件，应具有较好的耐磨性。

另外，为了获得高质量的冲洗液，常采用化学方法来改善冲洗液的性能。因而冲洗液具有一定的防化学腐蚀能力。所以，泥浆泵零件还应具有一定的耐腐蚀性。

（4）在其他方面。由于钻探工作分散、不固定，工作环境又较恶劣，远离机械维修服务点，因此还要求泥浆泵搬迁容易、装拆方便、坚固耐用、维修

简易。

3. 泥浆泵的分类

泥浆泵的种类很多，常见的有往复式泵、螺杆泵、离心泵、潜水泵等。按工作原理分为容积式泵、动力式泵和其他泵。

钻探用泵应选用容积泵，一般多选用往复式泵。在往复式泵中，按活塞构造分，可分为活塞泵、柱塞泵；按液缸数目分，可分为单缸泵、双缸泵、三缸或多缸泵；按作用面数量分，可分为单作用泵、双作用泵等。

二、钻探管材及工具

（一）钻探用管材

钻探用管材根据功用不同，分为钻具（含主动钻杆、钻杆、钻铤、接头等）、岩心管、套管等。

在钻探生产中，所使用的管材因承受着钻探设备施加的拉、压、扭，地层压力的挤压，自重压力，弯曲及振动等诸多因素造成的交变载荷，冲洗液所含酸、碱、盐腐蚀等复杂和恶劣工作条件，所以要采用高质量的材料。

（二）钻探工具

钻探工具是指钻孔施工所使用的孔内各种机具及小型地面机具的总称。钻探工具包括钻进工具、升降工具、取心工具，以及打捞工具和岩（矿）心捞补工具等。钻探工具分类见表2-2。

表2-2 钻探工具分类

<table>
<tr><th>钻具类别</th><th colspan="2">钻 具 名 称</th><th>钻具类别</th><th colspan="2">钻 具 名 称</th></tr>
<tr><td rowspan="7">钻进工具</td><td>主动钻杆</td><td></td><td rowspan="7">取心工具</td><td>单管钻具</td><td></td></tr>
<tr><td rowspan="2">钻杆柱</td><td>钻杆</td><td>双动双管钻具</td><td></td></tr>
<tr><td>接头或接箍</td><td>单动双管钻具</td><td></td></tr>
<tr><td>钻铤</td><td></td><td rowspan="3">反循环钻具</td><td>喷射式孔底反循环钻具</td></tr>
<tr><td rowspan="3">粗径钻具</td><td>钻头</td><td>无泵孔底反循环钻具</td></tr>
<tr><td>岩心管、套管、沉淀管</td><td>全孔反循环钻具</td></tr>
<tr><td>转换接头</td><td>绳索取心钻具</td><td></td></tr>
<tr><td rowspan="8">升降工具</td><td rowspan="4">提引工具</td><td>天车吊环、滑车、水接头</td><td rowspan="4">打捞工具</td><td>千斤顶</td><td></td></tr>
<tr><td>提引器、提引环</td><td rowspan="2">丝锥</td><td>尖锥</td></tr>
<tr><td>扶、移、摆管装置</td><td>碗锥</td></tr>
<tr><td>钻杆吊卡</td><td>其他打捞工具</td><td></td></tr>
<tr><td rowspan="4">拧卸工具</td><td>垫叉、钻杆夹持器</td><td rowspan="4">岩(矿)心捞补工具</td><td>打捞工具</td><td></td></tr>
<tr><td>套管夹板</td><td>孔壁取样器</td><td></td></tr>
<tr><td>锁接头板子</td><td>人工偏斜补取器</td><td></td></tr>
<tr><td>自由钳、链钳、管钳</td><td></td><td></td></tr>
</table>

1. 钻进工具

钻进工具常指钻头、岩心提断器、岩心管、套管、异径接头、钻杆、水接头和钻铤等。有时为增加钻头上的压力，在钻杆柱下端接入若干钻铤。现以硬质合金钻进为例，钻具的连接顺序是：水接头→反丝转换接头→主动钻杆→钻杆→钻铤→岩心管→岩心切断器→钻头。主动钻杆、钻杆、钻铤、岩心管之间用接头和转换接头连接。其中，转换接头是用于连接不同直径和不同螺纹形式的管子接头；水接头除具有钻进作用外，还具有升降作用，所以把它列为升降工具。

（1）钻头。钻头主体是一个空心钢筒，上端用螺纹丝扣拧在岩心提断器外壳上或直接拧在岩心管上；在钻头底端面镶有硬质合金或金刚石。若是钻粒钻头就不镶切削具，其底平面与井底的钻粒接触。钻头是破碎井底岩石的工具，一般由钻头体与切削具组成，如图 2－12、图 2－13 所示。

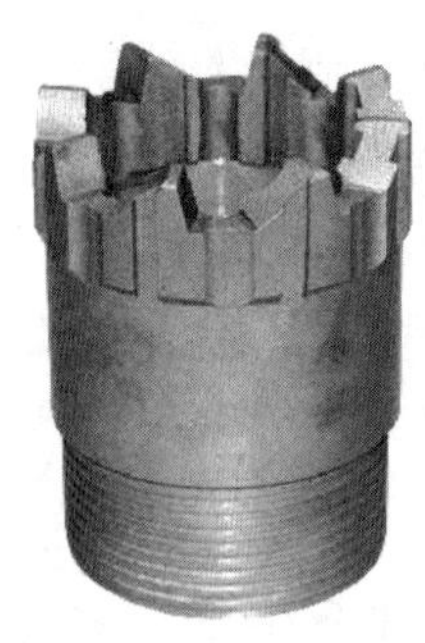

图 2－12　取心式钻头

图 2－13　不取心式钻头

（2）岩心提断器。岩心提断器是卡取岩心的一种工具，在钻进工作中有时用，亦可不用。岩心提断器外壳上端与岩心管下端、岩心管下端与钻头均用丝扣连接。岩心提断器的内部是呈上大下小的锥形搪孔，在此锥形搪孔内安一个提断弹簧，钻进时提断弹簧处于锥形内孔的上端，提断弹簧处于胀开位置，其内径略大于岩心外径，不妨碍岩心进入岩心总管。当需要提取岩心时，提升钻杆柱，岩心提断器外壳也随之上升，提断弹簧内圈的纵向肋状突出部分与岩心接触，使提断弹簧相对于提断器外壳下滑缩紧抱住岩心并将其卡住，拧断后即可提到地面上来。

（3）岩心管。岩心管是由壁厚 3.5～4.0 mm 的无缝钢管制成的。岩心管长度一般为 1.5 m、3.0 m、4.5 m，其外径比所连接的钻头小 1～4 mm。岩心管上下用丝扣与异径接头和钻头相接。岩心管在钻进时起容纳岩心和导向作用。岩心管有单层岩心管与双层岩心管之分。由双层岩心管组成的钻具叫双管钻具。与钻头配套的岩心管规格有 168 mm、146 mm、127 mm、108 mm、89 mm、73 mm、57 mm、44 mm。

（4）套管。套管在钻进工作中主要起保护井壁作用。其规格与岩心管相同，可以互相通用。

（5）异径接头。异径接头将钻杆柱和岩心管连接起来。异径接头有两种，一种是除把钻杆柱与岩心管连接起来外，异径接头外径上端车丝扣并与取粉管连接，这种异径接头称为取粉管异径接头；另一种是上端不连接取粉管，而是做成铣刀式或镶焊上硬质合金，以便磨碎在钻进过程中从井壁上掉落下来的岩块。

（6）钻杆。钻杆是钻进工具的主要组成部分之一。钻进时，通过它把动力传递给粗径钻具，同时又把冲洗液输送到井底。为了减少起下钻时拧卸丝扣的时间，常将几根钻杆用圆接头或圆接箍连接成一个单元，这个单元一般称为立根，立根与立根间用容易拆卸、具有锥形粗丝扣的锁接头或锁接箍连接。组成立根的长度取决于施工时选用钻塔的高度。常用的钻杆规格有 42 mm、50 mm、63.5 mm 等。

（7）主动钻杆。主动钻杆是在钻机回转器中的那根钻杆。其作用是把钻机回转器的动力传给全套钻杆柱。主动钻杆可以是与钻杆柱相同的钻杆，也可以是专门的主动钻杆。专门的主动钻杆因回转器的构造而异，可以是带通长键槽的、两扁形的，或者是六方外形的。

（8）水接头。水接头又称水龙头，它将回转的钻具和不回转的高压水管连接起来输送冲洗液。钻进时，通过水接头实现钻具的提动。在深孔或减压钻进时，可通过水接头控制钻头的钻进力。因此，要求水接头既有密封性、不妨碍钻具回转，又要有一定强度。

（9）钻铤。钻铤一般由厚壁的无缝钢管制成。钻进时连接在岩心管上部，增加钻具质量，目的是增加钻头对井底岩石破碎的压力。使用钻铤可以形成减压钻进，工作时钻杆柱上部始终处于拉伸状态，既改善了钻杆的受力状态，也减少了钻杆、钻杆接头与井壁间的磨损。同时钻铤可以起导向防斜作用，防止钻孔出现弯曲。因此，在大口径钻进中经常使用钻铤钻进。

2. 升降工具

（1）提引工具。提引工具指起下钻具、套管用的工具。属于提引工具的有天车、吊环、滑车、提引环、提引器，钻杆扶、移、摆管装置，以及钻杆吊卡等（图 2－14）。

图 2－14　提引器

（2）拧卸工具。拧卸工具包括拧卸和夹持两类工具。其中，拧卸工具是拧卸钻具、套管、连接螺纹的机具，多用于地面连接或拆卸；夹持工具是将钻具和

套管等夹持在孔口的工具，多用于在下套管、跟管钻进和孔内事故处理时夹持管材的工作。

常见的拧卸工具有自由钳（图2－15）、垫叉（图2－16）、钻杆夹持器、套管夹板、锁接头扳手、管钳、链钳等。

图2－15　自由钳

图2－16　垫叉

3. 取心工具

取心工具一般称为取心钻具。在钻进工作中，为提高岩（矿）心的采取率、完整度、纯洁性和代表性，取心钻具应具有避振、减磨、隔水和卡芯牢靠等性能。

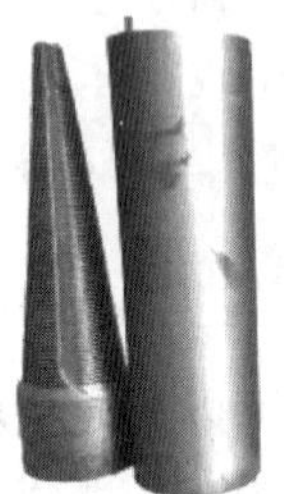

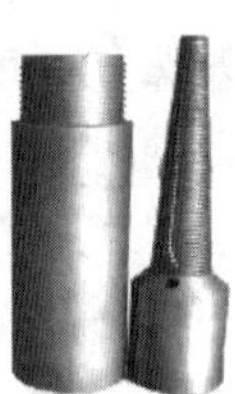

图2－17　打捞工具

4. 打捞工具

打捞工具是处理孔内事故用的各种工具和器件，包括千斤顶、各种打捞丝锥和其他打捞工具。千斤顶是用于起拔孔内套管或严重卡埋钻具的地面机具，又称起重机、起管机，可分为机械和液压两种形式。丝锥有尖丝锥和碗丝锥两种。此外，其他打捞工具有打捞筒、捞管器、割管器、反管器、吊锤和液动振动器等，如图2－17所示。

5. 岩（矿）心捞补工具

在某些地层，用一般取心工具采取岩（矿）心不能达到要求时，必须进行补取岩样。其捞补工具包括捞取工具、孔壁取样器和人工偏斜补取器。

三、动力驱动装置

1. 动力机

钻探用动力驱动装置即动力机，主要有电动机和柴油机，如图2－18、图2－19所示。动力机应根据钻探负载特性满足提供足够动力的要求。

图2－18　电动机

图2－19　柴油机

回转器带动钻具回转并克取岩石，其所需功率不仅随孔深而变化，即使在一个回次中，在钻进规程参数不变的情况下，钻具在孔内所遇到的阻力也是不断变化的。回转器负载特性要求驱动动力机具有良好的调速性能及一定的超载能力。

起下钻作业时，升降机提升的钻杆柱质量不仅在全孔过程中从开孔时的最小值到终孔时的最大值变化，而且每一回次起下钻过程中，随立根数的增减，其负荷呈阶梯状变化。因此，升降机工作对动力机要求有一定的超载能力和调速性能。

2. 钻塔

钻塔是指升降作业和钻进时悬挂钻孔内钻具、管材用的构架。钻塔在钻进过程中的主要用途是安放、悬挂天车、大钩、游动滑车系统和升降钻探工具，起下和存放钻杆，起下套管柱等。其中，钻塔底座用于固定、安装钻探设备。钻探对钻塔的主要要求是：①应有足够的承载能力，其结构要有足够的稳定性和强度，同时便于拆装、迁移和维修；②应有足够的有效高度和空间，以安放有关设备和工具；③尽可能减轻自重，使其本体轻便化，便于起立，尽可能满足水平安装及整体起放，快速又安全。

按结构特点可把钻塔分为四脚钻塔、“A”形钻塔、三脚钻塔和桅杆式钻塔4种类型，如图2－20所示。

(a) 四脚钻塔

(b) “A”形钻塔

图2－20 钻塔

（1）四脚钻塔。是由4个桁架面构成的空间桁架。其内部具有较大的空间，承载能力和稳定性均较好。按其用途可分为直塔和斜塔两类，分别用于钻进直孔和斜孔。

（2）“A”形钻塔。是一种结构简单、质量轻、可整体竖立和安装、运移方便的轻便钻塔，也叫“人”字形塔。“A”形钻塔的两根塔腿有管式和桁架式两种，可用于钻进直孔和斜孔。

（3）三脚钻塔。塔高9～12 m，提升高度为6～9 m。底脚呈等边或等腰三角

形放置。根据塔高不同，可设置一组或两组横拉手和斜拉手以加固塔腿，构成三棱锥状空间桁架体。一般适用于深度在300 m以内、倾角为70°~90°的钻孔。三脚钻塔结构简单，拆、迁、安装均简易。

（4）桅杆式钻塔。其使用范围日益广泛，结构形式也日渐增多。从其结构特点来看，大致可以分为小断面桁架式、板式结构封闭式、适应动力头运行的前面敞开式三种形式。可用于钻进不同深度、倾角为70°~90°的钻孔。与同级承载能力的钻塔相比，其自重较轻，拆装零件少，可以整体竖立、折叠竖立或伸缩竖立，安装、拆卸方便。

思考与练习

1. 钻机在钻探施工中的主要作用有哪些？
2. 列举钻探施工中常见的打捞工具。
3. 四脚钻塔的结构特点是什么？

任务三　钻　探　技　术

知识学习

一、回转钻进技术

（一）基本原理

常规回转钻进技术是指利用钻机驱动钻杆柱带动钻头回转破碎煤岩层的钻进方法。

（二）技术特点

常规回转钻进技术具有以下特点。

（1）工艺原理简单，操作方便。

（2）钻进速度较快，效率高。

（3）钻进装备成本低，易于维护。

（4）钻孔轨迹随钻具自重或钻进工艺参数选择而变化，不能控制钻孔轨迹。

（三）钻进装备

常规回转钻进装备主要由钻机、泥浆泵、钻杆及钻头等组成。

1. 钻机

常规回转钻进使用的钻机主要为全液压动力头式钻机，包括分体式钻机（图2-21）和履带式钻机两类，均采用液压传动方式，由电动机驱动液压泵，为回转、给进等执行机构提供动力，动力头可在给进行程范围内往复移动。

2. 泥浆泵

常规回转钻进时一般采用矿井静压水或系统风作为钻进冲洗介质，较少使用

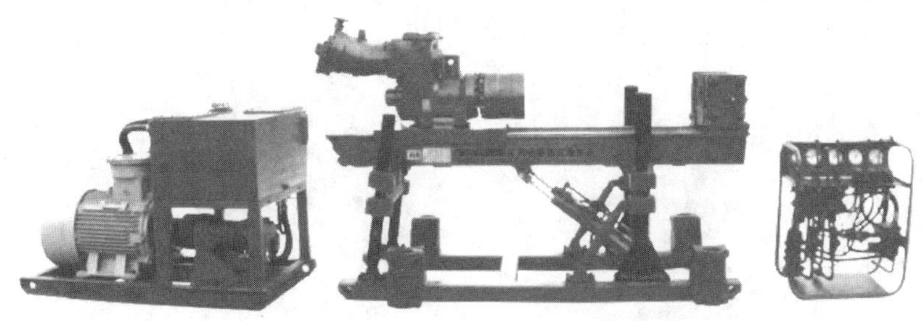

图 2-21　ZDY4000S 型全液压分体式钻机

泥浆泵。若需使用泥浆泵，一般选用小流量、低压力的电驱式泥浆泵，具有体积较小、性能稳定、价格低等优点。

3. 钻杆

常规回转钻进时主要使用外平钻杆，如图 2-22 所示。特殊需要时可以采用异形钻杆，如螺旋钻杆、三棱钻杆、三棱螺旋钻杆、宽翼片螺旋钻杆等。

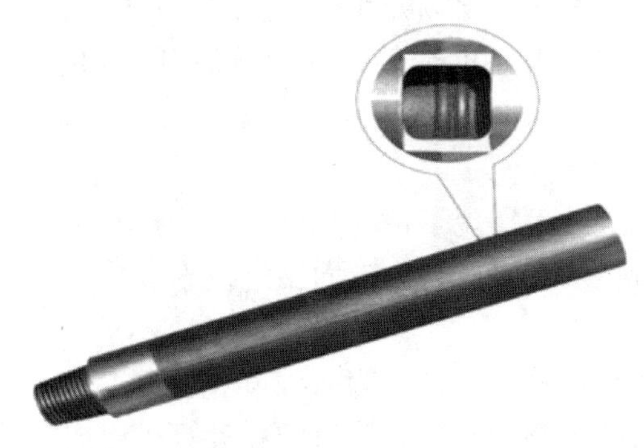

图 2-22　外平钻杆

通用外平钻杆通过两端公螺纹的接头与两端母螺纹的管体相连，常用规格有 ϕ42 mm、ϕ50 mm。

高强度外平钻杆采用管体两端热镦粗加厚，车削母螺纹，与两端公螺纹的接头相连，常用规格有 ϕ73 mm、ϕ89 mm。

摩擦焊接型外平钻杆采用摩擦焊接技术将钻杆公接头、管体和母接头三部分焊接在一起。

4. 钻头

常规回转钻进用钻头按用途不同分为不取心钻头、扩孔钻头、取心钻头和锚杆钻头；按照切削齿材料不同分为合金钻头、PDC 钻头（图 2-23）和金刚石钻头。金刚石钻头按照镶嵌方式分为表镶式钻头和孕镶式钻头；按照钻头结构分为弧角钻头、内凹钻头、平底钻头等。

图 2－23　PDC 钻头

二、随钻测量定向钻进技术

随钻测量定向钻探施工

（一）基本原理

随钻测量定向钻进技术是指利用随钻测量系统实时监测钻孔轨迹参数和螺杆马达姿态参数，得到钻孔实钻轨迹，确定螺杆马达的造斜方向，然后利用螺杆马达对钻孔轨迹进行调控，使钻孔轨迹按设计要求延伸钻进至预定目标的一种钻探方法。

随钻测量定向钻进技术实现了钻孔轨迹的精确控制和长钻孔定向钻进，关键技术主要有随钻测量技术和螺杆马达定向钻进技术。

1. 随钻测量技术

根据随钻测量信号传输方式，分为有线随钻测量技术和无线随钻测量技术。随钻测量系统一般由孔内测量探管和孔口防爆计算机组成，可实时对钻孔轨迹参数进行精确测量和计算。其工作原理是：孔内测量探管采用三个用于敏感地球重力加速度的加速度传感器、三个用于敏感地球磁场的磁传感器作为传感器组，当探管接收到测量指令后开始工作，传感器组感受其输入量，并与其放大电路一起将输入量变换成与之对应的输出电压；CPU 采样测量电压和基准电压后采用运算放大器对传感器测量信号进行整形和滤波，获得传感器原始测量数据；然后根据倾角、工具面和方位角与重力加速度和磁场强度的关系公式计算出钻孔轨迹参数的实测值；再通过信号传输通道实时传递至孔口防爆计算机，经上位机软件对数据进行接收处理后绘制并显示钻孔轨迹。

2. 螺杆马达定向钻进技术

目前，煤矿井下定向钻进主要采用螺杆马达进行施工，根据钻杆是否回转可分为滑动定向钻进技术和复合定向钻进技术。

螺杆马达是一种把液体的压力能转化为机械能的容积式动力转换装置和井下动力钻具，主要由旁通阀总成、螺杆马达（定子和转子）总成、万向轴总成、传动轴总成四大部分组成。其工作原理是：泥浆泵提供的高压冲洗液经旁通阀进

入螺杆马达总成，在马达的进出口形成一定的压差，推动马达的转子旋转，通过万向轴和传动轴将转速和扭矩传递给钻头，从而达到碎岩的目的。

（二）技术特点

随钻测量定向钻进技术具有以下技术特点。

（1）可以随钻实时测量出钻孔空间轨迹和螺杆马达姿态等孔内工程参数，实现钻孔精确空间定位，指导钻孔轨迹调控。

（2）钻孔轨迹调整时钻杆不回转，仅孔内螺杆马达带动钻头回转碎岩；钻孔轨迹调控能力强、精度高，不需要更换钻具。

（3）有线随钻测量信号传输速度快、误码率低，但传输稳定性受限于中心通缆式钻杆；无线随钻测量信号传输受钻杆影响小，传输速度比有线传输慢，测量过程中存在一定的误码率。

（4）有线随钻测量需要特制的通缆式钻杆，钻具成本高；无线随钻测量对钻杆无特殊结构要求，可选用外平钻杆和异形钻杆等普通钻杆，钻具成本低，地层适应性强。

（三）钻进装备

随钻测量定向钻进技术装备主要由钻机、螺杆马达、泥浆泵、有线随钻测量系统和通缆式钻杆或无线随钻测量系统和无缆式钻杆等组成，钻进装备应根据地层条件和设计的孔径、孔深等参数进行选择，且必须满足煤矿井下施工的相关技术规定。

三、碎软煤层钻进技术

碎软煤层在我国可采煤层中占有很大比例，由于稳定性差，瓦斯含量高、压力大，钻孔施工中容易出现喷孔、垮孔和卡钻等现象，施工困难，且钻孔完成后，抽采过程中易发生钻孔坍塌、堵塞瓦斯释放通道，影响瓦斯抽采效率。钻孔困难、抽采效率低是碎软煤层瓦斯治理的技术“瓶颈”。如何提高碎软煤层的钻进深度和成孔率，提高瓦斯抽采效率，达到降低煤与瓦斯突出危险性的目的，是碎软煤层瓦斯治理的重要问题。

目前，国内相关研究院研发了螺旋钻进技术、中风压空气钻进技术、空气套管钻进技术及相关装备用于钻进施工。

（一）螺旋钻进技术

1. 基本原理

螺旋钻进是一种干式回转钻进方法，钻进过程中依靠钻杆的螺旋叶片不断将钻屑输送至孔口，实现连续钻进。螺旋钻进过程中，钻机动力头产生的动力通过主动钻杆传递给螺旋钻杆至钻头，孔底及孔壁之间产生的钻屑则由螺旋叶片推移式输送，钻屑自身的重力、钻屑之间的黏滞力及钻屑与孔壁之间的摩擦力则阻止其和螺旋叶片一起旋转，从而实现钻屑在螺旋叶片推动下挤压向孔口输送，实际上螺旋钻杆和钻孔之间形成了一个“螺旋输送机”。

2. 技术特点

螺旋钻进技术是碎软煤层瓦斯治理的一种有效手段，其技术特点如下：

(1) 利用螺旋叶片排粉，不需要冲洗介质，避免了对孔壁的冲刷扰动。

(2) 配套高转速钻机，能及时输出煤粉，减少重复破碎现象，排粉效率高。

3. 钻进装备

(1) 钻机。用于螺旋钻进的典型机型有 ZDY1900L、ZDY3200L、ZDY5000RF、ZDY3000LG、ZDY2800LG、ZDY2200LR、ZDY1450LG 等履带式全液压钻机。

(2) 螺旋钻杆。螺旋钻进时使用的钻具主要为插接式螺旋钻杆，分为椭圆单销连接插接式螺旋钻杆和 U 形销连接插接式螺旋钻杆，如图 2－24 所示。常用的插接式螺旋钻杆规格有 ϕ78/50 mm、ϕ88/50 mm、ϕ100/63.5 mm、ϕ110/73 mm、ϕ200/89 mm 等。

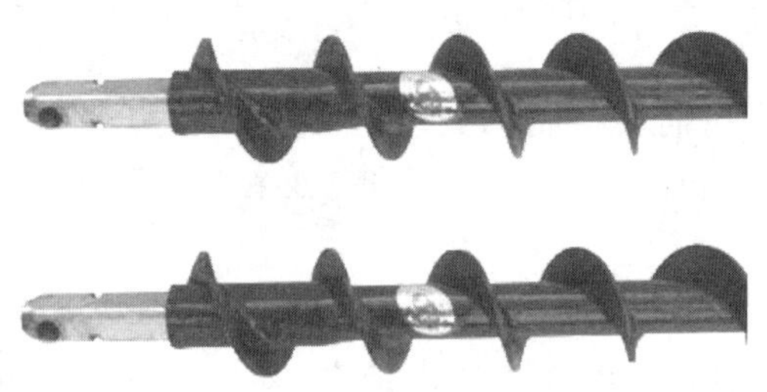

图 2－24　螺旋钻杆

(3) 螺旋钻头。配套螺旋钻进工艺，常用的钻头有螺旋合金钻头和内凹式 PDC 钻头。

① 螺旋合金钻头。常用规格有 ϕ85 mm、ϕ94 mm、ϕ110 mm、ϕ120 mm 等。用高耐磨性、高冲击韧性合金作为切削齿，比 PDC 钻头更耐高温，适合进行干钻或配风等冷却条件不好的钻进工况。适用于软岩（$f=0.5\sim2.0$）等特殊孔钻进，主要用于螺旋钻进施工，尤其是松软煤层的螺旋钻进。

② PDC 掏穴钻头。常用规格有 ϕ75/94 mm、ϕ75/113 mm、ϕ94/113 mm、ϕ113/153 mm 等。特点是可依靠水力和离心力实现钻头在钻孔中间打开进行局部扩孔，生产成本低。适用于钻孔局部孔段扩孔施工、扩大钻孔局部孔段（煤层段）瓦斯抽采半径、煤层气对接井底部靶区掏穴作业等。

(二) 中风压空气钻进技术

1. 基本原理

中风压空气钻进采用空压机形成钻进独立供风系统，以空气作为冲洗介质，从钻杆内孔进入孔底，携带钻头切削下来的煤粉返出孔外，携带煤粉实现排渣和冷却钻头。在孔口处配套安置孔口除尘装置，消除钻进产生的粉尘污染。

2. 技术特点

(1) 对孔壁的扰动小，排粉效率高，能够减少卡钻事故等的发生。

(2) 配套的钻机扭矩大、给进/起拔能力强，处理孔内事故的能力强。

(3) 配套用宽翼片螺旋钻杆的螺旋翼片宽度达到了 30 mm，实现机械拧卸钻杆，能够减少对孔壁的刮削作用。钻杆螺旋翼片能够搅起孔内沉积的大颗粒煤

粉，利于风力排出。

（4）采用防爆空压机，形成了独立的钻进供风系统，提供充足流量和稳定压力的风源。

（5）采用射流负压抽吸式降尘装置，有效解决施工时的粉尘污染问题。

3. 钻进装备

（1）供风系统。中风压空气钻进采用井下防爆移动空气压缩机作为供风风源，一般将防爆空压机放置在施工现场的进风大巷，并在空压机与钻机之间铺设内径为 100 mm 的送风管道，形成一个稳压系统，并采用旋进旋涡流量计作为供风参数检测装置，监测流量、压力和温度。对于钻进孔深为 100 ~ 200 m 的钻孔，采用的空压机风量不小于 8 m/min、额定压力不小于 0.7 MPa。

（2）钻机。钻机必须具有较大的扭矩和给进/起拔力且结构紧凑、体积小，以适应断面较小的碎软突出煤层巷道。用于中风压空气钻进的典型机型为 ZDY3200L 型全液压履带钻机等。

（3）宽翼片螺旋钻杆。中风压空气钻进采用宽翼片螺旋钻杆，特殊需要时可以采用三棱钻杆、三棱螺旋钻杆等。宽翼片螺旋钻杆主要分为焊接式宽翼片螺旋钻杆和整体铣削式宽翼片螺旋钻杆。

（4）除尘装置。中风压空气钻进过程中产生的粉尘，采用负压射流抽吸除尘器进行除尘，由高压泵和除尘管组成。高压水通过喷头射入除尘管中产生负压，将钻孔产生的粉尘吸入除尘管中，粉尘在除尘管中与喷头产生的雾滴混合而沉降，达到除尘的效果。

（三）空气套管钻进技术

1. 基本原理

煤矿井下空气套管钻进技术采用套管配专用孔底组合钻具钻进至安全设定孔深后，把套管留在孔内护孔，再采用钻杆接专用打捞接头从套管内下入并连接孔底组合钻具，旋转解锁后进行二级钻进至设计孔深。空气套管钻进技术将整个抽采孔钻进施工过程分为套管钻进和二级钻进，二级钻进时钻孔前段有套管护孔，降低了深孔一次钻进成孔的施工难度，提高了碎软煤层成孔深度和成孔率。

煤矿井下碎软煤层套管钻进施工瓦斯抽采孔的过程是：采用 ϕ102/108 mm 套管 + ϕ133 mm 孔底组合钻具，套管通过钻具锁传递扭矩和给进力，带动孔底组合钻具回转碎岩钻进，采用雾化压缩空气作为冲洗介质，钻屑沿着套管与孔壁之间的环空间隙返出孔外，钻进至安全扭矩预警值时停止钻进，将套管钻具提离孔底 500 mm 左右，套管留作护孔管。在套管内下入 ϕ63.5 mm 二级钻杆并连接 ϕ133 mm 孔底组合钻具（钻头可回缩到 ϕ83 mm），并解锁孔底组合钻具，同时进行二级钻进至设计孔深时，先提二级钻具，再提出套管终孔。

2. 技术特点

（1）采用套管钻进和二级钻进的方法，降低了碎软煤层一次成孔的难度。

（2）采用螺旋套管、宽翼片螺旋钻杆空气钻进，排渣效率高。

（3）采用雾化空气作为冲洗介质，能有效减少粉尘污染，防止孔内高温。

3. 钻进装备

（1）套管钻机。可采用履带自行式、中间加杆钻进方式，具备多自由度变幅装置，实现大范围调整倾角、方位角及开孔高度。主机可采用无卡盘结构设计，动力头输出的动力通过主动接头连接钻杆或套管。配备有夹持器和卸扣器，实现中间加卸钻杆时机械拧卸钻杆丝扣。

（2）配套钻具。套管钻进主要配套的钻具有套管、钻杆、孔底组合钻具和气动雾化器等。采用宽翼片内平螺旋套管在碎软煤层中钻进，排渣效果好。配套孔底钻具采用可打捞式结构，包括领眼钻头、扩孔翼片、套管靴、钻具锁及打捞接头等。

（3）气动雾化器。雾化器以矿井系统风为动力，通过气动马达驱动高压水泵喷雾，向循环介质中注入雾化液，起到捕尘、抑尘、冷却钻具及防燃作用。

四、坑道绳索取心钻进技术

坑道钻探是利用现有的井巷进行下组资源和邻近层资源的勘探，相对于地面勘探，避开上部采空区，节省了地面至巷道的工程量并能实现多角度钻探，达到沿矿床层带钻探的目的，是一种更加节能、环保、节约钻探费用的勘探方法。

（一）基本原理

绳索取心是指在钻进过程中，当内岩心管装满岩心时，不需要提出全部钻杆，而是借助专用的打捞工具把内岩心管从钻杆柱内捞取上来。坑道取心钻孔角度多样，在垂直钻孔时，内岩心管和打捞器可以靠自重下放到孔底；在水平钻孔和上仰钻孔时，内岩心管借助水力输送器和水力打捞器，利用泥浆泵的高压水实现内管总成的下放和打捞，实现不提钻取心。

（二）技术特点

（1）可利用现有巷道向下或者水平钻进，进行深部或者邻近层的勘探，相对于地面勘探，节省了大量的钻探施工量。

（2）钻机转速高、结构紧凑且解体方便，便于坑道内布置和搬迁，有利于施工多种角度的钻孔，实现邻近地层的勘探。

（3）不提钻取心，钻进效率高、取心率高。

（三）钻进装备

（1）钻机。可用于井下绳索取心钻进的坑道高转速全液压钻机有ZDY600SG、ZDY750G、ZDY900SG和ZDY1000G等机型。

（2）坑道用绳索取心钻具。以ϕ75 mm坑道用绳索取心钻具为例，该钻具采用捞矛头持心装置、复合弹卡定位结构、内管总成分段捞出等结构，解决了狭小巷道空间与内管总成长度间的矛盾、弹卡定位不可靠、捞矛头偏移等问题，满足$-90° \sim 30°$范围内绳索取心钻进要求。

（3）绳索取心钻头。绳索取心钻头常用规格有ϕ60/41.5 mm、ϕ75/49 mm、ϕ91/68 mm、ϕ94/74 mm等。可分为PDC绳索取心钻头和金刚石绳索取心钻头，在实际使用中大部分为金刚石绳索取心钻头。适合进行高转速回转钻进，往往配套绳索取心钻具进行取心作业，广泛应用于地质、冶金、煤田及矿山等矿产资源勘探领域。适用于中硬至坚硬地层($f=7 \sim 15$)钻进，不宜在破碎、裂隙地层中使用。

五、地面钻进技术

（一）地面煤层气开发钻井技术——远端精确对接井钻进技术

1. 基本原理

远端精确对接井由一口目标直井与一口或多口水平连通井组成，直井与水平连通井之间的井口平面距离一般大于 500 m。在典型的远端精确对接井中，水平连通井与目标直井连通后继续延伸一定长度，同时在对接点两侧施工分支井。远端精确对接井开发煤层气时，在目标直井中安装排采设备，水平连通井可临时封闭井口或就近连入集气管路。

精确对接井中的目标直井和水平连通井的直井段采用常规泥浆循环回转钻进工艺或空气潜孔锤冲击回转钻进工艺施工，水平连通井其他井段采用定向钻进工艺施工。

施工精确对接井时，先施工目标直井、目标煤层段造穴，后施工水平连通井，而两者的连通须借助精确对接系统完成。其硬件包括信号源和信号接收器，进行精确对接前，在目标直井中下入信号接收器，在水平连通井定向钻进钻具组合中连接信号源（安装在钻头后方），通过专用软件计算目标直井洞穴与水平连通井中信号源（亦即代表钻头的位置）之间的距离和方位，基于二者间的相对关系，通过随钻测量系统控制水平连通井向目标直井洞穴延伸并最终对接连通。

2. 技术特点

远端精确对接井特殊的结构形式有利于提高煤层气开发效果，其技术特点如下。

（1）对接点两侧的分支井增大了煤层气有效供给面积，扩大了排水降压的波及范围和煤层气有效解吸区，有利于提高煤层气抽采效果。

（2）远端精确对接为水平连通井主井段修井创造了有利条件，能够延长井组的有效产气时间，增加累计产气量。

（3）远端精确对接井可利用未产气或低产的直井作为目标直井，实现已有井网的加密和挖潜，改善局部区域煤层气开发效果。

（4）对接点两侧带分支结构配合分段压裂完井工艺易于实现大范围压裂改造，能够降低综合开发成本。

3. 钻进装备

远端精确对接井配套施工装备系统包括钻机、泥浆泵、测量仪器、空压机、固控系统、钻具及其他辅助装置等。

（1）钻机。钻机是远端精确对接井的关键施工装备，其中目标直井普遍采用与常规煤层气开发直井相同的钻机进行施工，水平连通井主要采用车载钻机进行施工，典型机型有进口雪姆（T130XD 型）车载钻机和国产（ZMK5530TZJ60 型）车载钻机，如图 2－25、图 2－26 所示。

（2）泥浆泵。远端精确对接井施工配套泥浆泵主要是 P 系列、F 系列和 3NB 系列三缸单作用泥浆泵，具体工程中依据最大井深、井身结构等参数选用合适型号的泥浆泵，典型机型有 F－500 型、F－800 型及 F－1000 型泥浆泵。

图 2-25　雪姆车载钻机

图 2-26　国产车载钻机

（3）测量仪器。测量仪器是实现远端精确对接井轨迹控制、对接连通的关键，需配套有线随钻测量系统用于目标直井及水平连通井直井段的井身质量控制、配套无线随钻测量系统（泥浆脉冲或电磁波）及地质导向系统用于水平连通井轨迹控制、配套精确对接系统用于水平连通井与目标直井精确对接。

（4）空压机。空压机用于远端精确对接井直井段潜孔锤冲击回转快速钻进及水平井段注气欠平衡钻进，可采用寿力、阿特拉斯、复盛等品牌的产品，代表机型有阿特拉斯 XRXS1275 型、XRXS1350 型和寿力 DLQ900XHH 型、DLQ1150XH 型。

（5）固控系统。远端精确对接井钻进施工用到多种钻井液体系，借助固控系统对其进行循环净化十分重要，尤其是水平井段钻井液体系需保证合适的密度、黏度等性能指标以满足钻进工艺要求，油气勘探开发钻井领域常用的振动筛、除砂器、除泥器和离心机四级固控系统能够满足远端精确对接井施工需要。

（6）钻具。远端精确对接井造斜段曲率半径较小、水平段延伸较长，配套钻具组合受力相对复杂，需选用高强度钻杆，主要包括 ϕ73 mm、ϕ114 mm 高强度斜坡钻杆，ϕ73 mm、ϕ127 mm 高强度加重钻杆等。常用的地面钻进用钻头有牙轮钻头、煤层气钻井 PDC 钻头。

（二）垂直井钻井技术

1. 基本原理

煤层气垂直井是指在地面采用常规钻具组合施工的直井，一般钻至目标煤层以下一定深度，以特定的方式完井，通过排水降压开发煤层气，主要的完井方式有射孔压裂完井和裸眼洞穴完井。通常采用二开井身结构，一开和二开均需要下套管固井。采用射孔压裂时，套管需穿透目标层；采用洞穴完井时，套管需深入煤层一定深度。

2. 技术特点

（1）钻井工艺简单，技术难度较低。

（2）单井钻进成本低，服务年限长，稳产时间长。

（3）单井施工对地表要求低。

（4）维护作业分散、投资回收较慢，综合作业成本高。

3. 钻进装备

煤层气垂直井施工钻机可选用水文水井钻机、小型石油钻机及煤层气车载钻机。配套的设备与钻具主要包括泥浆泵、钻杆、钻铤、加重钻杆、钻头、扶正器等。

六、智能定向钻探施工、地质数据获取与应用

（一）煤矿坑道智能化钻探技术现状

智能定向钻探施工地质数据获取与应用

坑道智能化钻探与常规钻探方法的重要区别在于智能钻具的研发与应用和钻探数据的获取与分析。我国煤矿坑道智能化钻探还处于初级研究阶段，由于煤矿巷道条件的复杂性，钻机无法实现对巷道环境的精准感知和自主定位导航，钻机行走、姿态调整等功能实现仍需人为辅助。因缺乏可靠的孔内监测仪器，对孔内钻进工况的感知仍主要依赖钻机液压系统，存在明显的滞后性，导致无法实现从数据监测、数据分析到智能决策的无人化自主钻进施工。由于无法实现对煤岩界面的精确识别，采用回转钻进技术施工钻孔时自然造斜规律易触顶或触底，导致钻孔轨迹不可控、钻孔深度有限。钻场内钻机、孔口装置、装卸杆装置等设备间的关联程度弱，无法实现集成控制。

（二）煤矿坑道智能化钻探技术发展框架

当前，煤矿坑道智能化钻探仍处于从机械化向自动化转型的阶段，未来应围绕精准导向系统、数据测量系统、数据传输系统、智能决策系统和自动控制系统，打造从孔底到孔口、从井下到地面的一体化坑道智能化钻探平台。

1. 精准导向系统

精准导向系统是实现智能化钻进的关键，可依据钻孔设计轨迹实现自主纠偏，主要由孔底旋转导向装置、多参数测量系统和控制系统组成。

2. 数据测量系统

数据测量系统主要用于孔底地质参数测量、几何参数测量和工程参数测量。通过地质参数测量获取地层岩性、地层界面和地层富水特征等参数；通过几何参数测量获取钻孔轨迹参数和导向工具姿态参数；通过工程参数测量实时获取孔底钻压、转矩、横向振动、轴向振动、环空压力、温度及转速等参数。

数据测量系统可综合评估孔内工况环境和钻具状态，为钻进工艺参数调整提供重要数据支撑。同时依托高可靠性数据解释软件对随钻测量数据进行集中处理，提取关键有效信息，建立基于多维多参数联合反演的模型，实现钻进过程的动态预测与评价。

利用数据测量系统还可获取目标区域内点、线等关键空间信息和断层、陷落柱等重要地质信息，指导建立三维可视化地质模型，并综合运用实时传输的随钻测量信息对该地质模型进行动态修正，以更好地指导钻孔施工，服务于矿井透明工作面构建和智能化开采。

3. 数据传输系统

孔底测量数据的高速上传和孔口指令的快速下达是实现坑道智能化钻探的保障。目前煤矿井下数据传输方式包括有线传输和无线传输两种。

有线传输方式传输速率快、稳定性高，但依赖于专用通缆钻杆，信号传输容量小；泥浆脉冲无线随钻传输方式利用正脉冲进行信号传输，传输速率慢；电磁波无线随钻传输方式易受地层电阻率影响。为实现信息的高速稳定双向传输，需在进一步完善现有数据传输系统的基础上，开发新的数据传输系统，具体如图2－27所示。

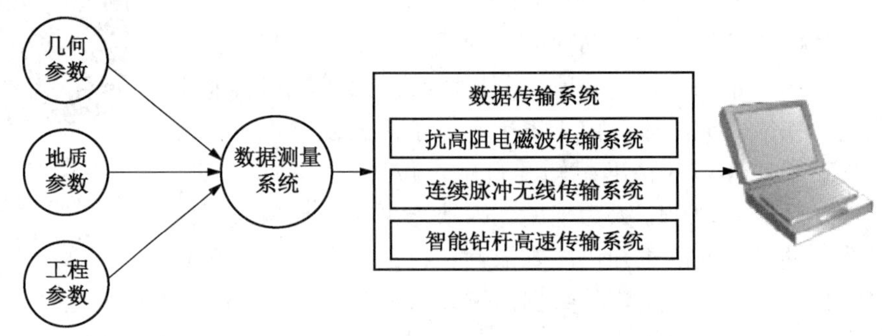

图2－27　数据传输系统

4. 智能决策系统

智能决策系统是实现坑道智能化钻探的核心。目前坑道智能化钻探过程控制方法比较单一，自动化钻进方法依赖于程序自动化控制，缺乏对坑道环境、钻进工况的智能感知，因而无法实现钻探过程智能决策控制。需要从钻进过程智能模拟、智能协同分析、钻进过程人机交互、远程决策控制等方面开展技术攻关，构建集“人－机－环境”于一体的坑道钻探智能决策系统，如图2－28所示。

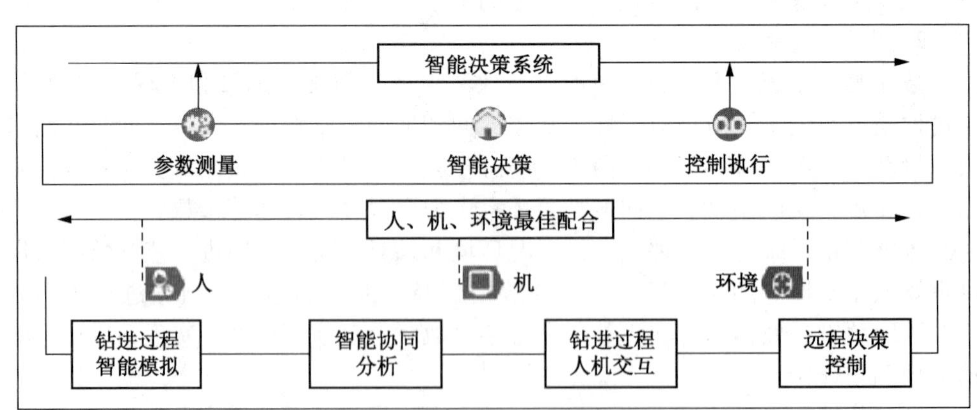

图2－28　智能决策系统

5. 自动控制系统

自动控制系统主要用于控制智能钻机，可实现钻机自主导航定位、钻杆自动装卸、自动钻进施工和智能检测与诊断等功能。自动控制系统功能如图 2－29 所示。

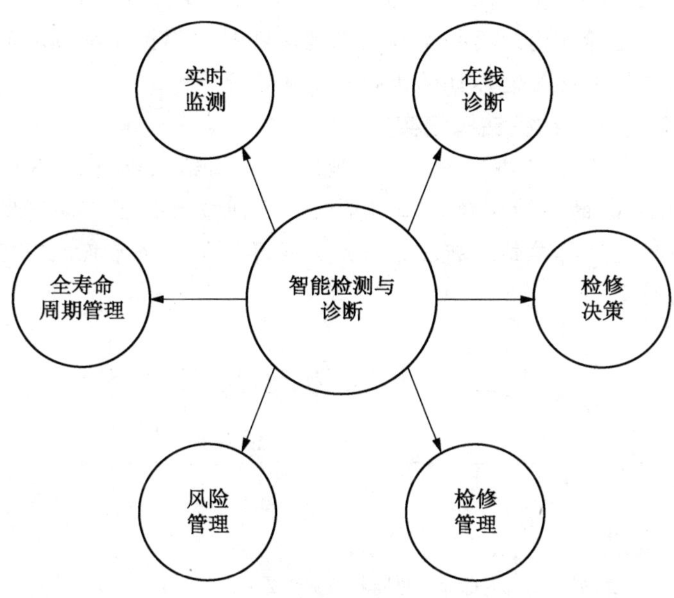

图 2－29 自动控制系统功能

思考与练习

1. 钻探工程技术分为哪几类？
2. 钻探施工所用钻机有哪些类型？
3. 简述随钻测量定向钻进技术分类及其技术特点。
4. 煤矿井下坑道绳索取心钻进技术的特点是什么？

拓展与应用

硬核科技创新：我国首台万米科学超深钻井地表钻机“地壳一号”

自古以来，“上天入地”就是人类的梦想，如今“上天”已然实现，而“入地”则一直是科学的“紫禁城”，成为科学家探索、追求的梦境。想要直接观测地球内部，迄今为止只有科学钻探能够实现，它就像伸入地球内部的“望远镜”，能够获得地下深处真实的信息和图像。

一、“地壳一号”钻机的诞生

“深部探测技术与实验研究专项（2008—2012）”是“地壳探测工程”的培育性研究计划，其启动标志着我国“入地”计划拉开序幕，该计划其中一个项

目便是“深部探测关键仪器装备研制与实验”，由“时代楷模”黄大年担任负责人。经科研工作人员不懈努力，“地壳一号”钻机在四川宏华石油设备有限公司“诞生”，钻机高60 m、占地超1万m^2、钻深能力达1万m。钻机整机集成度高、自动化程度高、运行平稳，填补了我国在超深孔科学钻探钻机领域的空白，全面提升了我国钻机整机及关键部件的设计和加工水平。

二、“地壳一号”钻机钻探纪实

2018年，在“松科2井”现场，“地壳一号”钻至地壳7018 m深处，成功取出总长度4014 m的连续完整岩心。至此，我国重大钻探装备研发支撑创造了亚洲国家实施的大陆科学钻井新纪录，成为世界上第三个掌握地下万米科学超深井钻探能力的国家。

项目三　地球物理勘探技术

学习要点

1. 掌握矿井地球物理勘探的定义；
2. 掌握巷道顶底板电测探法的基本原理及施工方法；
3. 掌握矿井瞬变电磁法的基本理论及工作方法；
4. 掌握矿井地震勘探的基本原理、工作方法；
5. 掌握槽波地震勘探的基本原理、工作方法；
6. 掌握矿井透明可视化新技术。

任务一　矿井地球物理勘探基础理论

一、矿井地球物理勘探

1. 物探的概念

地球物理勘探简称物探，是用地球物理学的原理和方法对天然存在或人工建立的地球物理场进行观测，从研究地壳浅层的物理性质及地质构造出发，寻找与勘查有用矿床及解决其他地质问题的学科。

2. 物探的主要类型

物探方法按所利用物理场的不同，分为重力、磁法、电法、地震、地热及放射性6种勘探方法，也可按观测对象或工作空间的不同进行分类，如图2－30所示。

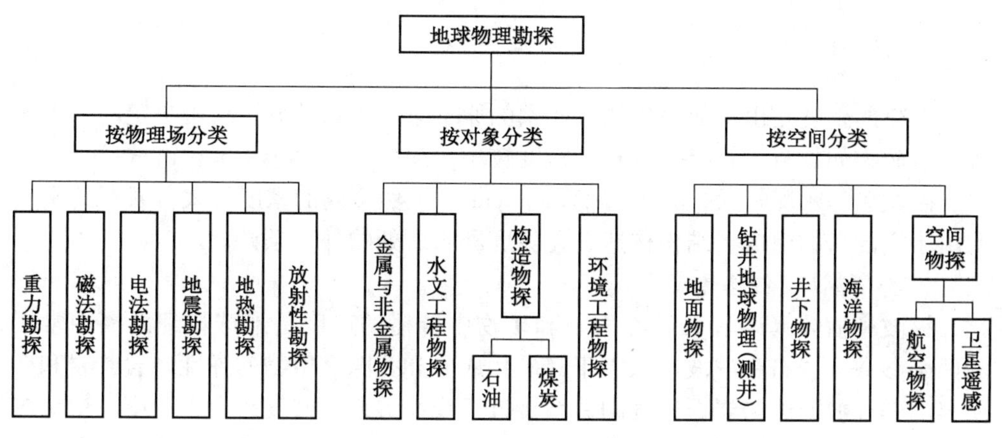

图 2－30　地球物理勘探的分类

矿井地球物理勘探简称矿井物探，是用于矿井地质勘查的各种地球物理勘查方法的总称，可以在地面和矿井中进行。

地面物探主要任务：一是在新建矿井中，为采区规划设计和前期采区设计提供详细的地质依据；二是在生产矿井中为工作面、井巷工程合理布置和采煤工艺的选择提供详细地质资料。地面物探施工简单，探测效率高，设备对环境的要求低，由于装备和物探技术的进步，在地形条件复杂的矿区，如丘陵、山区、沙漠、湖泊水域等也取得了良好地质效果。

井下物探主要任务是在采煤设备安装或开采前，查明或控制工作面内的地质异常。一般在巷道内以煤层为主要探测对象，与地面物探相比，其具有探测目标近，物探异常明显而突出，分辨率高，方法多样，运用灵活，探测范围大的优点，但在多数情况下，从数据采集、处理和解释各环节必须考虑全空间问题等特点。

二、岩（矿）石的地球物理性质

地球物理勘探中所涉及的各类岩石和矿物的物理性质，如岩石的磁性、密度、弹性波传播速度、电性等，是形成各种地球物理场的基础。

（一）磁性

1. 矿物的磁性

矿物按其磁性的不同可分为三类：①抗磁性矿物，如石英、磷灰石、闪锌矿、方铅矿等，磁化率为恒量，负值，且较小；②顺磁性矿物，大多数纯净矿物都属于此类，磁化率为恒量，正值，也比较小；③铁磁性矿物，如磁铁矿等含铁、钴、镍元素的矿物，磁化率不是恒量，为正值，且相当大。也可认为这是顺磁性矿物中的一种特殊类型。

2. 岩石的磁性

岩石的磁性主要取决于组成岩石的矿物的磁性，并受成岩后地质作用过程的

影响。一般来说，橄榄石、辉长石、玄武岩等基性、超基性岩浆岩的磁性最强，变质岩次之，沉积岩最弱。

（二）密度

矿物的密度是由构成该矿物各元素的原子量和矿物的分子结构决定的。大多数造岩矿物如长石、石英、辉石等密度较小，为 2.2 ~ 3.5 g/cm^3；铬铁矿、黄铁矿、磁铁矿等密度较大，为 3.5 ~ 7.5 g/cm^3；天然金属的密度最大。岩石的密度取决于它的矿物组成、结构构造、孔隙度和它所处的外部条件。

（三）弹性波传播速度

纵波和横波（v_P 和 v_S）在岩石和矿物中传播的速度是地球物理勘探中常用的两个参数。岩石中的波速取决于其矿物成分和孔隙充填物的弹性。岩浆岩和变质岩的弹性波速度与岩石密度的关系接近于线性关系，密度越大，速度越快。沉积岩中的弹性波速度受孔隙度的影响很大，变化范围很宽。地面疏松土壤和黄土的 v_P 最小，砂岩、页岩次之，碳酸盐类岩石的 v_P 最大。

（四）电性

地球物理勘探中常用的岩石电性参数有电阻率（ρ）或电导率（σ）。按导电特性不同，导电方式可分为电子、半导体、晶体离子和离子导电。一些金属（如自然金、自然铜等）、石墨、无烟煤等属于电子导电（$\rho \approx 10^{-6} \sim 10^{-2}\ \Omega \cdot m$），绝大多数金属硫化物和金属氧化物属于半导体导电（$\rho \approx 10^{-6} \sim 10^{6}\ \Omega \cdot m$），绝大多数造岩矿物（石英、长石、云母等）属于晶体离子导电（$\rho > 10^{6}\ \Omega \cdot m$）；岩石孔隙中通常都充满水溶液，在外加电场的作用下形成离子导电。

岩石和矿石的电阻率值随温度和压力的变化规律与矿物组分和结构构造有关。电阻率一般随温度升高而下降；随压力的变化趋势常因岩石种类而异。电流平行于矿物的拉长方向或岩层层面时所测定纵向电阻率值（ρ_t），常小于电流垂直于矿物的拉长方向或岩层层面时所测定横向电阻率值（ρ_n），定义为电阻率各向异性系数（λ）。

三、电场和电磁场

直流电场的变化特征

1. 电场

电场是电荷及变化磁场周围空间里存在的一种特殊物质。电场具有通常物质所具有的力和能量等客观属性。电场的力的性质表现为：电场对放入其中的电荷有作用力，这种力称为电场力。电场的能量的性质表现为：当电荷在电场中移动时，电场力对电荷做功。静止电荷在其周围空间产生的电场称为静电场；随时间变化的磁场在其周围空间激发的电场称为有旋电场（也称感应电场或涡旋电场）。静电场是有源无旋场，电荷是场源；有旋电场是无源有旋场。

2. 磁场

对放入其中的小磁针有磁力的作用的物质叫作磁场。磁场看不见又摸不着。磁体周围存在磁场，磁体间的相互作用就是以磁场作为媒介的。电流、运动电荷、磁体或变化电场周围空间存在着一种特殊形态的物质。由于磁体的磁性来源

于电流，电流是电荷的运动，因而，磁场是由运动电荷或变化电场产生的。

磁场的基本特征是能对其中的运动电荷施加作用力。与电场相仿，磁场是在一定空间区域内连续分布的矢量场，描述磁场的基本物理量是磁感应强度矢量（B），也可以用磁感线形象的图示。运动电荷或变化电场产生的磁场，或两者之和的总磁场，都是无源有旋的矢量场，磁力线是闭合的曲线簇，不中断、不交叉。电场与磁场的关系对比见表2－3。

表2－3 电场与磁场的关系对比

内容	电　场	磁　场
产生	电荷周围存在电场，变化的磁场周围存在电场	磁体周围存在磁场，变化的电流周围存在磁场
基本性质	电荷在电场中会受到力的作用	在磁场中运动的电荷会受到力的作用

3. 电磁场

电磁场是有内在联系、相互依存的电场和磁场的统一体的总称。随时间变化的电场产生磁场，随时间变化的磁场产生电场，两者互为因果，形成电磁场。电磁场可由变速运动的带电粒子引起，也可由强弱变化的电流引起。不论原因如何，电磁场总是以光速向四周传播，形成电磁波。电磁场是电磁作用的媒介，具有能量和动量，是物质存在的一种形式。

四、地震波场理论

（一）地震波传播的基本概念

1. 地球介质和弹性波

地震波是地下传播的震动，必然与岩石的弹性有关，一般都假定岩石是一种完全弹性体。在一般的地震波计算中，地球介质可以作为各向同性的完全弹性体来对待。弹性波是指震动在弹性介质中的传播过程。在地震勘探中，消除外力作用后立即恢复到原来状态的介质，这种传播地震波的岩层称为弹性介质。

2. 地震波的激发及分类

地球介质在外力的作用下，既可显示弹性，也可显示塑性。近似将地球介质当作是一个理想的完全弹性体来考虑，弹性介质受外力作用时，它的质点将产生相对位置变化，出现体积或形状改变，统称形变。一旦外力去除，由于弹性体内力作用，使介质完全恢复到原来的大小和形状，于是在激发力的作用下，介质质点产生弹性振动，并由震源向周围介质辐射或传播，形成了地震波。

按照介质质点运动的特点和波的传播规律，地震波可分为体波和面波两大类。体波是在地球介质内部沿着所有方向传播并可到达所有深度的波；面波往往局限于在地球介质表面下数个地震波长的范围内传播。

（1）体波。体波又包括纵波（P波）和横波（S波），纵波的质点振动方向与波的传播方向平行（图2－31a），可以在固体、气体、液体中传播。横波（S

波）或称为剪切波，其质点振动方向与波的传播方向垂直（图 2－31b、图 2－31c）。在横波中，凸起的最高处叫作波峰，凹下的最低处叫作波谷。横波只能在固体中传播。横波在传播过程中质点振动方向与地层界面平行时称为 SH 波（图 2－31b），质点振动方向与地层界面垂直时称为 SV 波（图 2－31c）。

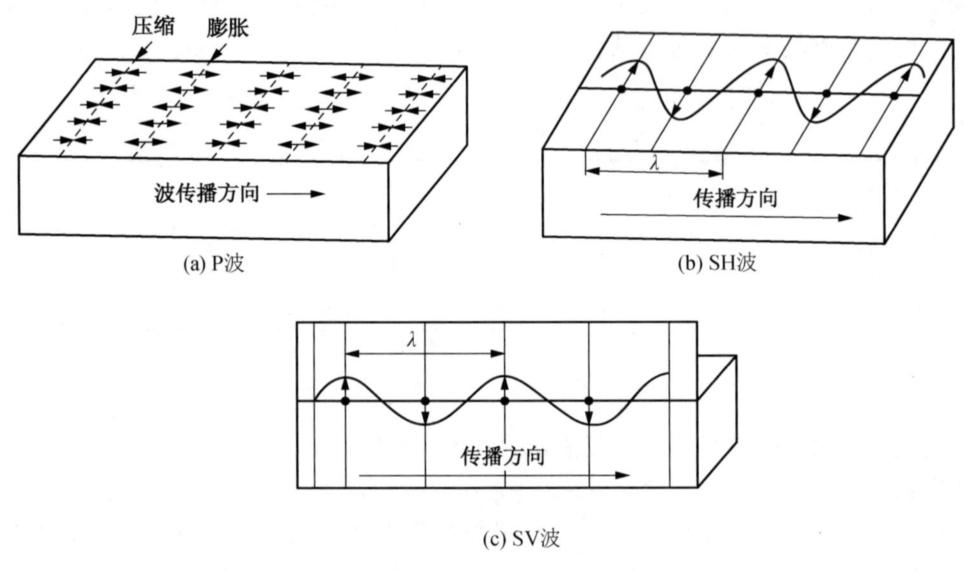

图 2－31　纵波、横波传播示意图

（2）面波。面波主要有瑞雷面波和勒夫面波两种类型。瑞雷面波（R 波）沿界面传播时，在垂直于界面的入射面内各介质质点在其平衡位置附近的运动既有平行于波传播方向的分量，也有垂直于界面的分量，因而质点合成运动的轨迹呈逆行椭圆（图 2－32）。椭圆轨道的长轴垂直于层面，短轴与波的前进方向一致，长轴大致为短轴的一倍半。勒夫面波传播时，介质质点的运动方向垂直于波的传播方向且平行于界面。

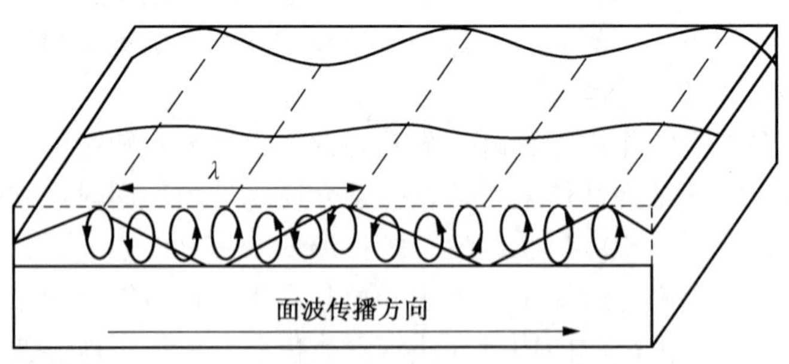

图 2－32　瑞雷面波传播示意图

从以上各类波在介质中传播的速度分析，在离震源较远的观测点处应该接收到一地震波列，其到达的先后次序是 P 波、S 波、勒夫面波和瑞雷面波（图 2－33）。

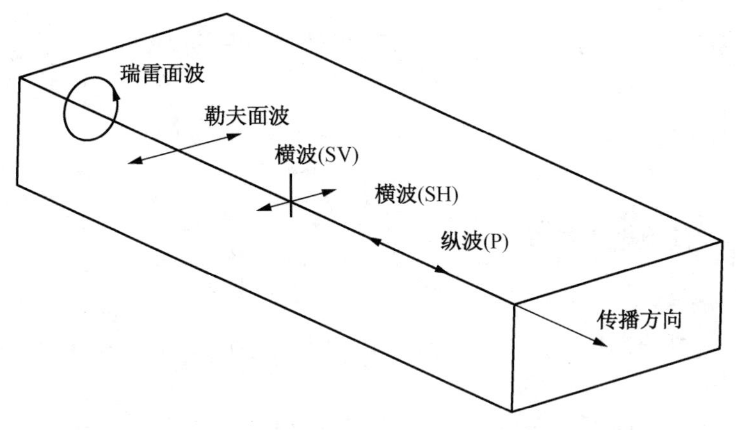

图 2-33　地震波传播示意图

（二）地震波的类型

按波前形状分为球面波、柱面波、平面波；按质点振动（极化）方向分为横波、纵波、线性极化波、椭圆极化波；按传播空间分为面波、体波；按传播路径分为直达波、反射波、透射波、折射波等。其中，直达波指由震源出发向外传播，没有遇到分界面直接到达接收点的波。滑行波指当入射角达到临界角时，透射波就会变成沿着界面传播，引起下层介质的振动所形成的波。折射波指由滑行波引起的在上覆介质中传播的一系列平行波。转换波指改变了波的类型的反射波或透射波。

（三）地震波的传播

研究地震波在地球内部传播的问题，主要有动力学和运动学两种方法。动力学方法是直接求解波动方程，研究平面波在平界面上的反射、折射，均匀半空间及平行分层空间中的地震面波，以及球对称模型的地球的自由振荡。运动学方法是将波动方程的求解简化成波传播的射线理论，用地震射线这一概念研究地震波在地球内部传播的运动学特征，同时获得地球内部构造的情况。

思考与练习

1. 什么是矿井物探？
2. 物探的分类有哪些？
3. 岩石和矿物的物理性质有哪些？
4. 常用的弹性波传播速度有哪两种？
5. 岩石和矿物的导电方式是什么？
6. 简述电场和电磁场的基本概念。
7. 简述地震波的概念。
8. 简述体波和面波的定义及分类。
9. 地震波的类型有哪些？

任务二　矿井直流电法勘探

一、全空间视电阻率概念

1. 视电阻率

矿井直流电法勘探应用于井下巷道内的有限空间，属于全空间勘探。因此，有必要了解全空间电场的基本性质。

全空间均匀各向同性介质的情况下，视电阻率的计算公式为

$$\rho_S = K\frac{\Delta U_{MN}}{I} \tag{2-1}$$

$$K = \frac{4\pi}{\frac{1}{AM}-\frac{1}{AN}-\frac{1}{BM}+\frac{1}{BN}} \tag{2-2}$$

其中，K 为装置系数。

在地下巷道中进行电法工作时，地下电流通过布置在巷道顶底板或岩壁的供电电极在巷道周围岩层中建立起全空间稳定电场（当不考虑巷道挖空影响时），该稳定场特征取决于巷道周围不同电性特征的岩石的赋存状态。按照式（2-1）计算的结果将不再是某种介质的真电阻率，而是电流分布三维空间体积范围内电性变化的一种综合反应，称为全空间视电阻率。

半空间和全空间直流电场

2. 矿井电阻率法的全空间效应

矿井电阻率法的特殊性是由电流场的分布特征决定的。与地面电阻率法不同，矿井电阻率法的供电、测量电极都布置在地下巷道边界上，电流场在巷道周围呈全空间分布状态。矿井电阻率法的视电阻率测量值不仅与巷道周围介质导电性、装置形式、装置大小有关，也受巷道影响。

3. 矿井直流电法技术

在井下开采条件和水文地质条件预测中，较普遍地采用了矿井直流电法勘探。按电法装置类型和解决地质问题性质的不同，矿井直流电法主要有顶底板电测深法、电剖面法、层测深法、高密度电阻率法和直流透视法。

二、巷道顶底板电测深法

以岩石电性差异为基础的矿井直流电法勘探，在解决与水有关的矿井构造方面显示出较大的优越性。

矿井直流电法勘探原理

（一）巷道顶底板电测深法基本原理

巷道顶底板电测深的主要特点是在测量过程中保持测点不变，由小到大或由大到小逐渐改变供电电极间距，对应的垂直层面（或顺层）勘探“深度”将不断增大，从而可观测到主

要反映测点附近垂直层面（或顺层）方向上介质电性变化的电测深视电阻率曲线。同时，将不同测点的电测深观测结果进行对比，可以了解沿测线方向上的电性变化特征。图 2－34 为巷道底板对称四极电测深法的工作装置示意图。

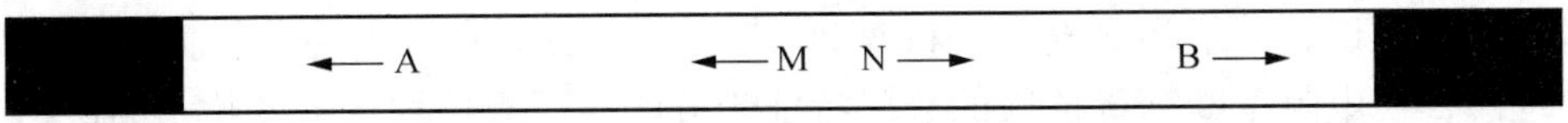

←A　　←M　N→　　B→

图 2－34　巷道底板对称四极电测深工作原理示意图

（二）巷道顶底板电测深曲线影响因素

对于矿井电测深法，煤层电阻率的大小对测深曲线的影响较大。通过建立水平地电模型实验，当煤层电阻率相对高阻时，由于煤层屏蔽作用，煤层上部围岩在曲线上反应滞后，影响较小。此时测深曲线主要为煤层底板以下电性层的反应，曲线类型和特征的变化反映了煤层底板以下电性层参数相对大小关系及数值的变化。

（三）井下施工方法技术

巷道底板（或顶板）电测深法装置形式的选择，主要考虑可施工巷道的长度。当巷道可施工长度足够长时，多选用对称四极电测深法；当巷道可施工长度较短时，为减少测量盲区，可选用三极测深法。

根据勘探地质任务要求确定最大极距长度，同时也要考虑井下施工的便利性和可能性，最大极距（AB/2）一般不小于预期勘探深度的 2 倍。最小极距视浮煤厚度和巷道顶底板岩石破碎程度而定。测量电极（MN）的选择要考虑有效信号和干扰信号的强弱，一般采用 MN/AB = 1/3 ~ 1/20 为宜。电极距间隔应尽可能小，一般采用 $\Delta = 1/8 \sim 1/10$ 或更小。考虑到金属支架的影响，电极点位应在两支架中间，不要靠近金属支架。电极应尽量沿上帮或下帮布设，以使铁轨对场的影响为最小的背景值。

巷道电测深井下施工不同于地面电测深，由于受井下空间的限制，电测深施工只能在已有巷道中进行，因而测点布置除根据地质任务和勘探详细程度的要求外，还要考虑巷道的长度及通行情况。以调查顶底板断层或裂隙发育带位置为目的的巷道电测深，测点应布置在距断层或裂隙带两侧 20 ~ 30 m 处，特别是充水构造，以免极化不稳造成观测的困难；如果以分层定厚或探测底板含水层赋存状态为目的，一般沿巷道等间距布置测点，点距为 20 ~ 50 m 或更小。煤层一般为高阻电性层，与之相比，其他煤系地层中的砂泥岩为相对低阻，而灰岩在不含水时为高阻，含水时为低阻。

（四）应用实例

江苏某煤矿 2042 工作面底板距奥灰顶界面较近，为预防突水事故发生，保障安全回采，需查明该工作面底板岩层的富水性以及可能存在的隐伏导水通道。

1. 井下施工技术

根据探测要求和井下施工条件，采用高分辨三极电测深法，供电电极距依次

为 5 m、7 m、10 m、12 m、15 m、20 m、25 m、30 m、35 m、40 m、50 m、60 m、70 m、80 m、90 m、100 m、120 m、150 m，最大有效勘探深度为 90 m。实测工作在 2042 工作面西下材料道内进行，布置测点 10 个，点距为 25 m。

2. 电测深资料分析与解释

总体上讲，井下实测电法资料对 20 煤底板含、隔水层电性分界面的反映较为理想，视电阻率断面等值线的分层特征十分明显，等值线局部变化与断层、裂隙等地质异常的对应关系清楚。图 2－35 所示为西下材料道实测视电阻率断面等值线图，分析后得出如下结论。

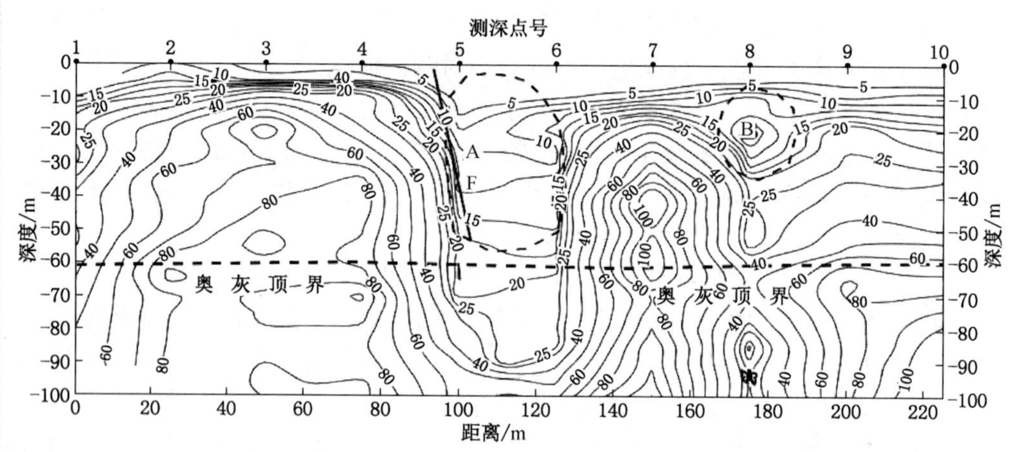

图 2－35　西下材料道实测视电阻率断面等值线图

（1）在断面图上浅部近水平的低阻视电阻率等值线为 20 煤底板砂岩浸水粉化所致。

（2）电性分层特征明显，巷道中间段电性变化平缓，这说明巷道底板岩层的岩性分界明确，底板岩层除断层附近外无大的起伏，底板主要隔水层稳定，对底板承压水的突出具有较好的抑制作用。

（3）断面图上较明显的低阻异常有两处。①A 异常位于电法 P5 号点附近（$x=100$ m）。该异常浅部视电阻率值较低，说明 20 煤下底板裂隙发育且充水，推断与该点处巷道揭露小断层有关，此断层落差在深部有可能变大。低阻范围涉及 11、12 和 13 灰岩，由等值线判断，该异常没有与深部奥灰连通。②B 异常位于电法 P8 号点附近（$x=175$ m），为浅部局部低阻异常，与 11、12 灰岩溶局部发育且含水有关。根据电法资料分析其没有向下延展的趋势，从现有资料分析，对回采不会构成威胁。

3. 地质结论与回采验证

根据以上分析并结合已知地质资料，得出如下结论：

（1）该工作面材料道除巷道揭露小断层外，底板未发现落差较大的隐伏断层。

（2）在有效勘探范围内，奥灰顶界面埋深较为稳定，其顶界面埋深 58 ~ 60 m。

（3）B 低阻异常反映了浅部 11、12 灰岩局部充水，对回采不会构成威胁。A 低阻异常是该处断层造成 11、12 灰乃至 13 灰裂隙充水所致，延展深度达 50 m，但未与深部奥灰连通。

根据本次探测结果，可以看出 2042 工作面在没有采取特殊的防治水措施的情况下安全回采完毕，回采过程中未发生突水事故，提高了安全生产工效，降低生产成本。

三、矿井直流电法超前探

1. *矿井直流电法超前探基本原理*

矿井直流超前探采用三极装置，在全空间介质中利用单点电源 A 供电（另一供电极 B 置于相对无穷远处），用电极 M、N 测量，如图 2－36 所示。超前探是将 A 极固定在巷道迎头，向后逐点移动 MN 电极，测量电位差 ΔU_{MN}，并以测量电极 MN 的中点为记录点，按照视电阻率计算公式，计算出视电阻率后，就可绘制出沿巷道的视电阻率剖面曲线。

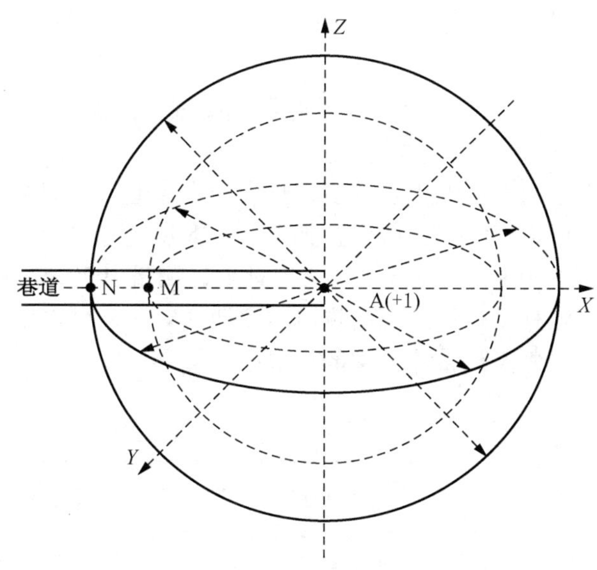

图 2－36　点电源电场示意图

在均匀介质中，点电源 A 形成的等位面为球面，测量电极 MN 所测电位差 ΔU_{MN} 是通过 M、N 两点等位面值之差，此时沿巷道移动 MN 测量计算的视电阻率曲线将是一条直线。若电流分布范围内存在电性异常体（如含水地质异常等），不论异常体在巷道迎头前方还是其他方位，都会引起等位面的变化，视电阻率值也会发生变化。若低阻异常体会引起视电阻率值降低，反之，高阻异常体则引起视电阻率增高。

如图2－37所示，当巷道迎头前方存在低阻体时，因其吸引电流而引起整个电流场的畸变，使得MN附近电流密度降低，故视电阻率减小。通过分析实测视电阻率剖面曲线的变化规律，就可分析巷道附近有无含水地质异常体。

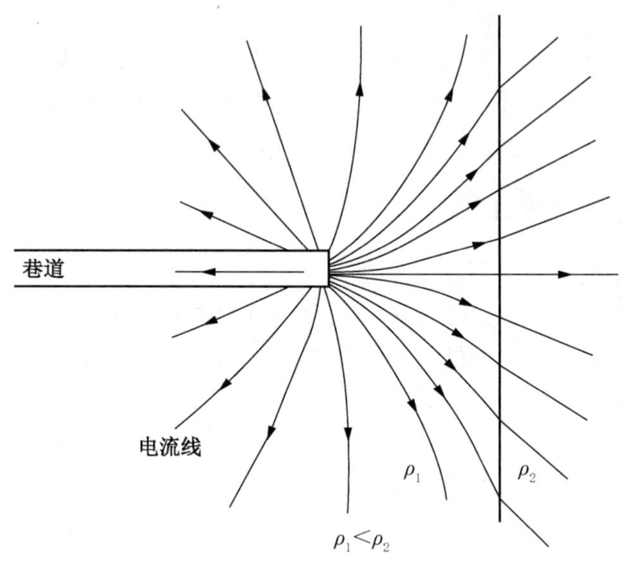

图2－37　高阻岩层对电流场的排斥作用

由于全空间视电阻率影响因素较多，只用一个供电点的剖面曲线很难判定异常体的空间位置，所以实际工作中常常如图2－38所示布置A_1、A_2、A_3三个供电电极（三点），另一供电电极B设在无穷远处，测量电极MN在巷道内按箭头所示方向以一定间隔移动。通过三组视电阻率曲线对比，可以校正、消除表层电性不均匀体的干扰，判断异常体的空间位置。

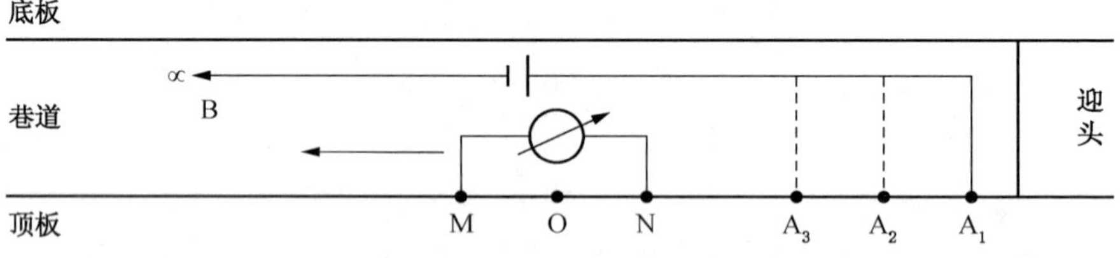

图2－38　三点—三极超前探装置示意图

2. 井下施工方法技术

由于受井下空间的限制，三极直流超前探施工只能在已有巷道中进行，因而测点布置除根据地质任务和勘探详细程度的要求外，还要考虑巷道的长度及通行情况。

A_1、A_2、A_3 供电点间距一般在 2 ~ 10 m，最大电极距 AO 应根据地质任务和巷道长度确定，一般小于 100 m。MN 的大小要考虑信噪比及探测精度的影响。其移动间隔应尽可能小，通常为 2 ~ 6 m。相对无穷远极 B 的距离 $BO_{min} > 5AO_{max}$。

测量方法是每移动一次测量电极 MN，分别测量由 A_1MN、A_2MN、A_3MN 装置所对应的视电阻率 ρ_{s1}、ρ_{s2}、ρ_{s3} 值，然后向后移动 MN（扩大电极距），重复测量三个供电点的视电阻率值，由此可以测得三条视电阻率值曲线。

3. 资料解释

井下三极装置观测的视电阻率值是勘探体积范围岩石、构造等各种地质信息的综合反应。特别是 MN 电极附近电性不均匀影响最大，往往使得剖面曲线出现大的起伏或锯齿状跳跃，需要通过三点的视电阻率剖面曲线对比进行校正。

4. 应用实例

图 2 - 39 为某矿测得的三点—三极超前探测视电阻率曲线图。第一次超前探测时，供电点 A_1 位于 76 m 处；第二次探测时，供电点 A_1 位于 120 m 处。

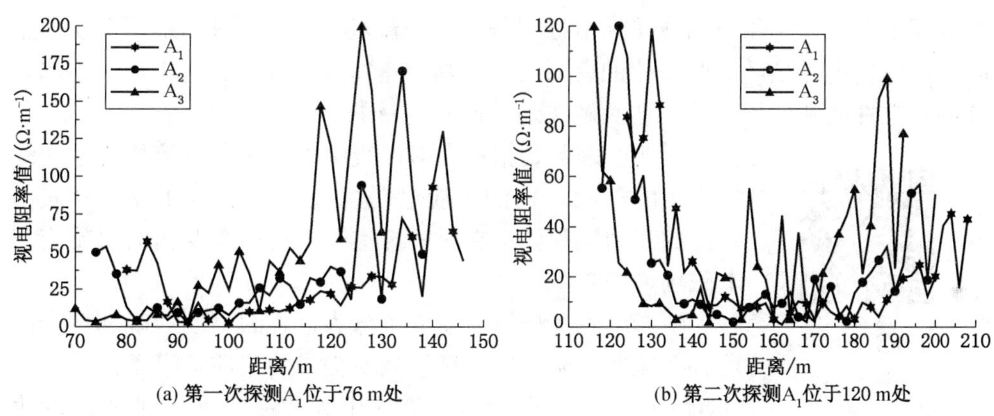

图 2 - 39　三点—三极超前探测视电阻率曲线图

由底板电测深可知，该陷落柱呈高阻异常，边缘呈相对低阻。解释结果如下：图 2 - 39a 中 3 条视电阻率曲线一直呈升高趋势，表明掘进头前方不存在低阻异常，同时也说明第一次向前有效探测范围仍位于陷落柱内；图 2 - 39b 中视电阻率曲线呈“高 - 低 - 高”趋势，从 135 m 处视电阻率值开始降低，为陷落柱边缘的反应。巷道向前掘进揭露陷落柱边界位于 140 m 处，实际验证与探测结果基本一致。

思考与练习

1. 列出视电阻率法的计算公式。
2. 如何理解矿井电阻率法的全空间效应？
3. 简述巷道顶底板电测深法的基本原理。

4. 简述巷道顶底板电测深法的井下施工方法技术。
5. 总结巷道顶底板电测深法的应用范围、优缺点。
6. 简述矿井直流电法超前探的基本原理并画出示意图。
7. 简述矿井直流电法超前探的井下施工方法技术。

任务三 矿井电磁法

一、矿井瞬变电磁法

1. 矿井瞬变电磁法基本理论

瞬变电磁法（Transient Electromagnetic Method，TEM），是一类非接触式探测技术，指利用不接地回线或接地线源向地下发射一次脉冲电磁场，在一次脉冲电磁场间歇期间，利用线圈或接地电极观测二次涡流场，测量这种由地下介质产生的二次感应电磁场随时间变化的衰减特征，从测量得到的异常分析出地下不均匀体的导电性能和位置，从而达到解决地质问题的目的。

矿井瞬变电磁场的变化特征

瞬变电磁场是指在发射回线中阶跃变化电流作用下，地下产生的过渡过程的感应电磁场（一次场）在导电介质内产生的其结构和频率在时间与空间上均连续变化的涡旋交变电磁场（二次场）。

瞬变电磁场按过渡过程可分为过程的早期和晚期两个阶段，在这两个阶段中，感应场所提供的地质信息不同，其用途也不同。在早期阶段，感应电流集中分布于地质体的表面，电磁场主要反映地层的浅部地质信息。在晚期阶段，高频成分被导电介质吸收，低频成分占据主导地位，这时瞬变电磁场的大小主要依赖于地电断面的纵向电导。

瞬变电磁法的激励场源主要有两种，一种是载流线圈或回线形式的磁源，另一种是接地电极形式的电流源。发射的电流脉冲波形主要有矩形波、梯形波和半正弦波，不同波形有不同的频谱，激发的二次场频谱也不相同。等效电流环很像从发射回线“吹”出来的一系列“烟圈”，因此，人们将地下涡旋电流向下、向外扩散的过程形象地称为“烟圈效应”，如图 2－40 所示。

2. 井下施工方法技术

矿井瞬变电磁法工作装置主要有重叠回线装置和偶极装置两种，采用边长 2 m 左右的小回线组合测量。为了保证有足够强的有效感应信号，在井下巷道中采用多匝数小回线装置测量，参数选择是否合理直接影响测量结果。矿井瞬变电磁法测量参数主要有回线边长大小、回线匝数、时间序列、叠加次数、终端窗口和增益等。

3. 矿井瞬变电磁场的传播特性

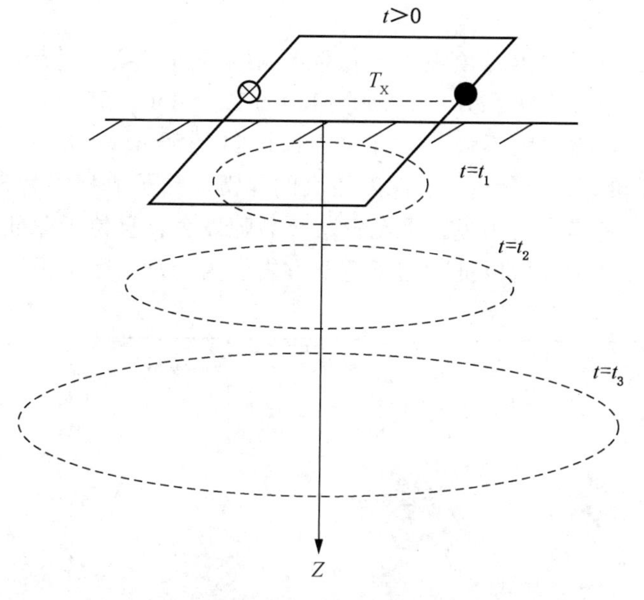

图 2－40　半空间等效涡流环

由于矿井瞬变电磁场的传播特性，矿井瞬变电磁法同样面临全空间电磁场分布的问题。可利用小线框体积效应小、电磁波传播具有方向性的特点，通过改变线框平面方向并结合地质资料来判断地质异常体的空间位置。

矿井瞬变电磁法在煤矿井下巷道内进行，测点间距为 2～20 m。根据多匝小线框发射电磁场的方向性，可认为线框平面的法线方向即为瞬变电磁的探测方向。因此，将发射接收线框平面分别对准煤层顶底板或平行煤层方向进行探测，就可反映煤层顶底板岩层或平行煤层内部的地质异常，如图 2－41 所示。

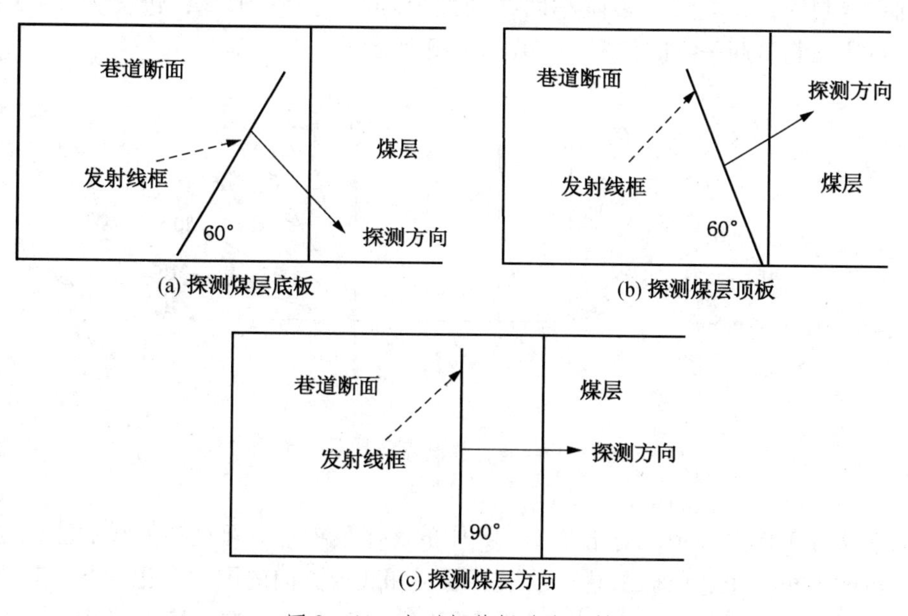

图 2－41　电磁场传播的方向性

4. 应用实例

从图 2-42 可以看出，顶板上方低阻异常带之间连通性较好，分布范围较大，集中在距联络巷 210~270 m、350~400 m 以及 450~550 m 三个区域中，其异常深度较浅，异常范围不大，大部位于顶板向上 50 m 以内，只是在 240 m 处顶板深度 75 m 和 120 m 存在一个深度较大的异常。溜子道相邻为 34221 工作面，该工作面已回采完毕，其顶板因采动冒落，裂隙发育，且位于深部，所以其上方及相邻顶板水量减少。所以推断溜子道上方岩层为弱富水区。

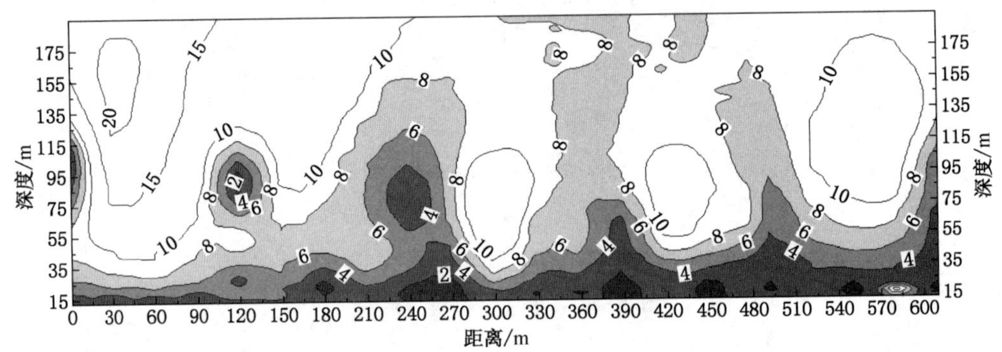

图 2-42 煤层顶板富水区探测等值线图

二、巷道迎头超前探测

1. 基本原理

由于受巷道迎头空间的限制，矿井瞬变电磁法的发射和接收线圈的几何尺寸受到一定制约，只能采用多匝小回线的发射和接收装置形式，边长为 2~3 m，测点布置在巷道迎头空间位置，如图 2-43 所示。

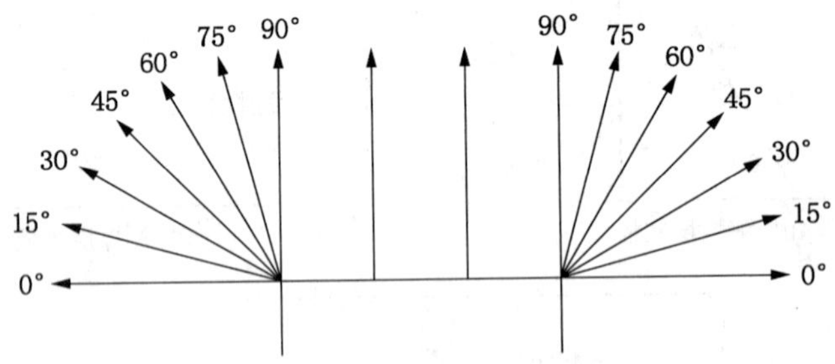

图 2-43 超前探测点布置示意图

在实际工作过程中，对于图 2-43 中的每个发射点，可调整天线的法线与巷道底板的夹角大小，以探测巷道顶板、顺层和底板方向的围岩变化情况，其探测方向即天线的法线与巷道底板的夹角，每间隔 15°变化一次，依次探测，即在多

个角度采集数据，从而获得尽可能完整的前方空间信息，这样可得到位于巷道迎头前方一个锥体范围内地层介质的电性变化情况。

2. 井下施工技术

根据理论研究和物理模型实验结果，设计了矿井瞬变电磁超前探测方法与技术。

（1）如果探测目标体位于巷道顶板以上，同时巷道内有锚网支护底板上有铁轨，发射接收天线置于巷道顶板。

（2）如果探测目标体位于工作面煤层，应将天线装置垂直于巷道底板，并且靠近探测目标体所在巷道一侧，以获得探测目标体最大的响应信号。

3. 应用实例

超前探测主要是在掘进巷道迎头利用直接或间接的方法向巷道掘进方向进行探测，探测前方是否存在地质构造或富水体及导水通道，为巷道的安全掘进提供详细的地质资料。

以老窑采空积水区超前探测为例进行分析。图 2－44 为巷道掘进迎头沿煤层方向采用矿井瞬变电磁法定向超前探测的视电阻率等值线图，横坐标是以巷道迎头为中点，两侧测点的探测距离加上巷道断面的宽度；纵坐标为巷道迎头正前方沿水平方向探测距离。从图 2－44 中可知巷道迎头前方 50～90 m 范围内存在相对低阻异常区，巷道迎头左前方和右前方也存在条带低阻异常区。从已掌握的相关水文地质资料分析可知，该低阻异常区为附近小煤矿采空积水区的反应。

顺层方向视电阻率等值线彩图

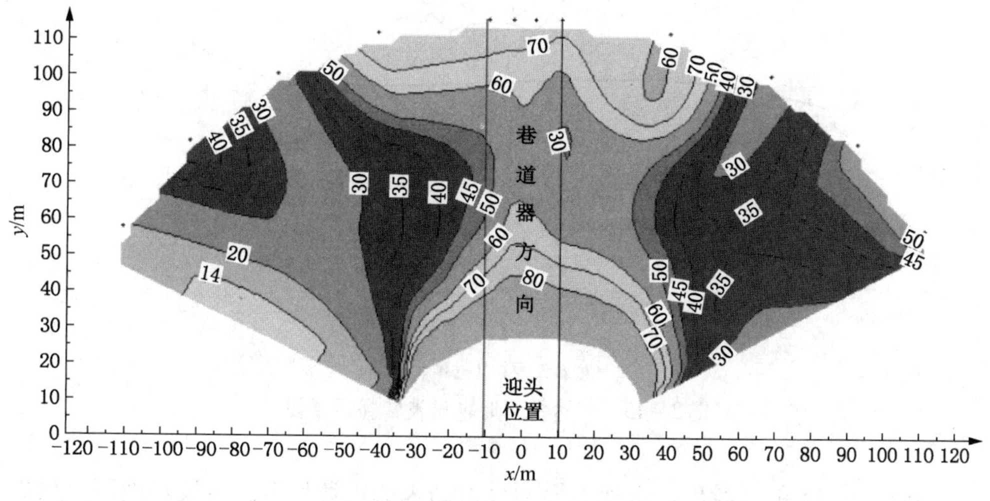

图 2－44　顺层方向视电阻率等值线图

根据矿井瞬变电磁法超前探测结果，矿方提前采取钻探放水工作，当钻探到巷道迎头正前方约 48 m 时钻孔出水，水压、水量较大，后经过多钻孔和扩大孔径的方法历时一个多月，放水量约 12 万 m^3。随后巷道继续向前掘进，揭露小煤

矿废弃巷道位置位于该异常区范围内。该结果不仅提前预测了巷道迎头正前方废弃巷道积水区的影响范围，同时也查明了巷道迎头前方两侧存在的废弃巷道充水区域，为煤矿的防治水工作提供了可靠的技术保证。

三、矿井地质雷达

探地雷达基本原理

（一）矿井地质雷达基本原理

地质雷达（GPR）是利用高频电磁波（1 MHz～1 GHz）的反射来探测有电性差异的界面或目标体的一种物探技术。高频电磁波以宽频带短脉冲形式，通过发射天线被定向送入地下，经存在电性差异的地下地层或目标体反射后返回地面，由接收天线所接收。高频电磁波在介质中传播时，其传播路径、电磁场强度与波形将随所遇到介质的电性特征与几何形态而变化。因此，通过对时域波形的采集、处理和分析，可确定地下分界面或地质体的空间位置及结构。

雷达探测时电磁波传播示意图如图 2－45 所示。根据介质的介电常数和电导率差异确定介质中电磁波的传播速度，再结合电磁波双程走时来确定界面或目标体的位置，通过分析反射波形态、幅度变化特征等判定界面或目标体性质。

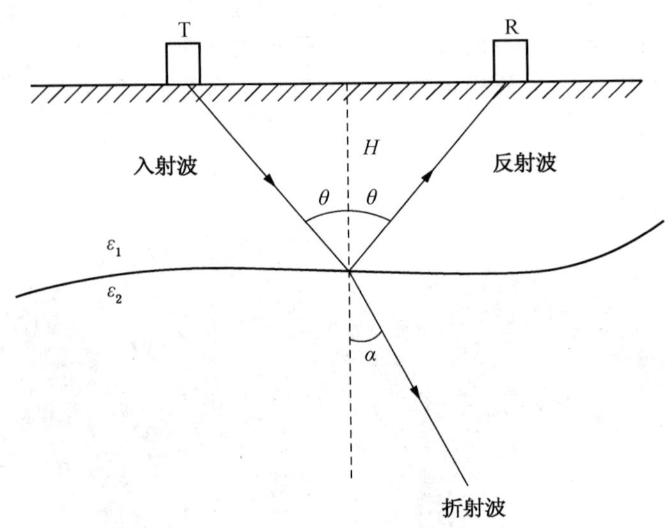

T—发射天线；R—接收天线

图 2－45　雷达探测时电磁波传播示意图

由图 2－45 可以看出，由地下界面反射回来的雷达反射波能反映地下介质的结构、构造情况。地质雷达向下发射电磁波，用接收天线接收地质体反射的电磁波，地下界面反射电磁波的走时（t）为

$$t=\frac{\sqrt{4h^2+x^2}}{v} \tag{2-3}$$

式中　h——目的地层深度；

x——发射天线和接收天线之间的距离；

v——各层介质电磁波的传播速度。

（二）工作方法

目前矿井地质雷达测量方式与地面测量方式基本一致，主要有剖面法、多次覆盖法和宽角法三种。

1. 剖面法

剖面法是发射天线（T）和接收天线（R）以固定间隔距离沿测线同步移动的一种观测方式（图2－46）。当发射天线与接收天线同步沿测线移动时，就可以得到由一个个记录组成的地质雷达时间剖面图像。横坐标为天线在地表测线上的位置，纵坐标为雷达脉冲从发射天线出发经地下界面反射回到接收天线的双程走时。这种记录能准确地反映正对测线下方地下各个反射界面的起伏变化。

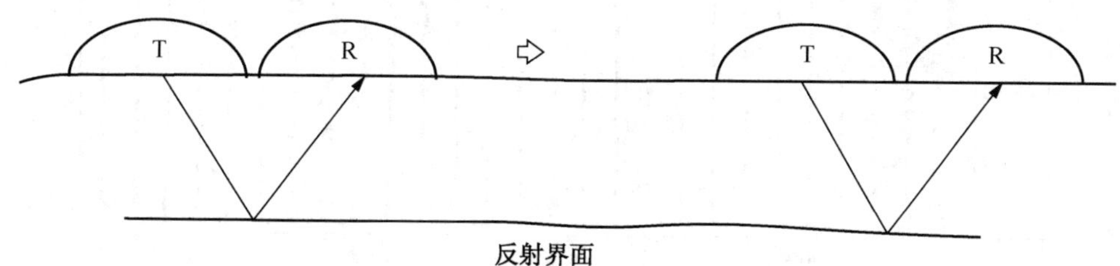

R—接收天线；T—发射天线

图2－46　剖面法示意图

2. 多次覆盖法

由于介质对电磁波的吸收，来自深部界面的反射波会由于信噪比过小而不易被识别，这时可应用不同天线距的发射——接收天线在同一测线上进行往复测量，然后把测量记录中相同位置的记录进行叠加，这种记录能增强对深部地下介质的分辨能力。

3. 宽角法

当一个天线固定在地面某一点上不动，而另一个天线沿测线移动，记录地下各个不同界面反射波的双程走时，这种测量方式称为宽角法。这种测量方式的目的是求地下介质的电磁波传播速度。

（三）应用实例

地质雷达技术用于矿区井下探测顶底板及回采工作面前方小断层、老窑、空巷及岩溶分布，也可用于探测煤厚、充水小构造、底板含水层厚度及陷落柱等地质问题，取得了较好的地质效果。

在探测过程中，为了能够探测巷道内每个断面不同位置围岩松动圈的厚度值，每个巷道断面周边约间隔 50 cm 选择一个探测点，逐一探测巷道围岩松动圈厚度值。图2－47为某煤矿巷道松动圈地质雷达探测剖面图，可知巷道拱顶部分对应的围岩松动影响范围较大，右上方最大松动距离达到 6 m，其他位置松动影响距离为 3 m 左右。

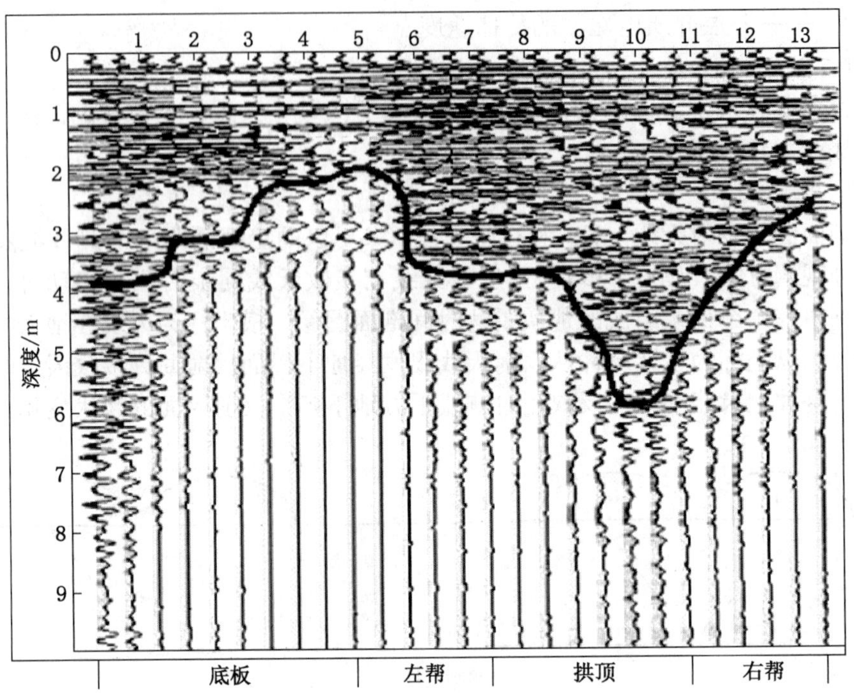

图 2-47　某煤矿巷道松动圈地质雷达探测剖面图

思考与练习

1. 矿井瞬变电磁法的工作装置形式有哪两种？
2. 简述矿井瞬变电磁场的传播特性。
3. 简述巷道迎头超前探测技术的基本原理。
4. 简述矿井地质雷达的基本原理。
5. 简述矿井地质雷达的工作方法。

任务四　矿井电透视法

知识学习

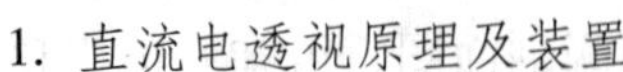

一、矿井直流电透视

1. 直流电透视原理及装置

矿井直流电透视法是把供电电极 A（有时用偶极 AB）和测量电极 MN 分别布置在采煤工作面两相邻巷道中，采用直流供电，通过测量 MN 间的电位差

（ΔU_{MN}），研究两巷道间工作面内及围岩中的电场分布规律，用于探测工作面内部及其顶底板岩层内的含水、导水构造异常。矿井直流电透视装置形式有多种，如图 2-48 所示。

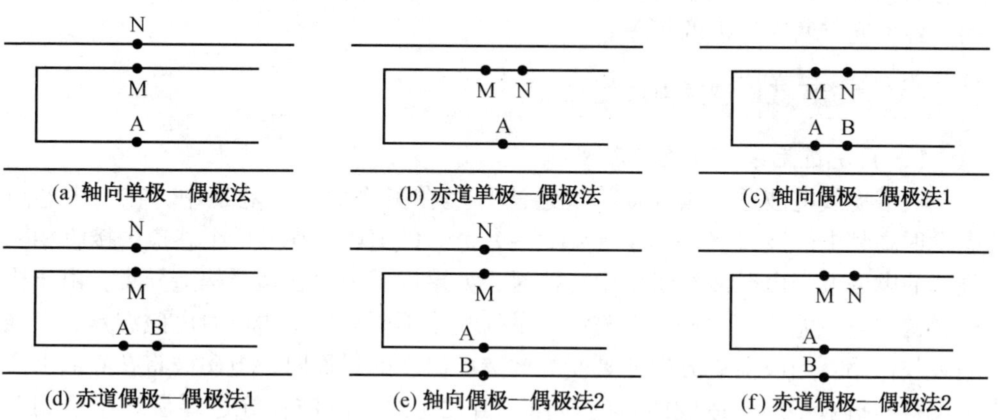

A、B—供电电极；M、N—测量电极

图 2-48 直流电透视的几种布极方法

从图 2-49 可以看出，轴向单极—偶极法、赤道偶极—偶极法、轴向偶极—偶极法 2 这几种电极排列形式的电位差响应（ΔU_{MN}）特征较为明显，特别是在供电点对应方向幅值较大，有利于仪器测量，精度高，是较常用的排列方式。

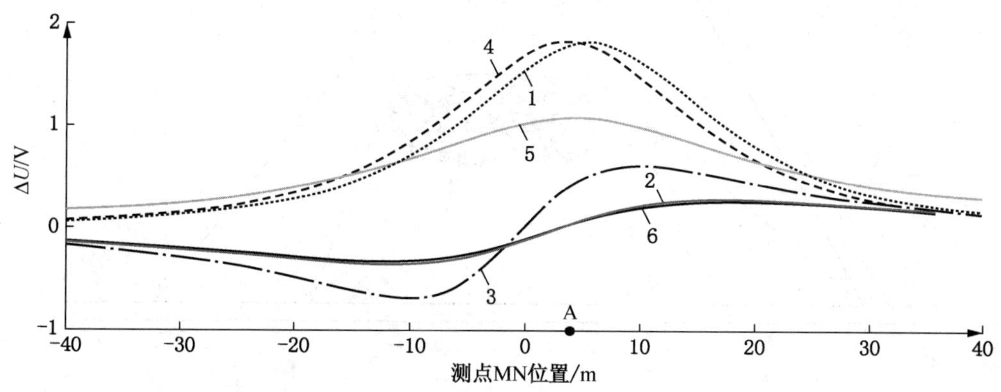

1—轴向单极—偶极法；2—赤道单极—偶极法；3—轴向偶极—偶极法 1；4—赤道偶极—偶极法 1；5—轴向偶极—偶极法 2；6—赤道偶极—偶极法 2

图 2-49 各种方法电位差响应大小比较

2. 井下施工方法

矿井直流电透视法工作方法与矿井无线电波透视法相同，测量工作在采煤工作面的两巷道间进行，一般每 10 m 布置一个测量点（MN），每 50 m 布置一个供

电点（A）。如果采场较短，如小于 80 m，应加密到每 5 m 布置一个测量点，每 20 ~ 30 m 布置一个供电点。具体测量方法是：对每个供电点供电时，对应在另一巷道的扇形对称区域内布置 15 ~ 20 个观测点进行测量 ΔU_{MN}。当本巷道内所有供电点测量完毕后，测量与供电在两巷道对调，重复观测所有供电点，以确保采面内各单元有两次以上的覆盖。

二、坑道无线电波透视法

（一）坑道无线电波透视原理

坑道无线电波透视法（简称坑透法）是在工作面上下巷道中，在一个巷道中发射高频电磁波（频率为 $1.0\times10^5 \sim 1.5\times10^6$ Hz），在另一个巷道中接收相同频率的电磁波。电磁波在煤层中传播时，如果煤层中存在地质构造异常，由于构造异常的电性差异，它们对电磁波能量的吸收不同。低阻岩层对电磁波具有较强的吸收作用。当波前进方向遇到断裂构造所出现的界面时，电磁波将在界面上产生反射和折射作用，造成能量的损耗。当发射的电磁波在穿过煤层途中遇到断层、陷落柱、含水裂隙、煤层变薄区或其他构造时，波能量将被吸收或完全屏蔽，则在接收巷道收到微弱信号或收不到透射信号，形成阴影异常区，即为所要探测异常体的位置和范围（图 2－50）。研究电磁波在煤层中的传播规律，可以探测工作面隐伏地质构造（包括断层、陷落柱、火成岩侵入体）、煤层厚度变化等。

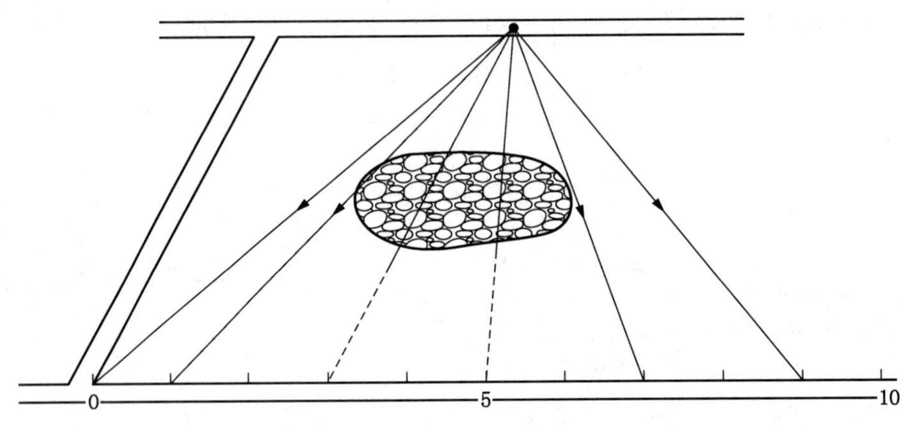

图 2－50　矿井电磁波透视法工作原理图

（二）井下观测方法

1. 定点交会法

定点交会法指发射机相对固定于某巷道事先确定好的发射点位置上，接收机在另一巷道一定范围内逐点沿巷道观测场强值。根据工作要求，发射点和接收点可以交换位置，尽可能把工作面全部覆盖。定点交会法工作效率高、速度快，是通常使用的基本施工方法。

2. 观测点与发射点布置

在井下工程平面图上，按设计布置发射点和接收点。一般发射点距为 50 m，接收点距为 10 m。每一发射点，接收机可相应观测 15 ~ 20 个点，这样可覆盖为一个扇形区。如在该扇形区发现异常，可适当加密观测点。接收点和发射点尽量布置在远离人工导体的地段，特别是发射点和接收点间更不能有金属导体等干扰体。为保证观测异常清晰，发射点应设在远离地质构造体一侧巷道。

3. 观测基本步骤

在井下发射和接收观测之前，应预先统一安排好观测时间顺序，并列出时间表格，发、收双方各执一份，然后双方按时间表进行观测。观测工作开始时，发射机框天线应平行巷道，悬挂成多边形。发射时要注意工作电压、电流和调谐值，应保持自始至终相对稳定。直立安置的接收天线环面对准发射机的方位，即观测最大值的方向。

（三）综合曲线解释

电磁波透视法资料解释采用的主要图件是透视综合曲线图。将各接收点的实测场强 H 与相应的按公式计算的理论场强值 H^0（或经条件试验后计算取得的场强值）进行对比，得到衰减系数 η。将同一发射点所对应接收点的实测场强值 H、理论场强值 H^0 和衰减系数 η 值按给定比例尺绘制成曲线图。横坐标为接收点点号，纵坐标（对数或算术）为 H、H^0 和 η 值，即得到关于 H、H^0 和 η 的三条曲线，称为综合曲线图，如图 2 - 51a 所示。

图中三条曲线相互关联，缺一不可。根据综合曲线 H^0、H 和 η 变化规律和曲线特征，结合地质或其他资料，对透视异常作出定性解释，推断引起异常的地质原因，根据曲线特征点确定透视异常范围。

根据各综合曲线图发现的异常点，采用定点交会作出定量解释，可确定异常区的范围和大小。如图 2 - 51b 所示，划线部分为异常体在采区中的平面分布范围和位置，根据综合曲线图推断引起异常的地质因素，按规定的地质符号标在图上，即可得出电磁波透视法推断解释最终成果图。

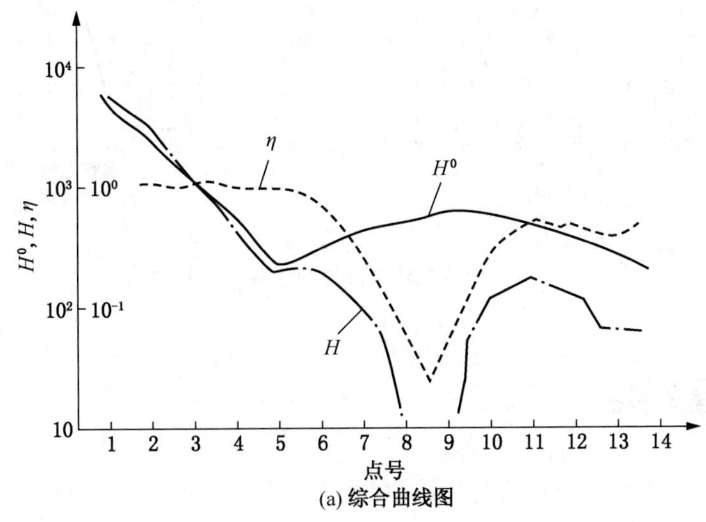

(a) 综合曲线图

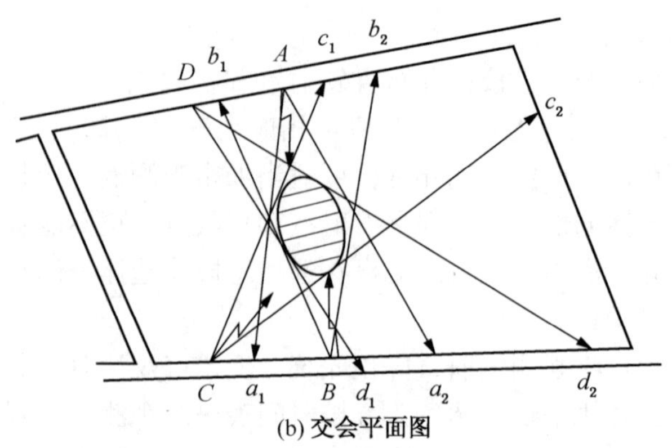

(b) 交会平面图

图 2－51　电磁波透视法资料解释图

（四）应用实例

某矿某工作面面长 1850 m，从两巷揭露的地质资料可知：该工作面构造较发育，两巷揭露落差大于 3 m 的断层有 5 条，为进一步探查工作面内部是否存在隐伏水文地质构造，采用无线电波透视法对该工作面进行探查。

图 2－52 为该工作面风巷 25 号、30 号发射点对应的场强曲线图，可知其场强曲线出现“漏斗”形及“V”形特征水文曲线，在 3248 工作面机巷 41～44 号测点之间存在一明显水文地质构造，其异常衰减值为 －15～－35 db。经回采揭露证实，该工作面内有两条较大的断层构造。

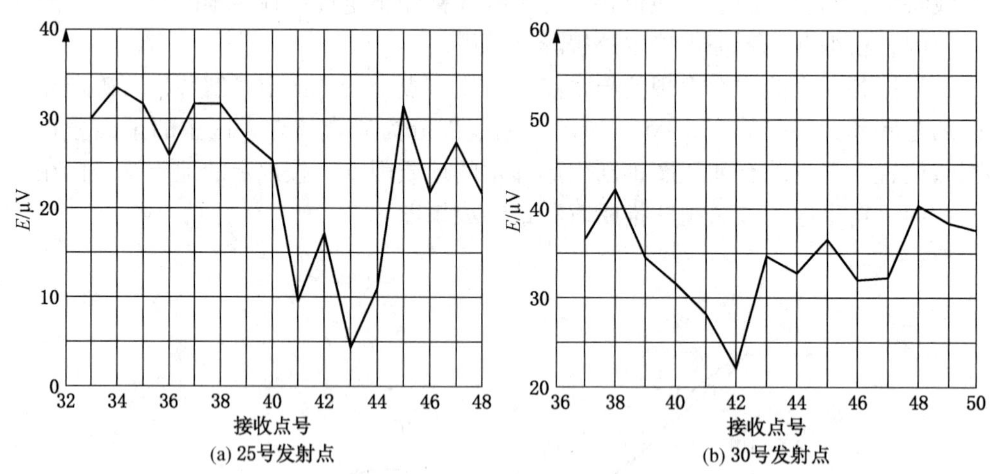

图 2－52　无线电波透视法场强曲线图

思考与练习

1. 简述直流电透视的原理及装置。

2. 简述直流电透视的井下施工方法。

3. 简述坑透法的原理，理解阴影异常区的含义。

4. 简述坑透法的观测基本步骤。

5. 简述综合曲线图的定义。

任务五 矿井地震勘探

知识学习

一、矿井地震勘探条件

矿井地震勘探与地面地震勘探的不同之处，就是其勘探工作是在矿井巷道中进行的，是一种特殊的地质环境。地震波的激发和接收均受到全空间波阻抗异常、裂隙松动、井下空间以及井下震源扰动的影响，具有一定的特殊性。

煤矿地震勘探技术

1. 地震地质条件

煤层作为一种特殊的地质体，其弹性性质与上下顶底板岩石之间存在明显的差异。煤层在煤系地层中，一般表现为低速、低密度的软弱夹层。根据波阻抗理论，煤岩层界面表现为强反射界面，所以对地震勘探工作十分有利。

2. 裂隙松动作用

巷道在掘进过程中，因受到机械或者爆破震动等影响在巷帮或煤层顶底板形成裂隙及松动带，这给矿井地震勘探带来较大影响。因此，井下地震的激发和接收需要合理避开巷道围岩裂隙，尽可能在原岩上进行数据采集。

3. 井下空间作用

由于井下空间有限，巷道断面只有几平方米，对于巷道迎头探测、工作面煤厚及有关地质条件探测，只能利用现有巷道空间，选择合适的探测方法和观测系统。

4. 震源扰动及井下干扰

在矿井地震勘探过程中，震源在产生有效波的同时，不可避免地同时产生各种体波和面波，这些均视为干扰波。另外，矿井震源多为点震源，面波对于体波勘探的干扰作用在有效巷道空间更加突出。因此矿井地震的面波去噪需要从井下地震波的激发接收系统上进行考虑，并且要使用高频震源。

矿井巷道空间还有一些机械波干扰，包括巷道行车、落煤、采掘、通风、排水、岩层来压等，需要根据矿井生产条件进行干扰波调查，并合理规避。

二、地震勘探数据采集系统

煤矿井下是一种特殊的工作环境，要求地震仪器必须具有防爆和煤矿安全标志认证。同时，由于数据采集过程中测点移动工作量较大，要求仪器必须轻便且

智能化程度高。

（一）地震仪器设备

目前我国进行井下浅层地震勘探的仪器主要有安徽理工大学20世纪80年代研制的MH-1型、KYD-1型6通道地震仪，福州华虹KDZ1114系列便携式矿井地质探测仪，中国矿业大学研发的MMS-1型矿井多波地震仪，中国煤炭科工集团西安研究院研发的KDZ3113矿井地震勘探仪等。国外的主要矿井地震仪有匈牙利国家物探研究所推出的SSS-1型集中式信号增强型防爆地震仪、德国的SEAMEX-85型多道遥测防爆数字地震仪、瑞典的MARK-6型高分辨率多道地震仪。

（二）井下震源

井下震源对地震勘探数据采集至关重要，对不同的地质问题和干扰条件要采用不同的震源，如炸药震源和锤击震源等。一般80 m范围内可采用锤击震源，大于80 m则采用炸药震源。

井下探测目标体距离较近时，锤击震源是一种最为简便、成本低廉而使用广泛的激发方式，主要由大锤、垫板、锤击开关和连接电缆组成。激发信号由锤击开关经电缆输入记录系统，探测深度一般小于80 m。测区煤岩层性质对锤击震源的激发效果影响较大，在松散的煤体上锤击效果差，而在潮湿牢固、坚硬的岩层上锤击效果较好，获得的信号频率高。锤击震源的缺点是产生面波、声波的干扰较严重。为改善锤击震源的激发效果，常在锤击点放置金属板，但锤击金属板常伴有较强的声波干扰，若锤击化学板（如聚氨酯塑料）可减弱声波。当煤岩体松软时，可用长约50 cm、截面积约10 cm的木桩代替金属垫板。

炸药震源激发的地震波具有良好的脉冲特性，频带宽、能量强、高频成分丰富。使用30~70 g炸药其探测距离一般小于80 m，使用150~300 g炸药其探测距离为150~200 m，是进行高分辨率地震勘探中广泛使用的震源。

雷管也是一种比较廉价的震源，但是声波干扰大。一般电雷管有时会有1~2 ms的延迟。雷管的探测距离一般小于120 m，为保证记录的一致性，一个探测区域最好使用同一型号、同一批次的电雷管，尽可能避免信号误差。

在进行井下煤厚探测时，还可使用震源枪。其特点是可分不同挡位，能量相对均一，但是探测距离一般小于20 m。对于不同的测试目的也可以根据现场条件，自行设计加工适宜的震源，比如不同样式的小锤、容易向上用力的顶锤等形式。

（三）井下检波器

检波器是把地震波传到地表时所引起的地（表）面振动转换成电信号的一种装置。井下浅层地震勘探中常用的是动圈式速度检波器和加速度传感器，其频带范围在4~1000 Hz。

矿井探测应用中，往往根据需要采用不同分量的检波器，其中单分量和三分量是常用的两种检波器类型。另可根据现场条件加工成不同形状，如进行井下锚杆检测时可利用磁座形式进行耦合，可对锚杆长度及其锚固状态进行快速检测；可进行孔中放置，有效避开煤岩层松动带来的影响。

（四）井下探测激发接收条件的特殊性及要求

与地面二维空间不同的是，在矿井巷道中进行地震勘探属于三维空间体，是一种特殊的地质环境。地震波的激发与接收受到多种因素的影响，井下空间探测具有一定的特殊性和复杂性。

（1）井下三维空间体中进行地震波的激发与接收，存在的干扰因素较多，来自不同方向的地震波均可能被接收到，给地质体的分辨与解释带来一定的困难。

（2）探测空间的限制。井下没有地面探测中的无限平面的物理条件，不可能进行长测线、大面积的观测系统设计，许多地面上成熟有效的观测方法在井下无法利用，因此数据采集的数量和技术方法都受到限制。

（3）井下除了沿顶底板进行的顺层布置、穿层观察外，大部分的探测均属迎面布置、顺层观测。在这种条件下，地震观测分析无地质标志层可依托，给结果分析带来难度。

（4）井下地质条件与地面不同，因此地震波的传播物理条件存在一定的差异。对于同一个矿区里的不同矿井，或是同一个矿井的不同煤层，地震波的传播特征并不相同。因此，井下探测要根据现场的地质和探测条件设计施工方案并进行结果分析。

（5）对于煤矿来说，井下空间的探测对仪器设备提出了更高的要求。仪器必须在防爆、防水、防尘、防潮等方面都能满足一定的条件。同时还要求仪器便携易操作，在技术方法上能够施工简易、方便快捷。

井下地震勘探受电磁波的干扰小，但为了得到最佳的探测结果，一般应注意以下几点。

（1）传感器应插入原状煤层中，当巷道内浮煤较厚时，为避免浮煤的影响，可在测点处打入一根钢钎，并将传感器固定在钢钎上，避开浮煤松动带来的不利影响。

（2）传感器以及锤击点的位置应尽量远离巷道中的钢轨。

（3）为保证激发信号的稳定性，需要在锤击点处放置一个锤垫，锤击力通过锤垫可使能量更为均匀地传播。这时必须针对巷帮的支护情况加工各种锤垫，如“工”字形、圆柱形、薄片形等，辅助激发有效的地震波向煤（岩）体中传播。同样，接收检波器也要尽量避开煤岩壁的松动范围，保证接收到有效的地震波信号。

（4）为了增大探测距离，可在同一腰线上按一定距离打深度为1.5～2 m的小孔径钻孔，采用“闷炮激发”“水炮激发”可以增强地震波传播的能量，提高记录质量。

（5）井下作业繁忙，随机干扰严重。当炮检距较大时，增益值不宜太大。为压制干扰波，可以多次重复激发垂直叠加。利用仪器信号增强功能来提高信噪比，从而提高解释精度。一般一个采样点要锤击两次以上，仪器操作者要能全面把握。

三、矿井常规地震勘探技术

地震勘探原理

矿井地震勘探主要包括折射波、反射波和透射波勘探，可用于解决煤矿建设和生产过程中所遇到的多种地质问题，如巷道及其工作面内的构造探测、煤层厚度探测、迎头超前地质异常探测等。自20世纪70年代开始，浅层地震勘探技术被逐渐应用到煤矿井下，为我国矿山安全生产及日常地质管理工作提供了重要的勘探技术手段，并解决了生产过程中的地质问题，为矿井地质工作者提供了一定的技术支持。

（一）井下折射波法

浅层折射波法必须满足下伏地层的速度大于上覆地层的速度的条件。煤矿井下对于剩余煤层厚度的探测具有折射地质条件，煤层与底板岩层形成明显的速度分界面，因此可以进行煤层厚度探测，为煤矿储量计算提供可靠的技术参数。

1. 探测原理

当入射波投射到界面时，它的部分能量透过界面，根据斯奈尔定律，当界面下伏介质的速度（v_2）大于上覆介质的速度（v_1）时，透射角大于入射角；当入射角为临界角（i_0）时，其透射角为90°，这时透射波就在界面下伏介质中以速度 v_2 沿界面滑行，形成折射波（图2-53）。折射波只有在入射角大于或者等于临界角时才能被观测到，在入射角小于临界角时观测不到折射波的地段称为折射波的盲区（图2-53中 x_m 以内）。

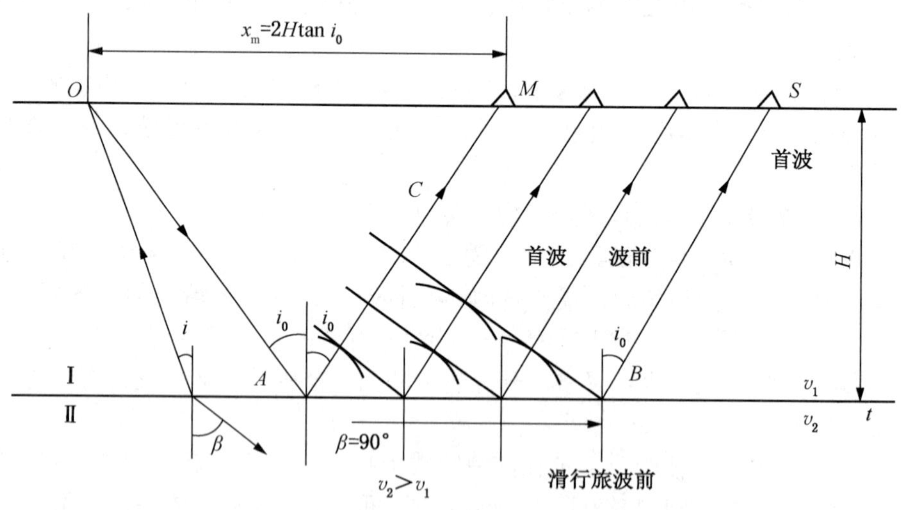

图2-53　单一水平界面上折射波的形成

（1）单一水平界面折射波时距曲线。单一水平界面折射波路径与走时的曲线称为时距曲线。对于S点处的检波器，折射波的传播时间（图2-54）为

$$t=\frac{OA}{v_1}+\frac{AB}{v_2}+\frac{BS}{v_1}=\frac{x-x_m}{v_2}+\frac{2H\cos i_0}{v_1} \qquad (2-4)$$

式中 v_1——上层介质速度；

v_2——下层介质速度；

x——炮检距；

i_0——临界角；

H——界面深度。

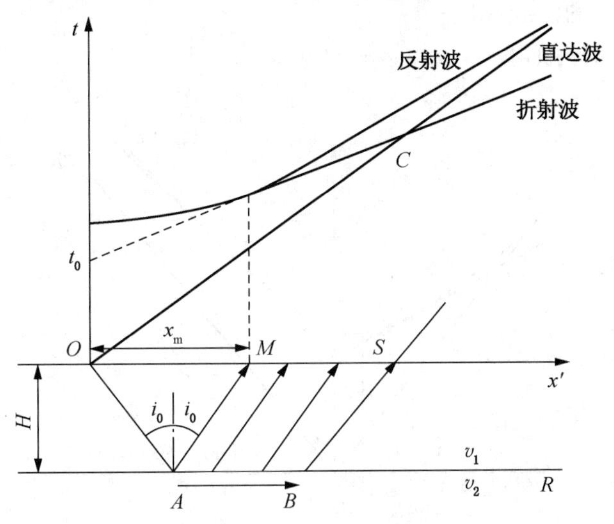

图 2-54 单一水平界面的折射波路径和时距曲线

令 $t_0=\frac{2H\cos i_0}{v_1}$，则 $t=\frac{x-x_m}{v_2}+t_0$。

由此可见，折射波的时距曲线是一条斜率 $m=\frac{1}{v_2}$的直线，t_0 是直线延长到时间轴上的截距，称为时间项或交叉时。交叉时与折射界面法向深度有关，对资料解释有意义。直达波时距曲线与折射波时距曲线的交点 x_c 称为临界距离：

$$x_c=2H\sqrt{\frac{v_2+v_1}{v_2-v_1}} \tag{2-5}$$

盲区半径（x_m）与临界距离（x_c）是两个概念不同的重要参数。当 $x<x_m$ 时，接收不到折射波。在 x_m 点，来自折射界面的第一个折射波与反射波同时到达，所以在时距曲线上，折射波时距曲线与反射波时距曲线相切。在 x_c 点，直达波与折射波同时到达。在 $x_m<x<x_c$ 区间内，由于折射波迟于直达波到达，并在直达波的续至区间内，折射波的初至在记录上仍难以辨认。当 $x>x_c$ 时，折射波超前于直达波到达，其初至清晰可辨，是观测折射波的有利地段。

实际工作中，可以按照下列公式求折射界面埋深 H：

$$H=\frac{t_0\times v_1}{2}\times\frac{1}{\cos i}=\frac{t_0}{2}\times\frac{v_1v_2}{\sqrt{v_2^2-v_1^2}} \tag{2-6}$$

$$H=\frac{x_c}{2}\sqrt{\frac{v_2-v_1}{v_2+v_1}} \tag{2-7}$$

（2）单一倾斜界面折射波时距曲线。对于倾斜界面，炮点相对接收排列处在界面上倾方向时，称为上倾爆破下倾接收；反之，称为下倾爆破上倾接收。由图 2－55 可以看出，上倾爆破下倾接收的折射波时距方程为

$$t=\frac{OA}{v_1}+\frac{BC}{v_2}+\frac{CS}{v_1}=\frac{x\sin(i_0+\varphi)}{v_2}+\frac{2h\cos i_0}{v_1} \tag{2-8}$$

式中 h——界面的法线深度；

φ——界面的倾角。

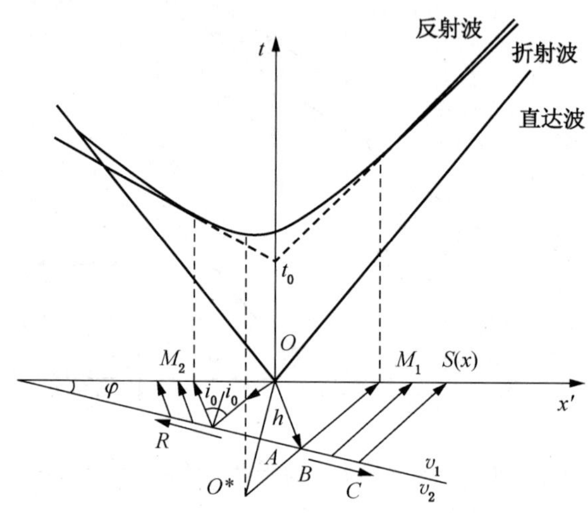

图 2－55　单一倾斜界面的折射波路径和时距曲线

同理，下倾爆破上倾接收的折射波时距方程为

$$t=\frac{x\sin(i_0-\varphi)}{v_2}+\frac{2h\cos i_0}{v_1} \tag{2-9}$$

如果有多个水平折射界面，折射波时距曲线仍为直线，直线的斜率分别是各个折射层下伏介质波速的倒数。由于各层的波速不同，折射波时距曲线出现多条交叉时不同、斜率不同、互相交叉的直线。

2. 工作方法

煤层折射波法常采用相遇与单边排列观测系统。折射波勘探盲区一般为目的层深度的 2 倍，为了可靠地追踪岩石折射界面，最大炮检距为目的层深度的 7 ~ 10 倍，以取得长的折射时距曲线，保证解释的精度。道距可据目的层埋深来选取，一般为 3 ~ 5 m。折射波法震源主要为锤击。在折射波中，为提高解释的精度，在设计观测系统及采集参数时，应保证得到清晰的初至，在初至区内观测折射波，没有其他波的干扰，易于进行波的对比与解析。

3. 资料解释

根据浅层折射波法观测系统的不同，折射波数据可分为单支时距曲线数据及相遇时距曲线数据两种主要类型。其中单支时距曲线数据，按上述时距曲线公式进行计算，通过计算机的数据处理就可求得折射界面的埋深、产状等，达到勘探

的目的。

利用折射波相遇时距曲线不仅可以求出折射层中的波速，从而分析与推断折射层和岩层特征，还可以绘制反映折射界面的埋深、产状和构造形态的地震剖面图和构造图。

（二）井下反射波法

按照反射地震波形成的物理机制，其所能解决的地质问题比折射波法更加广泛。矿井反射波勘探与地面浅层反射勘探技术类似，在煤矿井下应用前景广阔。

1. 探测原理

地下介质层与层之间的界面一般为波阻抗界面，根据法线入射反射系数 R 有

$$R=\frac{A_{反}}{A_{入}}=\frac{\rho_2 v_2-\rho_1 v_1}{\rho_2 v_2+\rho_1 v_1} \tag{2-10}$$

式中　$A_{反}$——反射波振幅；

$A_{入}$——入射波振幅；

v_1、v_2、ρ_1、ρ_2——界面上、下介质的波速和密度。

由式（2－10）可知，在这些界面上将能形成反射波。

（1）水平界面的反射波时距曲线。在反射界面与地表平行的水平界面情况下，反射波的时距曲线比较简单。如图2－56所示，反射界面距地面深度为 h，上覆介质的波速为 v_1，O^* 点是与激发点 O 点对称的虚震源。反射波自激发点 O 经界面上反射点 R 到达地面接收点 S 的时间为 t，接收点 S 距 O 点的距离为 z，则波的传播时间 t 应为

$$t=\frac{OR+OS}{v_1}=\frac{O^*RS}{v_1}=\frac{1}{v}\sqrt{4h^2+x^2} \tag{2-11}$$

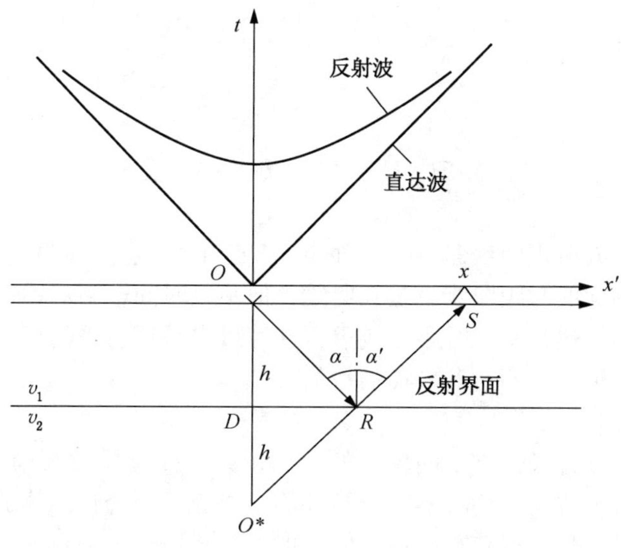

图2－56　水平界面的反射波时距曲线

这就是水平界面反射波的时距方程。当 $x=0$ 时，有 $t_0=\frac{2h}{v_1}$，t_0 就是地震波从 O 点出发沿法线反射的时间，称回声时间。利用这个时间，可以求出界面的法向深度 h。

（2）倾斜界面的反射波时距曲线。当反射界面倾斜、与测线夹角为 φ 时，虚震源 O^* 不再位于 O 点的正下方，而向上倾方向偏移（图 2－57）。用 M 表示 O^* 在地面的投影点。地震波由 O 点出发，在 R 点反射到炮检距为 x 的检波点 S 所用旅行时间 t 可以表示为

$$t=\frac{OR+RS}{v_1}=\frac{O^*RS}{v_1}=\frac{1}{v}\sqrt{O^*M^2+(x+OM)^2}=\frac{1}{v}\sqrt{4h^2+4hx\sin\varphi+x^2} \tag{2-12}$$

式中，φ 角的正负取值规定：当反射界面的下倾方向和 x 轴方向一致时，φ 角为正；反之，φ 角为负。φ 角为负值时，$\sin\varphi$ 项将改变符号。

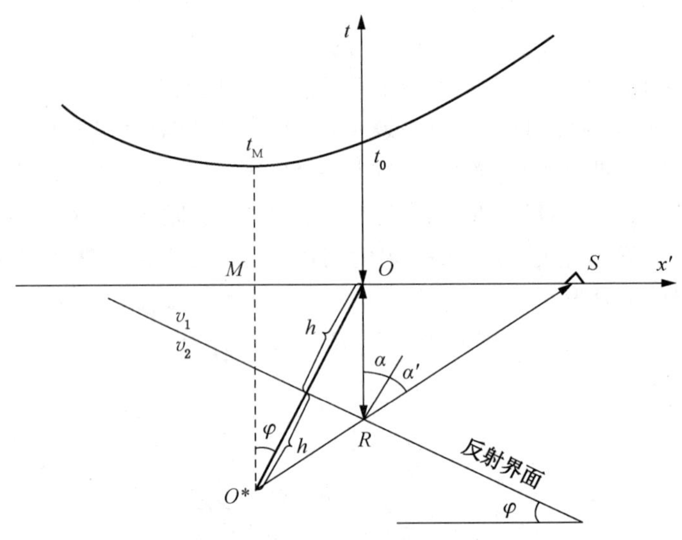

图 2－57　倾斜界面的反射波时距曲线

可见，反射波时距曲线是一条以通过 M 点和 O^* 点的纵轴为对称轴的双曲线。倾斜反射界面的时距曲线也是双曲线，但不以时间轴为对称轴。依据采集的地震数据，利用上述公式及时距曲线进行计算可求得反射层的相关信息，包括反射层及其形态特征，从而达到勘探的目的。

2. 工作方法

受井下特殊条件及三维空间位置的限制，井下浅层反射波勘探中测线布置、地震仪器震源激振方式、检波器耦合条件等，要充分结合目标体的特点，考虑现场数据采集的可靠性，以获得高质量的反射地震数据记录为目的进行现场工作。

（1）单点自激自收反射测试。单点探测现场布置较为简单，根据不同探测目的和要求，其具体布置方式也有所区别。在实际工作中，由于受震源的影响很

难做到自激自收采集，因此只能近似地做极小偏移距单点单道采集，一般要求最浅目的层的反射角在30°以内。巷道前方超前探测，受断面面积控制，可在一侧或中间煤岩层中布置孔内耦合式检波器，间隔一定距离布设激发孔进行数据采集。激发方式依据探测距离远近，可分别采用锤击激振或爆破激发。检波器和激发震源应布置在断面前方1～2 m深的钻孔内，且检波器孔要比激发孔深1 m左右，爆破孔不少于3个，可分布于检波器孔周围。最好采用多分量多波反射技术，进行多波分析和解释。

对于顶煤厚度探测，受综采工作面特殊场地条件所限，探测点一般在综采设备架子之间选取相对完整的煤层处。利用PVC导杆将传感器托至顶板，与煤层充分接触。将震源枪以丝扣形式连接到PVC导杆上，尽量保持零偏移距进行激振。该方法探测顶板煤厚，现场方便快捷，通常两个技术人员即可完成操作。

（2）井下反射共偏移测试。为了识别有效反射波，必须现场确定“最佳反射接收窗口”。通常，现场噪声调查时，检波器接收到的弹性波有来自震源激发所产生的反射波、折射波、面波、空气声波、多次反射波等，也有测试空间的常时微动和测线附近的人为干扰等，因此，必须从调查记录中考虑避开各种干扰波，突出有效反射波，准确地确定最佳偏移距，保证测试时反射波同相轴的清晰易辨，同时还要考虑激发能量的有效性。

共偏移测试过程中，对底板岩矿层探测可沿底板布置测线，而对工作面或两帮内地质异常体的探测只能在巷帮上布置测线进行激发和接收。

井下地震波的激发和接收是关键，对于煤壁上探测，受煤帮松动或煤体自身松散特性的影响，往往不能形成很好的地震波，这时必须针对巷帮的支护情况加工各种锤垫，如“工”字形、圆柱形、薄片形等，辅助激发有效的地震波向煤（岩）体中传播，保证能量能向介质内传播与返回，被地震检波器所接收。同样，接收检波器也要尽量避开煤岩壁的松动范围，保证接收到有效的地震波信号。

（3）多次覆盖观测系统。在地震地质条件比较复杂的情况下，采用单次覆盖观测系统研究地下反射界面通常是不可靠的，特别是在外界干扰背景较严重时，采用单次覆盖观测系统无法探测地下地质构造，这时需要采用多次覆盖观测系统，它是共反射点多次叠加的简称。进行多次覆盖工作时，有规律地同时移动激发点与接收排列，在不同接收点接收不同激发点激发的反射波，然后将这些共反射点的反射波经数据处理后叠加，这种做法对压制多次反射波之类的特殊干扰波，提高信噪比具有良好的效果。图2－58是单边爆破6次覆盖观测系统。

该观测系统设计参数为：覆盖次数$n=6$，仪器接收道数$N=24$，偏移距$\mu=0$，道间距等于Δx。由于每爆破一次探测到的研究界面长度有限，要使所研究界面长度范围内的全部反射点都能得到相同次数的覆盖，设计观测系统时，首先需要沿测线等间隔地布置炮点位置，依次激发，并在相应的接收段上接收。根据上述特点，可得出炮点距与叠加次数n的关系。

设炮点移动的道数为γ，则有

$$\gamma=\frac{NS}{2n} \qquad (2-13)$$

式中，S 为常数。当单边爆破时 $S=1$，双边爆破时 $S=2$。一般采用下倾方向单边爆破的观测系统较好。

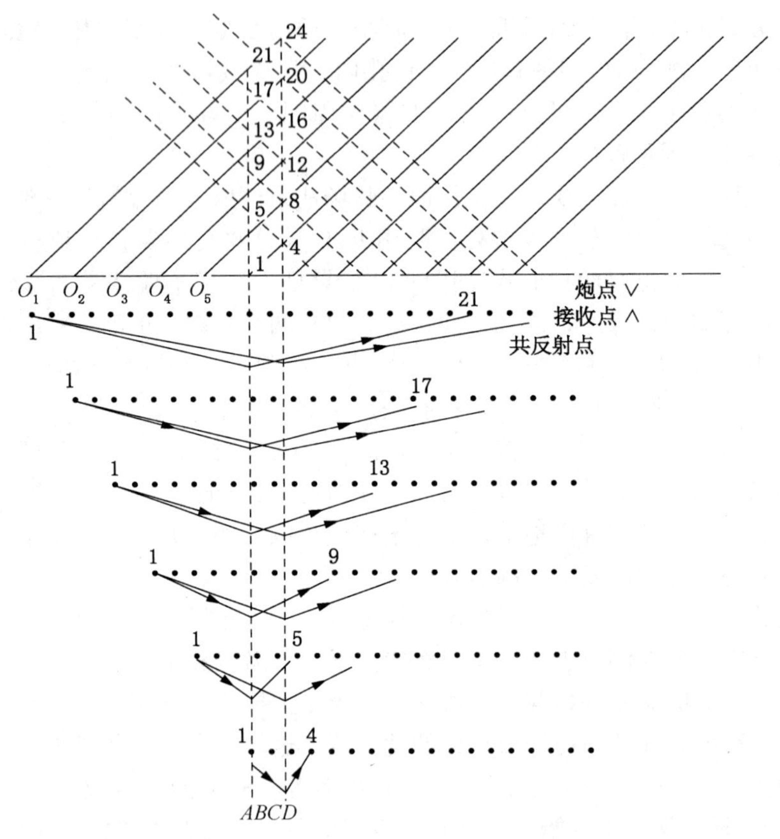

图 2-58　24 道接收的单边爆破 6 次覆盖观测系统

（4）探测分辨率。地震勘探的分辨率指地震记录所能反映的地质体的最小尺寸，包括垂向分辨率和横向分辨率两种。井下浅层反射所要解决的地质问题，具有深度浅与分层薄的特点，地震资料应有较高的垂向与横向分辨率。另外，浅层反射波资料中干扰强，有声波、面波、环境噪声等，干扰可以强到淹没有效反射信号，使之难以分辨，所以浅层反射波法在信息采集与资料处理中都存在一个如何提高信噪比与分辨率的问题。大量实践工作表明，最大炮检距的选取应约为勘探目的层的深度，道距在考虑到面波干扰时，应为有效信号最小视波长的四分之一。

浅层勘探中为了增强信号，压制随机干扰，以利于提高信噪比，可适当增加叠加次数提高仪器的低频滤波器的频率，有利于消除面波等低频干扰。

3. 资料处理

井下浅层地震勘探数据处理与地面地震勘探相似，同时要结合巷道揭露的地质条件进行综合分析与解释。浅层反射波法的数据处理现在主要是将中深层地震

勘探中行之有效的数据处理方法移植到浅层来，目前使用较多的数据处理方法有CDP选排，振幅平衡（AGC），频谱分析，反褶积滤波，共偏移距波形记录，速度分析，动校正、切除、CDP叠加，偏移，时深转换。

4. 反射波法的解释

地震勘探中反射层位的地质解释主要依据地震剖面的反射特征，选择特征明显的标准反射波，然后结合研究区地层层位关系确定反射波代表的地质层位。这种具有明显地震特征和明确地质意义的反射层通常称为反射标准层。反射标准层选取得正确与否直接影响到剖面对比工作和最终解释成果。对矿井地震勘探资料，所要解决的地层较浅或是观测测线的特殊性，可能会没有标准的反射层，但必须找到标准的反射波进行有效的对比与解释，才能获得理想的探测结果。

四、矿井地震超前探测技术

在井巷工程施工过程中，往往会因为地质条件不详而遇到大量影响安全生产的地质问题，其中断层构造、软弱层及其含水异常体是所要解决的重点问题。对巷道前方地质异常体的位置及特征进行探测与评价称为超前探测。目前用于超前探测的方法很多，主要有直接钻探法、反射地震波法、井巷电阻率法和电磁法等。在诸多的物探方法中，利用反射地震波法进行超前探测是最主要的，也是准确率最高的一种地球物理探测方法。

目前，我国研究较为完善的矿井地震超前探测技术（Mine Seismic Prediction，MSP）采用的是巷道多次覆盖观测系统进行数据采集，数据处理过程中综合运用二维滤波、拉冬变换和极化偏移等多种地震数据处理技术，是一种多波多分量联合地震勘探技术。

（一）基本原理

MSP技术是利用反射波勘探原理，在巷道工作面处指定的震源点用锤击或小药量爆炸激发产生地震波。地震波在岩、煤层中以球面波形式传播，当遇到岩石物性界面（即波阻抗明显差异界面，如断层、采空区岩石破碎带和岩性变化等）时，一部分地震信号被反射回来，另一部分信号透射进入前方介质，反射回来的地震信号被高灵敏度的地震检波器接收。按弹性波理论，在波阻抗存在差异的不同界面反射信号将发生相位的变化，而且反射信号传播时间和反射界面的距离成正比，因此能对巷道前方地质界面进行测量与评价。

由于受地下工程的空间局限性，巷道地震探测工作只能在巷道迎头附近有限区域展开。图2-59为巷道前方不同倾角界面在后置接收点的时距曲线，倾角自15°起递增为22.5°，30°，45°，…，90°。对比不同角度的时距曲线可以发现，受时距曲线最小值点控制，最小值点随倾角变化向上倾方向移动，低倾角时（15°~30°），最小值点位于测线内，在曲线的单调递减区（左侧）反射波同相轴为负视速度，在递增区表现为正视速度；当界面为高倾角时（45°~90°），由于最小值点不在测线内，测线段只能反映出单调递减的反射波同相轴，因此均表现出负视速度。

综上所述，受巷道测线长度限制，在前方界面的反射波场中只能反映出局部

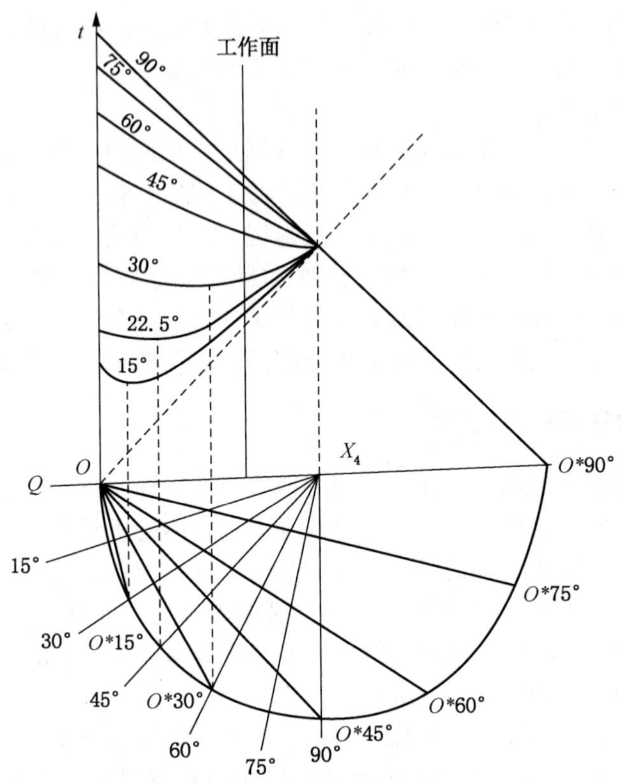

图 2-59　巷道前方不同倾角界面时距曲线对比

反射波同相轴，该局部同相轴和界面倾角大小有关，当前方界面为高倾角时，后置接收点的时距曲线段表现出负视速度。

（二）工作方法

1. 测量标点

巷道现场具有一定的公里里程或测量标志点，数据采集时必须结合工作面具体情况对炮检点空间位置进行标定，同时保证炮检对点有 10 组位于巷道腰线位置。现场可用红漆作明显标志，便于各种钻孔施工及安装工作顺利进行。

首先确定相对坐标原点和角度坐标。原点可设置在巷道中任意位置，但通常做法有两种，一种是将原点设置在迎头断面中心上，另一种可设计在距离巷道断面一定距离的后方中心轴线上。三轴指向分别为：X 轴水平指向巷道前方，Y 轴竖直指向顶板，Z 轴水平指向巷道左帮。现场工作时注意测量巷道标志点和本观测系统的相对原点的距离。本系统中的水平方位角自 X 轴正向起，在水平面（XZ 面）内逆时针旋转为正向，角度范围为 0°～360°。确定倾角的原则为以 Z 轴正向为起点，在竖直平面（YZ 面）内逆时针为正，角度范围为 -90°～90°。

炮点一般设计在巷道左帮，炮点测线尽量避开硐室、叉巷等影响地震波传播的空腔障碍物。炮点自迎头开始布置，数量为 20～24 个，炮间距为 1.5～2 m，

炮孔深 1.5 m，如果测区内松动圈范围较大，可适当加深炮孔；当炮孔不水平时，测量其倾角和方位角。为了提高信号的质量，接收点应尽量布置在完整性较好岩（煤）体中，尽量避开后方已揭露断层等较松散的地方。接收点分别布置在巷道左帮、右帮和迎头断面上，接收点的位置没有严格的要求，但要注意测量其与上述对点之间的关系，做好记录。

2. 炮检钻孔施工

（1）钻孔数目及位置。为保证数据采集质量，炮检点都是安装在钻孔中进行，其个数及位置依据设计的观测系统布置，可在巷道的左右帮、顶板、底板和工作面布设。

（2）孔深、孔径与角度。炮检孔以矿用风钻为准（直径为 42 mm），以能放进炸药为宜。其中炮孔俯角为 10°，便于加水封闭钻孔消除干扰，而检波器孔仰角为 10°左右。

（3）钻孔保护。钻孔完成后将孔中岩屑等吹尽，对易变形的钻孔可塞上木棍，防止围岩堵塞。煤巷超前探测有时只能在数据采集时现场钻探施工炮眼，以防煤屑塌入堵塞钻孔。

3. 数据采集

数据采集过程中必须注意激发、接收和记录三大子系统内容，严格按照有关规程操作，力求获得有效的地震波信号。

（1）爆炸系统。雷管选取和炮孔数相同或略多于炮孔数的同一批次、最小延时瞬发雷管。每炮孔装入 100 g 乳胶炸药。正向装药，黄泥封堵至炮眼的孔口。现场采取一炮一放方式进行爆破。需要说明的是，若井下炸药震源不能施工，根据探测任务可选择锤击震源。

（2）仪器设备。现场采用多通道地震记录仪进行三分量数据采集，对于矿井超前探测，要求仪器设备本质安全，即采用防爆型地震仪器。检波器采用孔中三分量检波器，注意与孔壁的耦合完好，并要按相应的观测系统参数进行激发与地震波接收。

4. 现场资料收集

现场探测时，必须注意收集接收器孔附近的巷道半径、高度等参数，以及各炮检点距离等空间位置数据。并记录接收器孔和工作面的里程，以及探测断面的地质素描图，为最终地质矿井地球物理助探解释提供对比资料。

5. 施工环境要求

MSP 施工时要尽量降低现场噪声水平，停止机械振动或较大噪声的工作，如停止掘进机、输送带运转，减少人员走动等。另外要减少杂物堆放，以便于现场人员进行数据采集。

（三）资料处理

反射波数据处理是地震超前预报工作中的重要环节，其任务是对巷道采集的地震信息进行各种方法的加工处理，进一步压制信息采集中未能消除的、残留的面波、多次波和随机干扰等，提高信号的信噪比和改善分辨率。针对巷道超前探测基本条件，在数据处理中应选用有利于提高记录信噪比和分辨率的数据处理技

术，并采用合理的计算方法及处理参数，尽可能保护和恢复记录中的高频成分，最大限度地提高记录的信噪比和分辨率，处理后可获得直观反映巷道前方地质构造形态和界面的地震剖面资料。目前，对地质构造的研究主要是运用地震波的运动学特点，确定波至时间和传播速度，进而对地层起伏变化的几何形态进行确定；而对地层的岩性特点分析必须运用波的动力学特征，结合动力学特征确定各种物性参数，来判断地层各种岩性成分，以便更客观地描述地质目标体。要想比较精确地进行岩性分类，了解地层的岩性和流体等特征，必须运用多波多参数信息，综合运用相关资料和手段提取其动力学参数，来达到识别预测岩性、解决地质问题的目的。

思考与练习

1. 矿井地震勘探的特殊性表现在哪些方面？
2. 矿井地震勘探常用哪一类震源？探测时，应注意哪些问题？
3. 试分析多个水平界面的折射波时距曲线。
4. 总结并分析井下折射波法和反射波法观测系统类型及特征。
5. 如何利用 MSP 技术实现陷落柱、采空区探测？

任务六　槽波地震勘探

知识学习

一、槽波的形成和分类

槽波的形成和分类

槽波地震勘探（in－seam seismic exploration，ISS）是利用在煤层中激发和传播的导波，以探查煤层不连续性的一种地球物理方法，是地震勘探的一个分支。

槽波地震勘探是目前井下地质构造探查最常用的方法，对小断层、陷落柱、煤层变薄带、采空区及废弃巷道等地质异常体可以进行准确探测，具有精度高、抗干扰能力强、探测距离大、波形特征易于识别及最终成果可直观显示等优点。

槽波地震勘探的原理并不复杂，在煤矿井下煤巷或工作面，沿煤壁顺煤层安置震源、检波器，从水平方向探测煤层中断层等的不连续性，即使落差不大的断层在横向上也存在明显的波阻抗差异，于是就有足够多的反射能量返回到检波器并以反射波的形式被记录下来；否则，将沿煤层一直传播下去，被布置在另一煤巷的检波器接收并以透射波的形式被记录下来。

1. 槽波的形成

煤层总是以泥岩、粉砂岩、砂岩或偶尔还有灰岩作为顶底板或围岩，而赋存于它们中间，类似“三明治”结构。与围岩相比，夹在中间的煤层波速低、密

度小（表2－4），以煤层为中心形成了一个低速槽，煤层上、下界面都是波阻抗极强的分界面。

表2－4　煤及其围岩的波速与密度

岩　性	纵波速度/(km·s^{-1})	横波速度/(km·s^{-1})	密度/(g·cm^{-3})
围岩（砂岩、粉砂岩、泥岩、页岩、灰岩）	3.0～4.8	1.6～2.8	2.4～2.8
煤	1.8～2.4	0.9～1.4	1.3

煤层是一种典型的低速夹层，在物理上构成了一个“波导”。当煤层中激发了体波（包括纵波、横波），因顶底界面的多次全反射，激发的部分能量由于被禁锢在煤层及其邻近的岩石（简称煤槽）中不向围岩辐射，体波在煤槽中相互叠加、相长干涉，形成强干涉扰动，即槽波以煤层为波导，沿煤槽向外传播，故槽波又称煤层波或导波。

在一个三层对称岩石—煤—岩石模型中，煤层中激发的体波（P 波和 SV 波）分别以 α 角入射到煤—岩分界面上，产生反射和透射，并遵循斯奈尔定律，即

$$\frac{v_{P2}}{\sin\alpha}=\frac{v_{S2}}{\sin\theta}=\frac{v_{P1}}{\sin\alpha_t}=\frac{v_{S1}}{\sin\theta_t}=C \tag{2-14}$$

式中　v_{P2}、v_{S2}——煤层的 P 波速度与 S 波速度；

v_{P1}、v_{S1}——围岩的 P 波速度与 S 波速度；

α_t、θ_t——P 波与 S 波的折射角；

C——波前沿煤—岩分界面传播的速度。

煤层上、下界面的速度条件直接关系到槽波的形成。煤层 P 波速度可能大于或小于围岩 S 波速度。那么，煤岩体波速度可能存在两种情况，即 $v_{P1}>v_{P2}>v_{S1}>v_{S2}$，$v_{P1}>v_{S1}\geqslant v_{P2}>v_{S2}$（图2－60）。当煤层中激发的体波以小于临界角的入射角传播至煤—岩分界面时，即 $C>v_{S1}$时，尽管这些界面是反射系数大于0.2～0.3的强反射面，在其界面上可产生回到煤层的强反射，但仍有相当多的能量由于折射作用，以体波的形式向围岩辐射，这使这些体波在煤层内来回反射的过程中迅速衰减而消失，从而形成了所谓的泄漏振型（图2－60a 至图2－60c、图2－60e 至图2－60f）。反之，当体波以大于临界角的入射角入射到煤—岩分界面，即 $C_R\leqslant v_{S1}$时，则由于全反射，地震体波的能量被限制在煤层及邻近岩石的一个薄层中，不向围岩辐射而损耗，形成了所谓的简正振型（图2－60d、图2－60g、图2－60h）。这里讨论的槽波就属于简正振型的范畴，它对于实际应用具有重要意义。

显然，以上两种情况下都可形成槽波：如果 $v_{P2}>C\geqslant v_{S1}$，只有 SV 波与 SH 波产生全反射，可形成槽波，以简正振型在煤层中传播（图2－60d）；如果 $v_{S1}>C\geqslant v_{P2}$，则在煤层分界面上，将有 P－P、P－SV、SV－SV 及 SH－SH 全反射，可形成槽波，以简正振型在煤层中传播（图2－60g、图2－60h），因此，速度条件是一种更为有效的波导条件。

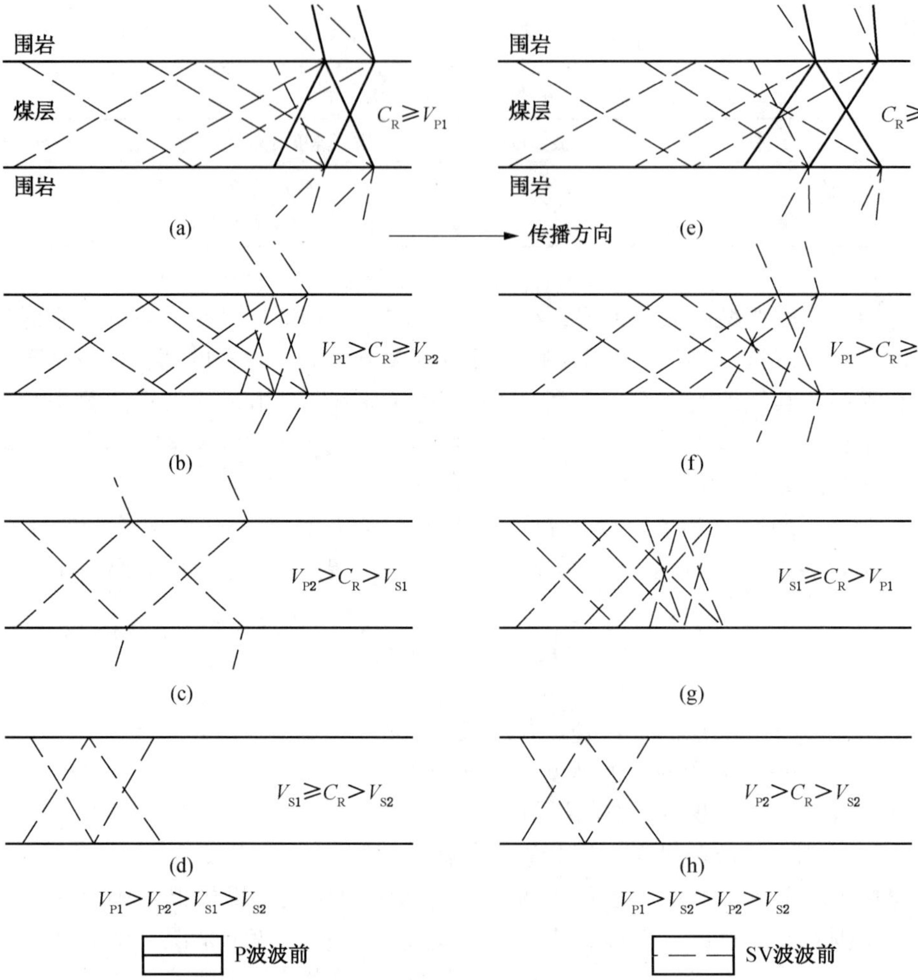

围岩

煤层

围岩

(a) $C_R \geqslant V_{P1}$

(e) $C_R \geqslant V_{P1}$

传播方向

(b) $V_{P1} > C_R \geqslant V_{P2}$

(f) $V_{P1} > C_R \geqslant V_{P2}$

(c) $V_{P2} > C_R > V_{S1}$

(g) $V_{S1} \geqslant C_R > V_{P1}$

(d) $V_{S1} \geqslant C_R > V_{S2}$

(h) $V_{P2} > C_R > V_{S2}$

$V_{P1} > V_{P2} > V_{S1} > V_{S2}$

$V_{P1} > V_{S2} > V_{P2} > V_{S2}$

P波波前

SV波波前

图 2-60　由 P 波与 SV 波激发的槽波——简正振型及泄漏振型

对于 SH 波，只有 $v_{S1} > v_{S2}$ 一种情况，如图 2-61 所示，可作类似讨论。在煤层中可能同时存在 P 波、SV 波和 SH 波。煤层中的 SH 波由于质点振动平面垂直于 P 波、SV 波质点振动平面，在煤—岩分界面上没有波形转换，在煤层内只存在 SH 波与 SH 波的干涉模式。对于 P 波与 SV 波，则由于质点振动在同一平面，且在煤—岩分界面上可以相互转换，干涉模式要复杂得多。在煤层内 P 波与 SV 波干涉示意图中（图 2-62），从点①、②发出的上行 P 波，经上界面全反射的 P 波与点②、③发出的上行 S 波经上界面全反射的转换 P 波在同一方向传播；同理，点③、④发出的 P 波，经上界面全反射的转换 S 波与点④、⑤发出的上行 S 波经上界面全反射的 S 波在同一方向传播。此后经下界面全反射，在点⑥的 P 波与 S 波只要考虑到上、下界面全反射相移、波长与煤厚关系适当，在煤层内将形成 P-SV 波的相长干涉。这样可能有两类干涉振动，以简正振型在煤层内传播。

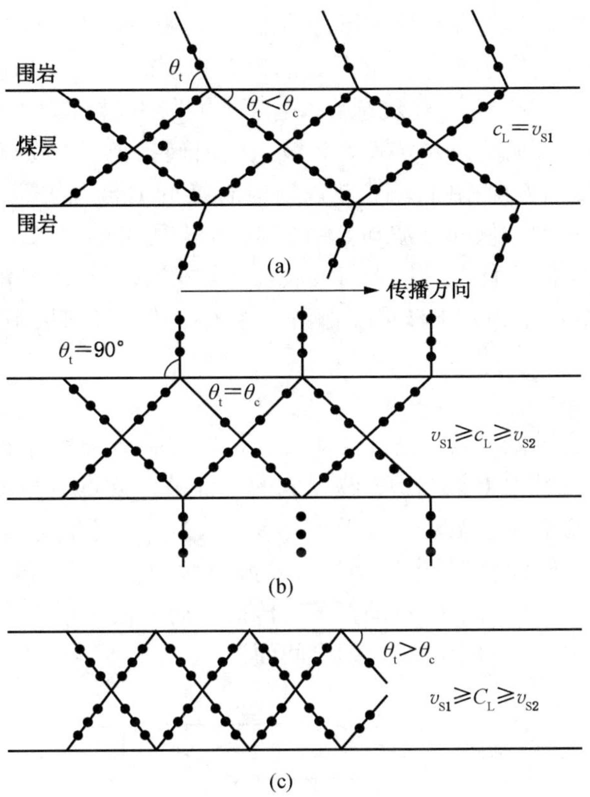

图 2-61 由 SH 波激发的槽波——简正振型及泄漏振型

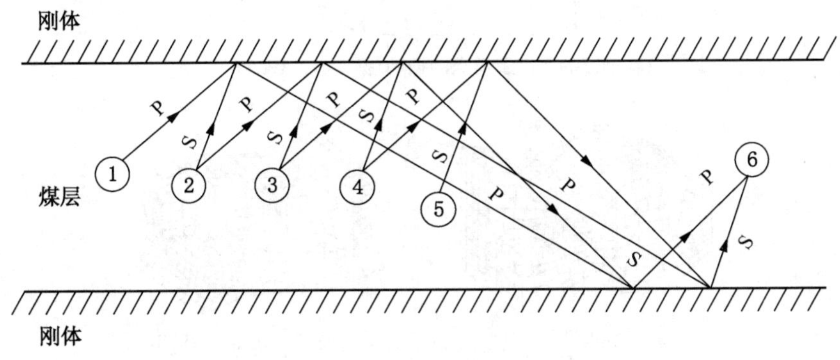

图 2-62 P 波与 SV 波干涉示意图（据 Suhler 等，1981）

显然，煤层上、下界面的速度条件直接关系到槽波的形成。煤层 S 波速度小于上、下围岩 S 波速度，煤层中的 S 波速度可能被煤层所制导，但要区别不同极化的横波：垂直极化 SV 波入射到煤—岩分界面上，部分能量转换成 P 波，如果 P 波不满足全反射条件，它将以透射 P 波的形式向围岩辐射，因此它的能量不断

"泄漏"，最后煤层内激发的P波与SV波迅速消失；而SH波在煤—岩分界面上只要满足全反射条件，它在煤层中不产生能量的漏失而相长干涉形成槽波。当煤层的横波与纵波速度都小于上、下围岩的横波速度时，不仅SH波而且SV波和P波都能产生全反射被煤层有效制导。当SV波与P波都以大于临界角入射到煤—岩分界面时，根据斯奈尔定律，P波入射时转换的SV波与SV波入射时形成的反射SV波传播方向相同；SV波入射时转换的P波与P波入射时形成的反射P波传播方向相同。从而P波与SV波具有干涉的可能。考虑到煤层上、下界面上全反射时产生的相移，一旦入射波波长（或频率）与入射角的关系合适，P波与SV波就可能产生相长干涉形成槽波。综上所述，在煤层中可能存在不同的槽波。

2. 槽波的分类

按物理构成及极化特征，槽波分为瑞利型槽波和洛夫型槽波两类，简单记为R波与L波。R波是由P波与SV波形成的干涉波，质点在与煤层面相互垂直、与传播方向平行的平面内振动。由于既有水平分量又有垂直分量，所以质点振动的轨迹一般呈逆行椭圆状（图2-63）。L波只由单一的SH波在煤层中干涉形成，质点在平行煤层面的平面内垂直于波传播方向上振动。显然，槽波实际上就是由体波在煤层中形成的干涉波，即层间面波。

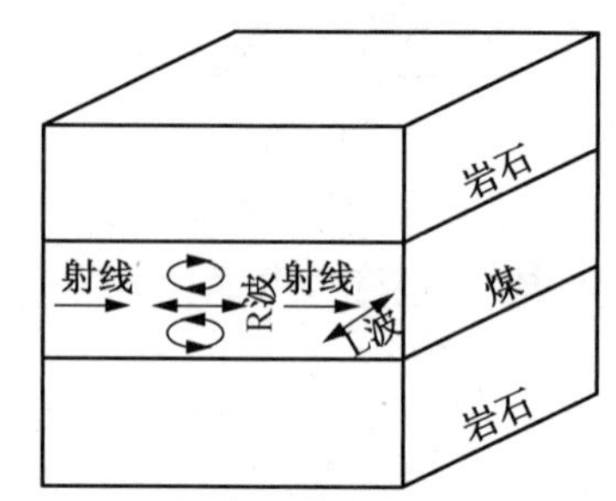

(a) 槽波的类型及质点的振动（据Krey，1963）

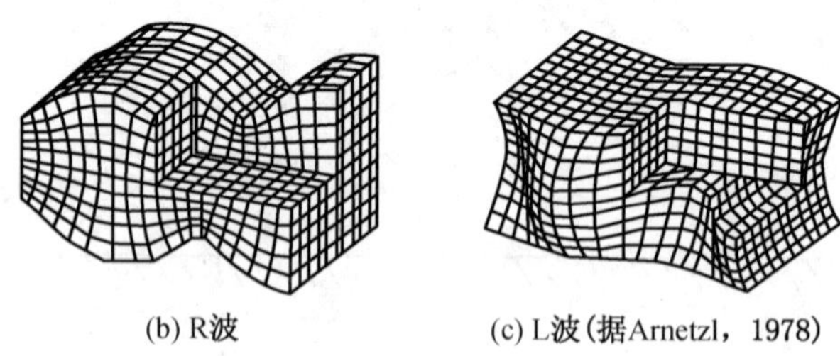

(b) R波　　(c) L波（据Arnetzl，1978）

R—瑞利型槽波；L—洛夫型槽波

图2-63　槽波的类型及其质点的振动

煤层中激发槽波的同时，在安置震源的同一煤壁表面上，通常还可以观测到另一种巷道振型槽波，它是由煤壁（或工作面）自由表面所制导的，类似于地面地震勘探的地滚波，从震源沿煤壁自由表面"直接"传播，又称直达槽波，

记作 C_d。最低阶振型的波与基阶振型 L 波类似，只是速度偏低 10% ~ 20% 、频率向低频移动（这可能与自由表面煤壁的破裂有关），它的振幅从煤壁向煤层内迅速衰减。在 ISS 反射法测量中，直达槽波可能干扰近距离反射槽波的检测，所以这时把它看作一种干扰波。直达槽波干扰严重时，可借助它的极化角是 0°或 90°，即平行煤壁或垂直煤壁振动的特征，以区别于反射槽波。

值得指出的是，在煤层中激发，似乎只形成 P 波，在界面上可转换为 SV 波，对于 R 波及 C_d 波的形成最为有利。实际上由于震源的非球对称性，附近介质的非均匀各向异性，结果 P 波、SV 波与 SH 波几乎同时激发，因此既可能形成 R 波、C_d 波，同时也形成 L 波。

从形成简正振型的条件看，L 波仅为 SH 波形成的干涉波，它仅要求煤层的 S 波速度小于上、下围岩的 S 波速度；但 R 波是由 P 波、SV 波形成的干涉波，它不仅要求煤层的 S 波速度小于上、下围岩的 S 波速度，而且还要求煤层的 P 波速度也小于上、下围岩的 S 波速度，条件更为严格。

综上所述，槽波是体波在低速煤层内形成的干涉波，类似于地表传播的瑞利面波与洛夫面波的层间面波。但槽波与体波又有所不同，即传播速度低；仅在低速层及相邻近岩石的二维板状空间中传播；振幅随深度非均匀分布；具有明显的频散特征。

二、槽波数据的采集

（一）槽波的激发和接收

1. 槽波的激发

槽波地震勘探方法

在井下煤层中激发槽波的震源一般有两类：一类是机械震源，如锤击、可控机电一体化的机械震源；另一类是爆炸震源。

锤击震源一般用于探测距离不大的情况，其激发的槽波频谱成分较好，可重复多次激发，但振幅极大值对应的频率不高（多为 100 Hz），巷道中煤壁低速带的存在会使频谱特性不定、波形重复性不好。

当探测距离较大时，适合用爆炸震源。爆炸震源激发的能量强，单孔爆炸震源的缺点是定向辐射性和波形重复性不好。利用多孔爆炸震源（有的孔不放炸药）有利于产生洛夫波，可显著地改善辐射特性及频率成分。由理论和实践可知，使用爆炸震源时，药量的选择较为重要。药量过大会造成干扰程度大、分辨有效波困难、巷道煤壁破坏严重等后果。当限定冲击波的球半径大于煤厚时，就会产生强烈而持久的干扰波，从而使有效波受到严重干扰。因此，若预先知道煤厚，就可以大致估算药量。在具体施工中，炮孔多沿巷道、顺煤层中心钻进，在有夹矸时顺厚分层中心钻进。孔深一般为 2 m，可穿过煤壁表面的低速带。在大致估算药量的基础上，具体药量要通过定量试验加以确定。为了减弱声波干扰、增大激发能量，装药后的炮孔需要用炮泥或其他物品填堵，俗称放“闷炮”。此外，在有水的煤层要注意防水。

雷管与炸药是激发出槽波的关键材料，通常选用“微妙雷管”（也称瞬发雷

管），这对于准确获取地质信息的记录时间是非常重要的。关于炸药类型，理论上采用高爆速炸药，有利于激发高频槽波。但是，出于煤矿安全考虑，国内通常采用矿用炸药。

2. 槽波的接收

槽波的接收主要采用二分量检波器，但也可视情况选用单分量或三分量检波器。使用二分量检波器时，一个分量平行煤层层面、垂直于煤壁，记作 y 分量；另一个分量既平行于煤层面，也平行于煤壁，记作 x 分量。工作时，两个分量同时接收，分别记录不同的地震道。为了接收到高质量的槽波，接收条件应该一致。

为了避免巷道煤壁表面低速带的不利影响，每个检波器都要安置在钻孔中，钻孔深度要一致，一般深 2 m 左右。这些钻孔同样要沿着煤层或厚分层（有夹矸情况）中心钻进。

安置检波器时应注意两点：①两个分量方向要正确、一致；②检波器必须和孔壁保持良好耦合。为了改善耦合条件，可采用胶囊充气与楔形推靠的办法使检波器外壳紧贴孔壁。

井下记录的槽波图像常因干扰波变得复杂。主要的干扰波有与巷道煤壁表面低速带有关的表面波、转换波，与煤岩界面反射、折射有关的转化波，直达与绕射槽波，声波及巷道混响波，采掘机械和运输机械的工作振动，人员行走及其他微震等。由于各类干扰波的频谱与有效波频谱相近，从含干扰波的记录中区分有效波是困难的，甚至是无法实现的。这时，选择合适的激发、接收观测系统参数与仪器是十分重要的。

（二）槽波地震勘探的基本测量方法

ISS 基本测量方法有两类，即透射法与反射法。它们的原理都很简单，由震源在煤层中激发槽波，沿煤槽传播。如果工作面或巷道前方煤层不连续，波导就完全或不完全阻断，槽波遇到这些阻断面时，就将产生反射或部分反射。因此，槽波不能有效地透过异常体形成正常的透射槽波，或者观测不到透射槽波。

1. 透射法

透射法测量中，震源与检波器（排列）布置在不同的巷道内。在一条巷道内激发，在另一条巷道中接收通过工作面的透射槽波。根据透射槽波的有无或强弱，来判断震源与接收排列间、射线覆盖的扇形区内煤层的连续性。当断层落差大于煤厚时，煤层波导完全阻断，一般接收不到透射槽波；在落差相当于煤厚 30%～70% 时，煤层波导部分阻断，接收到的透射槽波能量较正常情况下有不同程度的减弱，有时速度也发生变化。

槽波透射法勘探可以判断有无地质异常，但尚不能识别异常的性质或类型，也不能确定异常准确的几何尺寸。如果透射测量的观测系统布置合适，覆盖面积大，重复次数多，透射法可大致圈定出异常的范围，还可以用 CT 层析成像技术更精确地圈定出异常（如冲刷带、陷落柱等）的位置。目前透射法探测有无异常的准确率一般大于 85% 。透射法以方法简单灵活、处理和解释容易、探测范围大、准确率高而得到广泛应用。此外，它还为反射法数据处理与资料解释提供

速度等参数。因此，即使在以反射法为主的测量中，也要挑选合适地段进行一定数量的透射法测量。经验表明，在不能取得良好透射记录的区段，一般也得不到良好的反射记录。所以，透射法测量是 ISS 目前基本的测量方法。

2. 反射法

在槽波反射法测量中，震源与检波器排列在同一巷道或工作面。根据是否接收到非巷道反射槽波，确认前方是否存在煤层的不连续性。当断层（或不连续）落差接近或超过煤层厚度时，则波导完全或几乎全部阻断，检波器接收到反射槽波；当落差较小，仅部分能量产生反射时，检波器可接收到较弱的反射槽波；若落差更小甚至没有断层，则根本没有反射槽波。

反射法能确定煤层不连续体的位置与走向，它与透射法一样也不能准确确定断层落差大小和反射体的性质或类型。

（三）槽波地震勘探的观测系统

观测系统是震源激发点与接收点之间的几何位置的布置关系，它涉及以下内容：道间距 Δx（相邻接收点之间的间距）、炮点距 d（相邻两激发点之间的距离）、最小炮检距 μ_1（从激发点到最近接收点之间的距离）、最大炮检距 μ_2（从激发点到最远接收点之间的距离）。有一个激发点对应数个接收点的几何布置关系，叫一个排列，如图 2－64 所示。

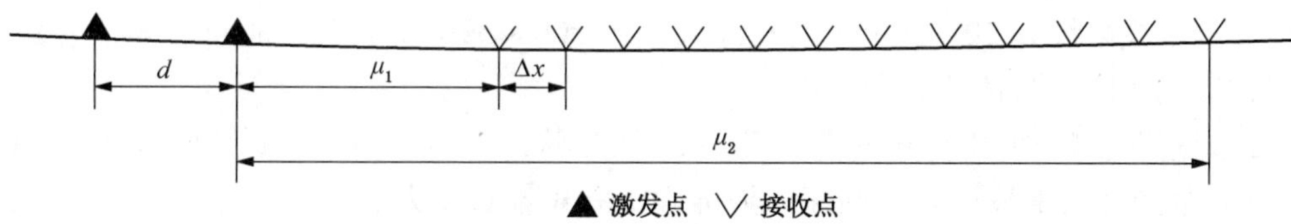

d—炮点距；μ_1—最小炮检距；μ_2—最大炮间距；Δx—道间距

图 2－64　排列示意图

在槽波地震勘探中，由于受开采技术条件的限制，所探测的地段可能只有一条巷道或两条巷道或三条巷道或四条巷道等，那么接收点布置就不可能布置成面状的观测系统，只能沿巷道呈线状布置排列。对于反射法，激发点与接收点布置在同一条巷道内；而对于透射法，激发点与接收点则分别布置在不同的巷道内。

首先，根据槽波探测的地质任务，仔细研究探测区的巷道布置、采掘设备的安放、噪声干扰源等情况，以确定最佳观测系统方式组合，即槽波透射法及反射法的组合应用。在采用透射法时，要采用相互观测系统，也就是在改变移动激发点与接收点时要保证槽波的连续相关。为了保证透射法探测的可靠性，一般还要对相应的激发点、接收点互换观测。要根据巷道布置情况确定是否使用反射法。

根据地质任务的详细程度，除了选择最佳观测方式组合外，还要为每种观测方法选择最佳排列参数，如道间距、炮检距、偏移距、最远炮检距。选择好这些参数很重要：①要达到要求探测的构造尺寸；②涉及工作量的多少，如道间距、炮检距太密，会造成工作量太大、效率太低；相反，就有可能漏掉构造；③观测

系统选择合理，可有效压制部分干扰。这些参数的选取，一定要通过试验最后确定，一般道间距在 2～10 m。另外，透射法探测研究的最详细部位是探测区的中心部位。当遇到信号波形、振幅变化较大的地段时，应采取加密观测点方式，即减小炮点距和道间距。在选好最佳观测系统及观测方式组合后，最初探测首先要用透射法，在无构造区，它可以确定煤层的波速及围岩的波速，这可以为反射法数据处理及解释打下基础；当有未知构造时，也可能初步探测煤层中的构造带，为详细探测打好基础。

在进行反射法探测时，除了一般常规的单端爆破简单观测方式外，还经常大量采用多次叠加观测方式。采用多次叠加观测系统可以有效地提高信噪比，从而提高槽波反射法探测的精度和可靠性。在槽波反射法探测中，叠加次数多为 3～6 次，应将巷道弯曲段、无法避免的强干扰区段、独头死巷端剔除，因为这些因素会使叠加过程复杂化。

三、槽波地震勘探在超前探测中的应用

1. 陷落柱探测

某煤矿 4313 工作面巷道长度为 1710 m，开切眼宽度为 205 m，开采 3 号煤层，平均厚度为 6.3 m，稳定可采。根据地面三维地震勘探资料，采面内无大型发育构造，但根据无线电波透视结果，采面局部范围内存在异常反应，主要异常地段位于终采线外 20～100 m 以及终采线内 300～390 m 范围，推断为陷落柱影响，但无法圈定具体位置和范围。

为查明工作面回采范围内陷落柱的赋存状态，针对 4313 工作面终采线内 600 m 范围开展槽波透射法勘探。为准确推断短轴长度大于 20 m 的陷落柱和断距大于 3 m 的断层，在 43131 巷布置炮点 30 个，炮间距为 20 m；在 43133 巷布置检波点 32 个，道间距为 20 m，且每个检波器采用二分量接收地震波数据，测线总长度为 600 m。图 2－65 为 4313 工作面槽波透射法勘探的原始单炮记录，以第 21 炮的 y 分量数据为主。可以看出：根据煤岩层中不同地震波的传播速度，首先接收到的是纵波，波速约为 3800 m/s，而后是横波，波速约为 2200 m/s，接下来就是槽波，最后是能量最强、速度最慢的艾里震相。结合频谱分析，通过傅里叶变换，计算出区域地震波的频率范围为 50～250 Hz，槽波主频集中在 120 Hz 左右。另外，由于第 25 个检波器接收到的槽波穿越陷落柱，槽波能量衰减严重，艾里震相相位清晰程度下降，且不连续，这些特征可作为地质异常的初判依据。

图 2－66 为 4313 工作面槽波衰减系数层析成像图。深色区域（彩图中为红色区域）表示槽波能量衰减严重，推断为地质构造区域；浅色区域（彩图中为蓝色区域）表示槽波能量均衡，推断为正常煤体区域。最终圈定 4 处地质异常：①YC_1 位于终采线以里 359～422 m 处，横向跨度 63 m，纵向跨度 47 m，结合槽波探测结果和地质资料分析，推断为断层影响区域，实际揭露为 F_{141} 断层（落差 H 约为 0.8 m）的影响区域；②YC_2 位于终采线以里 340～410 m 处，横向跨度 70 m，纵向跨度 75 m，结合槽波探测结果和地质资料分析，推断为断层影响或

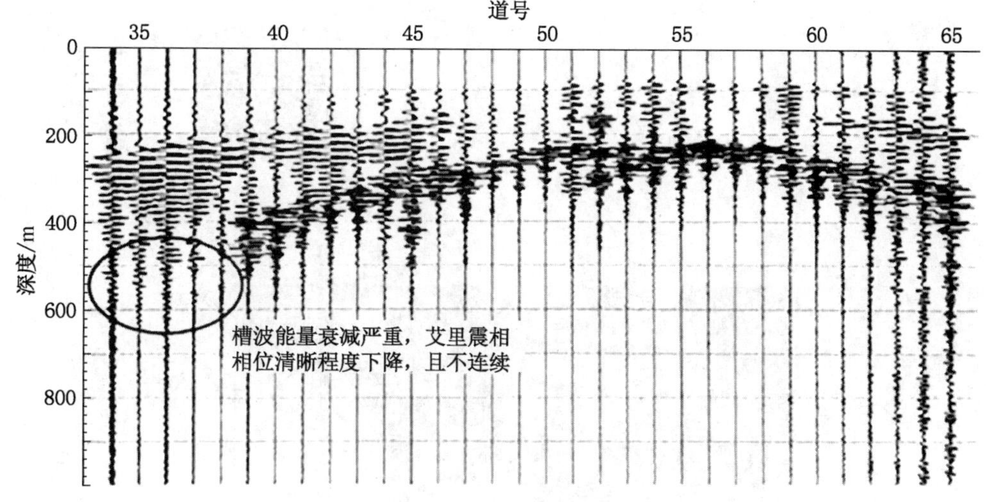

图 2-65　4313 工作面槽波透射法勘探原始单炮（第 21 炮）记录
（据郤振华、丁宝国，2022）

煤体破碎区域，实际揭露为 F_{141} 断层（落差 H 约为 1.5 m）和 F_{115} 断层（落差 H 约为 2 m）的影响区域，顶板不佳，煤体较破碎；③YC_3 位于终采线以里 394～478 m 处，横向跨度 84 m，纵向跨度 82 m，槽波探测资料显示，穿越该区域槽波的振幅衰减严重，艾里震相缺失；另外，在无线电波透视法中，异常 2 的"V"字形场强衰减（符合陷落柱特征），从而综合推断为陷落柱影响区域，实际揭露为一陷落柱（长轴为 80 m，短轴为 76 m）；④YC_4 位于终采线以里 462～513 m 处，横向跨度 51 m，纵向跨度 54 m，结合槽波探测结果和地质资料分析，推断为断层影响区域，实际揭露为 F_{133} 断层（落差 H 约为 1.2 m）和 F_{134} 断层（落差 H 约为 2.2 m）的影响区域，煤体较破碎。

槽波地震
勘探实例

2. 断层探测

某矿工作面内部断裂构造极其发育，且缺乏针对断裂破碎加注黏结材料等措施，导致回采至断层发育区域后工作面出现大面积的顶板破碎、片帮现象，从而严重影响智能化高效回采。因此，可根据矿井地质条件，选用槽波透射法探测工作面内断层的位置。

如图 2-67 所示，槽波透射法探测测线沿 8203 工作面的 2203 巷开切眼 5203 巷所圈成的区域布置，炮间距为 10 m，药量为 0.3 kg，共激发炮点 115 个，道间距为 20 m，检波器共 145 个。采集了 115 炮透射槽波记录，图 2-68 为 S50 炮透射槽波记录，可知，断层引起了槽波能量的减弱或者缺失。可对 S50 炮进行频散分析（图 2-69），实际资料中槽波主频为 80 Hz，槽波速度为 1000 m/s 左右，先对数据进行 60～100 Hz 的带通滤波，然后进行成像分析。

根据工作面施工范围，对 X 方向与 Y 方向进行网格划分，网格大小约为 5 m×5 m，即 X 方向含 200 个格点，Y 方向含 50 个格点。按照成像的原理，把

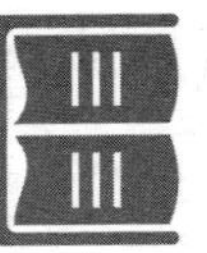

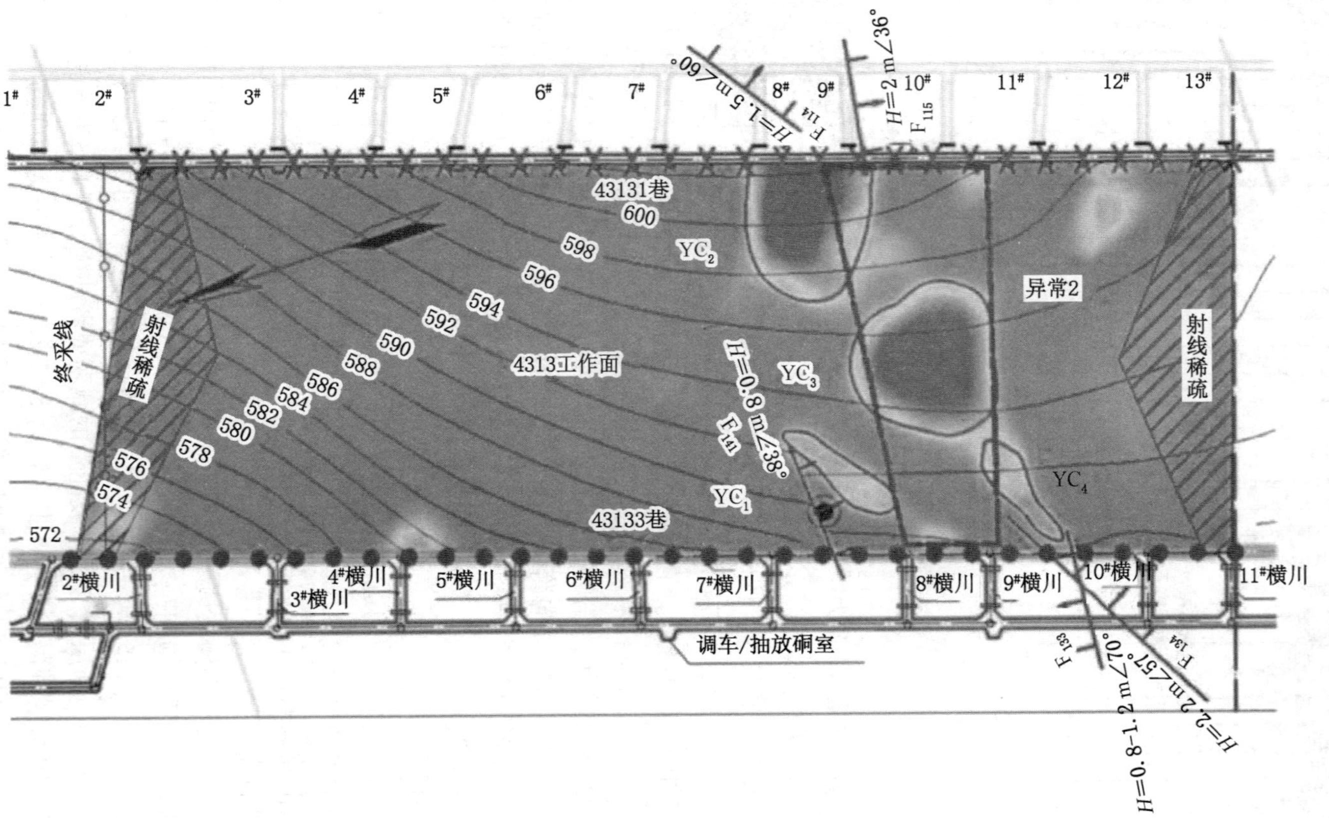

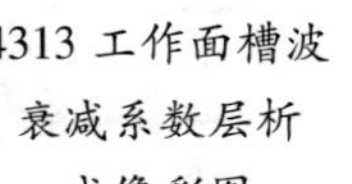

4313 工作面槽波衰减系数层析成像彩图

图 2－66　4313 工作面槽波衰减系数层析成像图（据邰振华、丁宝国，2022）

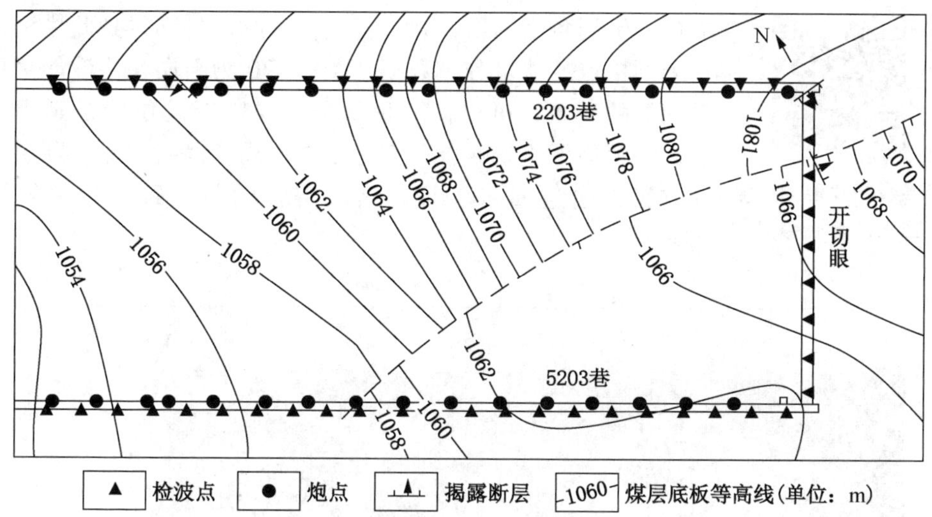

图 2-67　8203 工作面槽波透射法探测施工布置示意图（据刘志新、刘树才，2016）

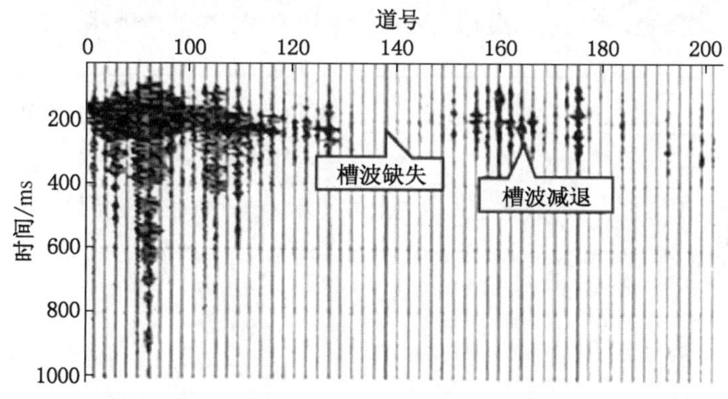

图 2-68　S50 炮透射槽波记录（据刘志新、刘树才，2016）

S50 炮频散分析彩图

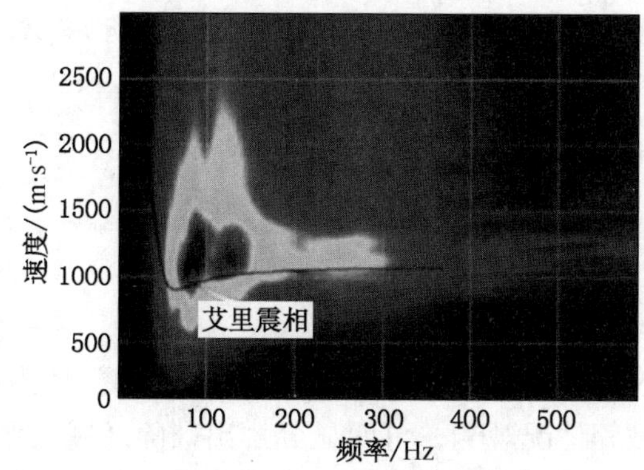

图 2-69　S50 炮频散分析（据郜振华、丁宝国，2022）

断层在槽波能量成像图上的反映彩图

能量分配到各个网格，并进行迭代求解，最终得到此模型上每个网格点的能量分布数据。图 2－70 为断层在槽波能量成像图上的反映，可以清楚地解释每条断层的位置及延展长度，共解释了 4 条断层，修正了根据局部揭露的原有断层解释方案，通过回采验证，槽波解释的断层跟区域揭露的吻合。

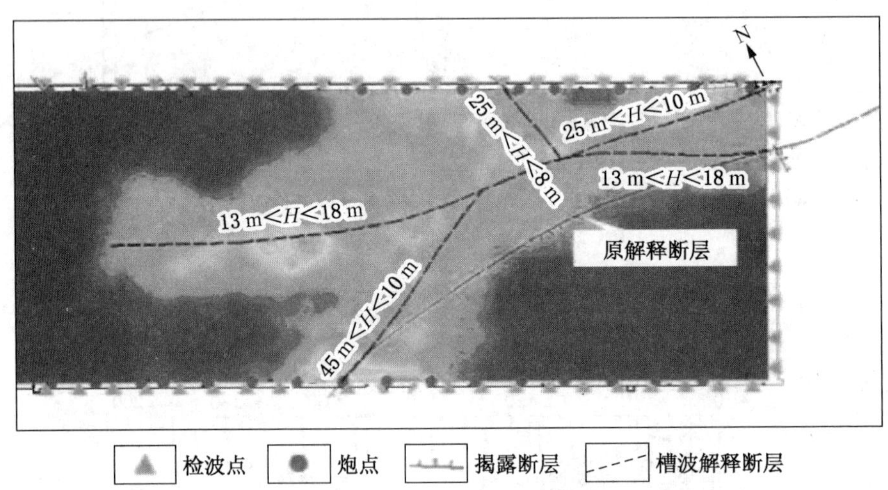

图 2－70　断层在槽波能量成像图上的反映（据郜振华、丁宝国，2022）

思考与练习

1. 槽波的基本类型及特征分别是什么？
2. 槽波地震勘探的基本方法有哪几种？其适用性如何？

任务七　矿井透明可视化新技术

知识学习

一、钻孔电视

矿用钻孔电视仪近年来在煤矿的应用逐渐增多，主要是用于巷道的冒落带高度探测、钻孔覆岩破碎情况观测，可明显分辨出破碎区域大致范围。

钻孔电视主要由地面部分和井下部分组成。地面部分包括控制器、电脑、三脚架、绞车、滑轮和深度计数器；井下部分包括摄像探头和电缆，摄像探头由 CCD 摄像机、LED 灯、玻璃罩和锥形镜组成。

钻孔孔壁经LED光源照亮，CCD摄像机摄取由锥形镜反射的孔壁图像，图像信息经电缆传送至控制器和电脑。整个采集过程由图像采集控制软件系统完成，此系统把采集的图像展开和合并，记录在电脑上。

安装在探头内的数字罗盘用来标定图像的方位，一般把测试地点的磁北经磁偏角校正后的真北设为0°，顺时针方向角度增加。对钻孔孔壁的信息采集后，形成两种孔壁图像资料，一种是称为数字岩心的图像，它是对孔壁图像进行数字合成，使它看起来类似于岩心。岩心可以自由旋转，这样就可以在任意角度来观察岩心；另一种是360°展开图，相当于把孔壁的图像剖开并摊开。所有的解释都基于对这两种图像的观察及计算。

钻孔电视资料的解释主要是对裂隙或不连续面的解释，包括裂隙的埋深、倾向、倾角、宽度、裂隙面的粗糙度、充填物等性质。

某矿S402瓦斯巷起坡190 m后掘平巷绕道10 m处碛头钻孔电视仪探测结果如图2－71所示。由于推进过程中镜头前方堆积钻屑以及钻孔中有水，钻孔探测深度为14.3667 m。

探测结果：①钻孔深度2.1 m和2.4 m处，孔壁存在小孔/裂隙；②钻孔深度2.6～3.3 m段，孔壁裂隙延伸；③钻孔深度5.8 m处，孔壁存在明显孔隙，尺度0.1 m；④钻孔深度9.3～9.5 m段，孔壁存在明显裂隙；⑤钻孔深度10.3～10.6 m段，孔壁存在明显裂隙/缝，可与钻孔雷达探测结果分析异常区域对应；⑥钻孔深度11.4 m处，孔壁存在小孔隙；⑦钻孔深度12.6 m处，孔壁存在小孔/裂隙；⑧钻孔深度12.9～13.5 m段，孔壁存在明显裂隙延伸。

综合分析：在钻孔探测深度9.3～13.5 m、距钻孔壁0.5～7.5 m范围区域，两种方法的探测结果均显示该区域存在地质异常体（孔/裂隙构造），建议在掘进时做好相应的防治措施。在探测后期，根据打通一矿井下S402瓦斯巷起坡190 m后掘平巷绕道10 m处碛头掘进施工记录情况，在掘进至前方13.5 m位置的时候确实存在一个较大的裂隙，与前期的探测结果吻合。并且前期施工超前探孔时，在钻至13 m左右出现了轻微的瓦斯超限，该深度数据与本次的探测结论相符。

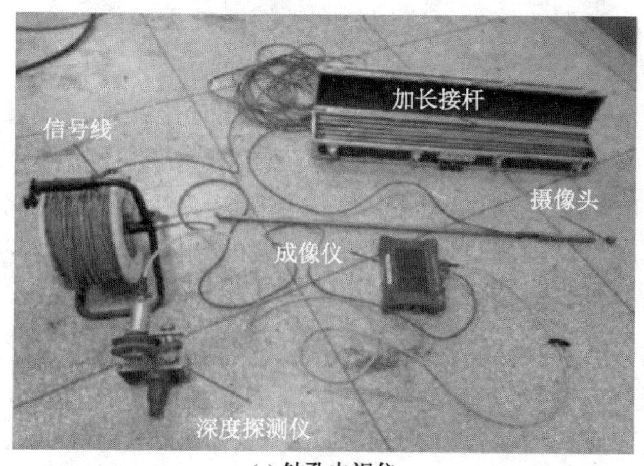

(a) 钻孔电视仪

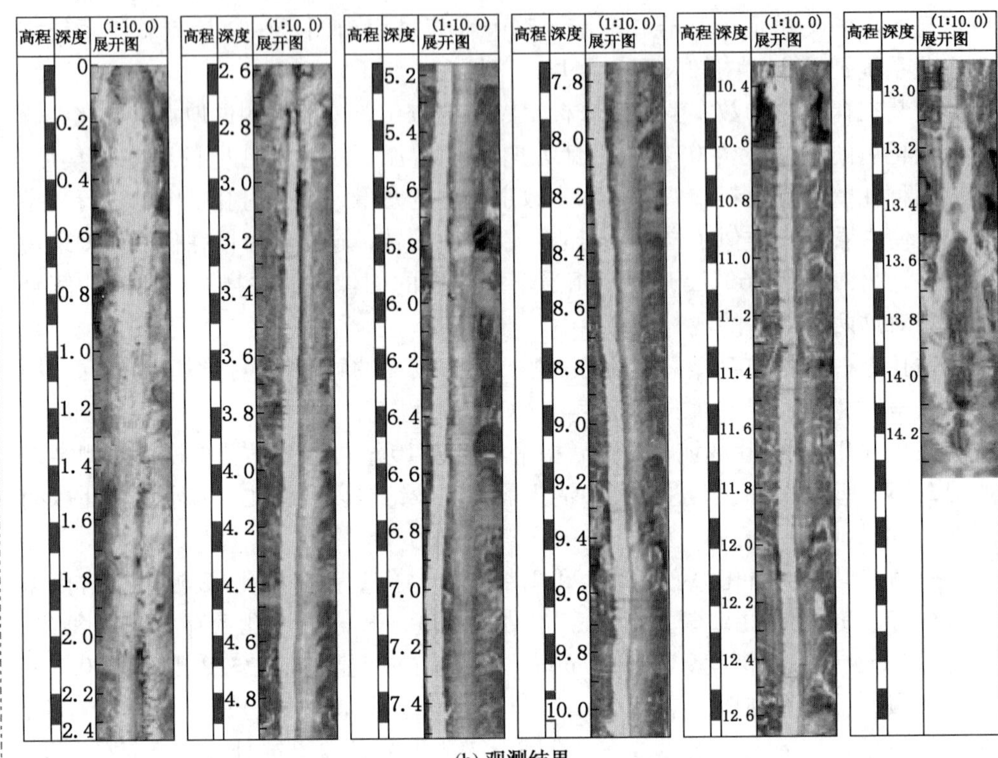

(b) 观测结果

图 2-71 钻孔电视仪及观测结果（据王培等，2021）

二、钻孔地质雷达

地质雷达是一种广泛运用于实际生产中的地质测量技术，它通过发射不同频率的电磁波并接收其反射回波，通过对反射回波的时间和信号的强弱来推测地下地质体的分布及变化情况。目前，钻孔地质雷达探测技术在探测煤炭矿脉及其位置、大型地下空洞和裂缝等方面应用较多，探测效果较好。

1. 地质雷达基本技术

过去，勘探水文地质、重大地质灾害调查耗时长，观测效果差，事后还需回填修复。如今，煤矿技术员运用地质雷达新技术，根据接触的介质不同，地质雷达所发射的高频电磁波会产生不同反射，经电脑计算合成可视化波形图，依据地质雷达探测报告所提供的不良体数据信息，及时制定相应的处理措施，不仅减少了地质灾害的形成，更降低了不良地质灾害发生的频率，一定程度上保障了人民财产和煤矿生产的安全。

一般的地质雷达勘查技术是采用地质雷达与钻探相结合的方法来进行施工勘查，为了提升其勘查精度，需在勘查后期对相关地层进行钻掘勘查。地质雷达方法是基于电磁波在不同介质中的传播特性而被提出的，不同的地质体（物体）

具有不同的电性，当发射天线发射的高频电磁波遇到介电常数不同的界面时都会产生反射回波，并根据接收天线接收到反射回波的时间和形式来确定反射界面的距离，以判定反射体的可能性质。反射信号的强度主要取决于上、下层介质的电性差异，电性差越大，反射信号越强。雷达波的穿透深度主要取决于地下介质的电性和波的频率，电导率越高，穿透深度越小；频率越高，穿透深度越小。

2. 地质雷达的预警原理

现有的研究成果表明，煤矿的稳定性与其变形规律有着直接的联系，准确掌握煤矿的实时变形情况是进行滑坡预警的基础。大量的滑坡资料表明，煤矿从开始变形到最终崩塌可分为三个阶段，即减速变形阶段、匀速变形阶段、加速变形阶段。在煤矿的实践应用中，地质雷达一般采取 24 h 不间断运行，每 2 ~ 10 min 采集 1 次监测数据，然后通过无线通信系统传输到调度室的终端计算机，最终利用监测软件计算出煤矿的位移值、速度值，生成相应的位移云图、位移曲线及速度曲线。通过观察位移云图和分析位移、速度曲线的变化规律，能够直观、快速地掌握监测区域内煤矿的变形情况，及早地发现潜在的危险区域，从而有针对性地编制地质雷达监测预警方案，为煤矿的突发地质灾害应急预案提供技术依据。地质雷达拥有一套可靠、有效的应急响应机制，可以提前发出滑坡预警，使坑下人员及设备有充足的时间撤离到安全区域。其预警原理是地质雷达通过计算得到煤矿的位移值、速度值，同时根据煤矿的岩性特征和历史经验设置一定范围的报警值，即临界阈值。当煤矿的变形达到预先设定的报警值时，就会触发临滑警报，通过分析位移、速度曲线是否符合典型滑坡累积位移—时间变化曲线的相关特征，确认临滑警报的真实性，确认后应立即启动地质雷达的应急响应机制，发布临滑预警指令。并根据检测报告的不良体信息，及时制定相应的回填处理、钻孔注浆处理等不同的支护措施，提前预防煤矿塌陷事故的发生，以确保煤矿的生产安全。

三、随采随掘地震监测技术

随采随掘地震监测技术是以掘进机、采煤机在生产作业中切割煤层产生的振动信号为原始数据的物探方法，通过构建井下监测系统，动态监测掘进巷道前方与侧前方、回采工作面内的地质灾害体，真正意义上实现了探采结合，这一优势可大幅度推进煤矿智能化建设。

1. 随采地震监测技术

煤矿井下随采地震监测技术（Seismic While Mining，SWM）是指利用采煤机截割煤壁时所诱发的振动作为被动地震震源，通过在回采面两侧巷道煤帮布设随采传感器接收实时信号，利用地震勘探数据实时处理和动态成像技术，动态监测工作面内部煤层中断层、陷落柱、煤层变薄区等静态地质条件，并对监测工作面煤层顶板破碎带、应力集中区、突出危险区等动态灾变条件进行监测预警，为煤矿智能无人安全开采提供数据支撑。随采地震监测技术原理如图 2 – 72 所示。

2. 随掘地震监测技术

煤矿生产过程中掘进机截割头切割煤层产生随机性的地震波，由于在诱发震

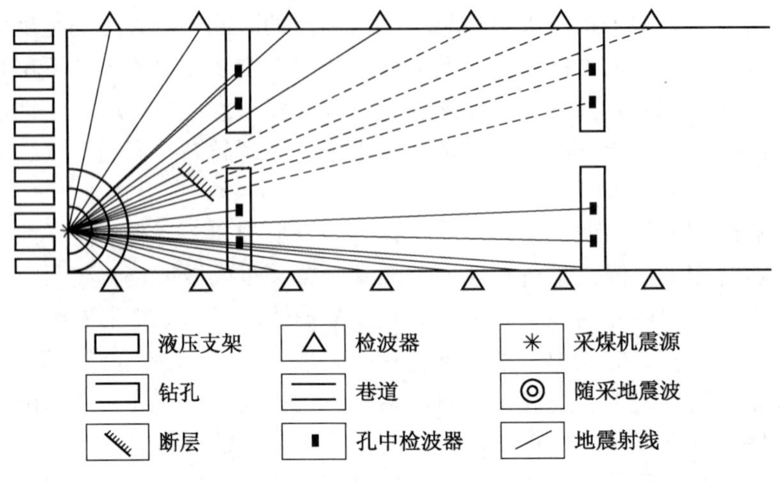

图 2－72　随采地震监测技术原理示意（据关奇等，2022）

源位置重复切割、相互干涉导致形成超前地震波，向前方和侧方传播，安装在掘进巷道的传感器长时间连续采集超前地震波在遭遇前方地质异常体后产生的回传波（反射波）和直达波。随掘地震监测技术原理如图 2－73 所示。

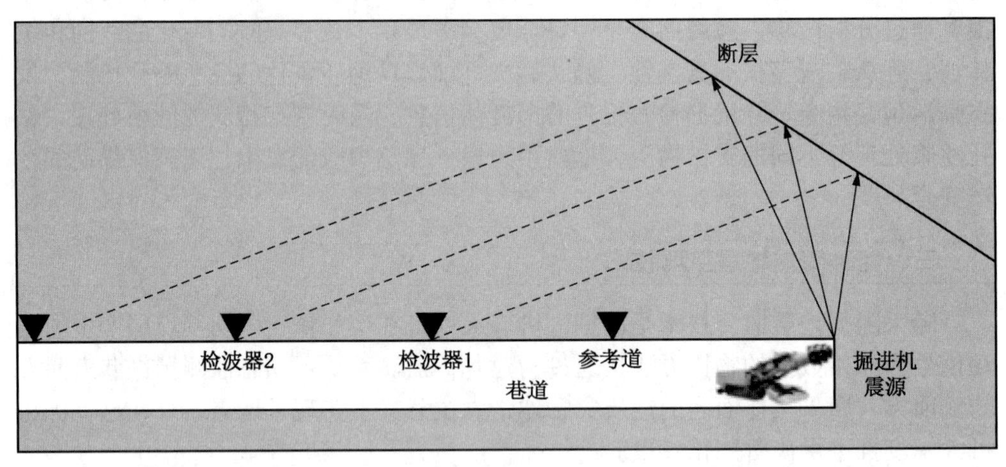

图 2－73　随掘地震监测技术原理示意（据关奇等，2022）

随采及随掘地震监测技术以掘进机切割煤壁产生的振动信号或采煤机割煤时激发的信号作为震源信号，解决了炸药震源应用受限的弊端。利用地震勘探数据实时处理和动态成像技术，实现对煤矿井下掘进工作面前方地质构造的精细探测，并对回采面未回采区域煤层中断层、陷落柱、煤层厚度变化等地质构造提前预测预警，预测预报采掘形成的突变危险区、应力集中区、顶底板破坏区等动态灾变因素，为煤矿智能化开采装上了一双“千里眼”。随采地震监测和随掘地震

监测两种技术属于长期实时动态监测技术，与传统矿井地震勘探最大的区别在于，可对动态监测采掘工作面内构造分布情况及应力变化程度，实时更新监测结果，实现对工作面静态地质模型进行优化、刷新，形成递进式的工作面透明化技术。

四、钻孔轨迹测量技术

煤矿对所施工的钻孔空间轨迹控制的要求越来越高。钻孔施工过程中，由于地球引力、岩层因素以及工艺技术等方面的影响，实际钻孔轨迹都存在偏离设计轨迹的现象。因此，如何精确测量钻孔轨迹是一项需要攻克的难题。

目前钻孔轨迹测量主要有三种技术方法，分别为全方位钻孔测斜技术、随钻钻孔轨迹测量技术、无线电磁波随钻钻孔轨迹测量技术。

1. 全方位钻孔测斜技术

此技术只能在钻孔打完退钻之后，连接在钻杆前面通过钻杆推送进孔里进行轨迹测量。由于探管外径达到 45 mm，所以碰到钻孔孔径小于 45 mm 的钻孔或者塌孔的情况就不能进行轨迹测量，且由于需要重复送钻，降低了工作效率。但不会掉钻，对设备的损耗也较小，安全性能高，使用成本也低。

YHQ－X(C) 方位钻孔测斜仪主要由全方位钻孔测斜仪同步机与全方位钻孔测斜仪探管以及它们之间的通信线组成。探管主要由采集单片机、倾角和测向传感器、存储器、通信接口及电源电路等组成；同步机由单片机、键盘、显示器、存储器、通信接口及电源电路等组成。探管的主要功能是采集传感器电信号，并将采集的数据存储到存储器中；同步机的主要功能是向探管发送命令和数据处理。

2. 随钻钻孔轨迹测量技术

此技术适用于钻孔边打边测量，打钻之前将设备装在钻头后面即可。打钻完成之后退出钻杆即可现场看到钻孔轨迹，不影响打钻进度，工作效率高。

YZG7 矿用钻孔轨迹仪是随钻钻孔轨迹测量专用装备，它由控制器与探管配套组成。控制器与探管连接，实现控制器与探管间的时间同步和数据传输。主要用于煤矿井下钻孔测量、数据采集、通信、处理及存储，可实时显示数据及图形。

3. 无线电磁波随钻钻孔轨迹测量技术

此技术运用电磁波信号传输的方式，通过钻杆与接地线之间形成电势回路，通过地层传输到孔口之后被接收。目前主要用在定向钻机上，取代了传统的定向钻机上测量系统的数据传输需要依赖通缆钻杆的弊端，使用普通钻杆即可，极大地降低了打钻的成本。此技术可实时显示钻孔轨迹并通过调整工具面向角随时调整钻孔钻进轨迹。参数的实时显示可以指导工作人员及时修正钻孔的位置和方法，提高了钻孔的质量，实现实时监测钻孔质量，免去了对钻孔进行质量检测的工作，节省了大量的人力和物力，使得钻孔的工作效率和经济效益得到提高。

电磁波的测量方法是：孔里仪器将测量的孔底参数加载到载波信号上，载波信号用低频电磁波，测量信号随载波信号由电磁波发射器向四周发射，电磁波经

过地层、钻杆传输到孔口。孔口检波器接收电磁波载波，并将检测到的电磁波进行信号卸载和解码、计算，得到实际的测量数据。

无线电磁波随钻测斜仪主要用于钻孔施工过程中的钻孔倾角、方位角、工具面向角等参数的监测，同时可实现钻孔参数、钻孔轨迹的即时显示。便于施工人员随时掌握钻孔施工情况，并随时调整钻进工艺参数，使钻孔尽可能按照设计轨迹延伸。

电磁波随钻测量具有以下优点：①准确测量孔底参数和钻孔轨迹（钻孔参数包括倾角、方位角、工具面角等）；②电信号传输速度快，将测量的相关地层、钻孔的参数实时传输到孔口，便于技术人员迅速做出决策；③利用所测得的地质参数信息和空间位置信息，实时修正孔底钻压、扭矩和工具面角等钻孔参数，从而控制钻孔轨迹的走向；④不受钻孔液类型的限制，在液体、气体钻孔液中都可以进行信号传输。

思考与练习

1. 简述钻孔电视技术探测的基本方法。
2. 简述随采、随掘地震监测技术的基本原理。
3. 简述钻孔轨迹测量的基本方法。

拓展与应用

向地球深部进军，引领物探技术新发展

2016 年 5 月，习近平总书记在全国科技创新大会上提出：向地球深部进军是我们必须解决的战略科技问题。我国政府第一次把“深地”提升为国家战略科技。《中华人民共和国国民经济和社会发展第十四个五年规划和 2035 年远景目标纲要》提出，要瞄准人工智能、量子信息……深地深海等前沿领域，实施一批具有前瞻性、战略性的国家重大科技项目。《“十四五”国家科技创新规划》明确指出，深地探测是国家战略科技力量建设的重要方向之一，需要集中优势资源进行科技攻关，以实现在深地探测领域的重大突破。

地球深部探测是一项涉及多学科的复杂工程，地球物理勘探作为地质勘探开发的前哨，承担着提供精准地下地质资料、服务勘探开发的职责。工欲善其事，必先利其器。向地球深部进军，急需探向地球深部、揭开深部奥秘的“武器”。地球物理探测技术装备就是其中之一。一批中国科学家为此呕心沥血，至诚报国，黄大年就是其中的典型代表，他先后担任国家深地计划中“深部探测关键仪器装备研制与实验”项目和 863 计划“高精度重力测量技术”项目科研重任，主要研究大功率和大深度探测能力的深部地球物理探测仪器、大面积和高效率航空无人机探测系统，高集成工艺和超大深度钻探装备以及针对海量多类型数据的移动平台综合地球物理资料处理和解释软件系统等方面，攻克地球物理仪器和装

备研发过程所面临的核心技术，提高我国地球深部探测能力和水平，为祖国巡天探地、潜海铺路锻造利器。2016 年 6 月 28 日，中国地质科学院地球深部探测中心，黄大年作为首席科学家主持的地球深部探测关键仪器装备项目正式通过评审验收，专家组一致认为，项目总体达到国际领先水平。这意味着我们用 5 年时间走完了西方发达国家 20 多年的路程。中国从此进入深地时代。2024 年 9 月 13 日，黄大年获得“人民教育家”国家荣誉称号。

经过多年攻关，中国科学院地质占地球物理研究所也拿出 8 套探测“利器”，为国家“地下 4000 米地球透明计划”奠定技术基础。这些深部资源探测装备分别是：卫星磁测载荷、航空超导全张量磁梯度测量装置、航空瞬变电磁勘探仪、探矿重力仪、多通道大功率电法勘探仪、金属矿地震探测系统、深部矿床测井系统和组合式海底地震探测装备。

长期以来，我国大型物探装备和核心软件几乎全部依赖进口，面临技术垄断风险。如今，我国在深部探测装备技术领域有了重大突破，多项指标达到国际水平，为我国能源安全保障体系提供强有力技术支撑。

教学单元三　地质勘测数据应用

项目一　数据库基础知识

学习要点

1. 掌握数据库的基础概念及数据库的建立标准过程；
2. 了解地质数据库；
3. 掌握地质数据库的特点。

任务一　数据库的基础概念

知识学习

一、数据库的产生

数据是描述客观事物及其活动的并存储在某一种媒体上能够识别的物理符号。信息是以数据的形式表示的，数据是信息的载体，分为临时性数据和永久性数据。计算机可把所有信息如文字、数字、符号组成的文件及曲线、几何图形、图片，甚至声音都存储起来，并转换成计算机能识别的字符串或位串，予以存储、传送和运算。这为迅速处理大量数据提供了可能。大容量存储设备——磁盘又为存储大量数据提供了物质基础。但文件系统还存在问题，不适应信息处理的需要，主要问题有三个方面。

（1）数据的冗余度太大。因为文件系统是根据应用程序的需要建立的，当应用程序所需要的数据有许多部分相同时，也必须建立各自的文件，即数据不能共享，因此造成大量的数据重复。这既浪费了大量的存储空间，也使得数据的修改变得十分困难，很容易造成数据的不一致，降低了数据的正确性。

（2）数据的应用程序过分地相互依赖。因为文件系统完全是根据具体的应用程序的需要建立的，数据的逻辑结构是对该应用程序优化的，其存储的物理结构与其逻辑结构是一致的，要想对现有的数据进行一些新的应用很困难，而且数据的结构需要修改，应用程序也必须相应地修改。反之，应用程序的改变也将影

响到数据结构的改变，使得数据使用不便，数据缺乏独立性。

（3）对数据缺乏统一控制和管理的应用程序的编制相当烦琐。而且对数据的正确性、安全性、保密性等缺乏有效且统一的控制手段。

数据库系统正是为解决文件系统的不足，在文件系统的基础上发展起来的一种理想的数据管理技术，用来满足日益发展的数据处理的需要。因此数据库系统要使数据在统一的控制下，实现数据的共享，同时使应用程序与数据尽可能地相互独立，使应用程序不但较少地依赖于存储介质的种类及数据的物理结构，当数据修改时要求应用程序作较大的改变。同时在数据库技术中，提供了对数据的安全性、完整性、保密性进行统一控制的数据库管理系统。

二、数据库的特点

数据库系统是实现有组织地动态地存储大量关联数据、方便多用户访问的计算机软硬件资源组成的系统。它与文件系统的重要区别是数据的充分共享、交叉访问与应用程序的高度独立性。换句话说，数据库是存储在一起的相关数据的集合，这些数据无有害的或不必要的冗余，为多种应用服务；数据的存储独立于使用它的程序，数据被结构化；对数据库插入新数据、修改或检索原有数据都能通过数据库管理系统按一种公用的和可控制的方法进行。这些特点为应用研究提供了基础。

数据库技术是建立在全局数据模型上，故各用户对数据的存取与控制统一由数据库管理系统执行，而文件管理系统对数据的管理是独立地以文件为单位进行的。由于数据库技术加强了统一管理，在使用时 CPU 的开销比单一文件系统要大。在各个模式之间的转换需要一定开销、同时对数据记录进行检查时，需要一个寻找、检索的过程，因此也要多花一些开销。

在信息化社会，充分有效地管理和利用各类信息资源，是进行科学研究和决策管理的前提条件。数据库技术是管理信息系统、办公自动化系统、决策支持系统等各类信息系统的核心部分，是进行科学研究和决策管理的重要技术手段。

数据库系统（DBS）包括 5 部分，分别为硬件系统、数据库集合（DB）、数据库管理系统（DBMS）及相关软件、数据库管理员和用户（专业用户和最终用户），并需要操作系统的支持。

数据库系统的特点是数据结构化，共享性高、冗余度低、易于扩充，独立性强（物理独立性和逻辑独立性），数据由数据库管理系统（DBMS）统一管理和控制。三级模式（概念模式、内模式和外模式）和二级映射（外模式/概念模式的映射、概念模式/内模式的映射）构成了数据库系统的内部的抽象结构体系。内模式又称物理模式，给出了数据库的物理存储结构与物理存取方法；概念模式是数据库系统中全局数据逻辑结构的描述，是全体用户的公共数据视图，主要描述数据的概念记录类型以及它们之间的关系，还包括数据间的语义约束；外模式也称子模式或用户模式，它是由概念模式推导而出的，在一般 DBMS 中提供相关的外模式描述语言（DDL）。

思考与练习

1. 数据库的产生背景是什么？
2. 数据库具有什么样的特点？

任务二　数据库的建立标准过程

知识学习

数据库的建设过程主要包括用户需求分析，概念结构设计，逻辑结构设计，物理设计，实施、运行、维护几个步骤，建设过程如图3－1所示。

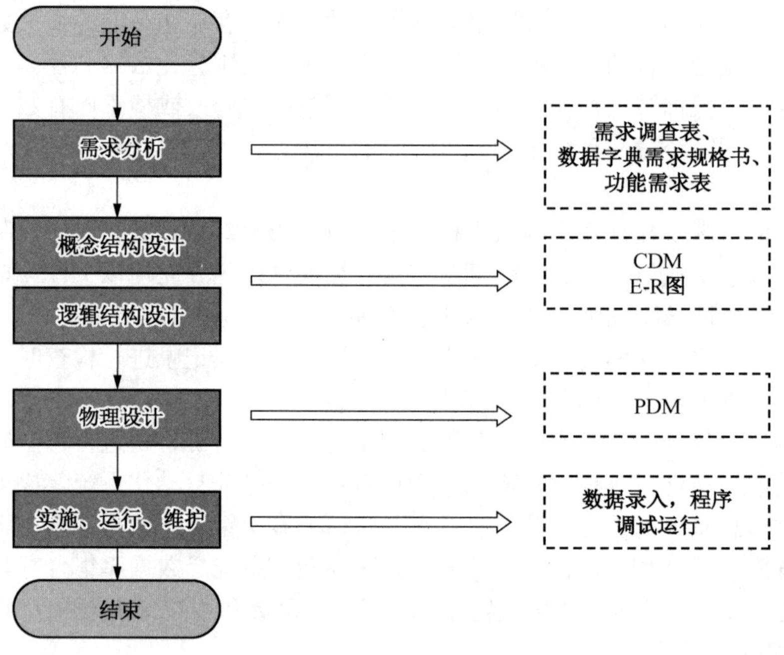

图3－1　数据库建设过程

一、需求分析阶段

建立数据库首先要进行用户需求分析，需求分析阶段综合各科学数据用户的应用需求，形成标准的需求调查表、数据字典需求规格书、功能需求表。需求分析阶段可以分为以下两个步骤。

（1）需求调查。数据信息来源包括分析系统需求分析报告书、组织调查会和咨询业务专家等。

（2）内容分析。主要包括需求收集和分析，结果得到数据字典描述的数据

需求和数据流图描述的处理需求，见表 3 – 1、图 3 – 2。

表3－1 数据字典标准模式

数据项	数据项含义	数据类型	长度	取值范围	可选性	注释

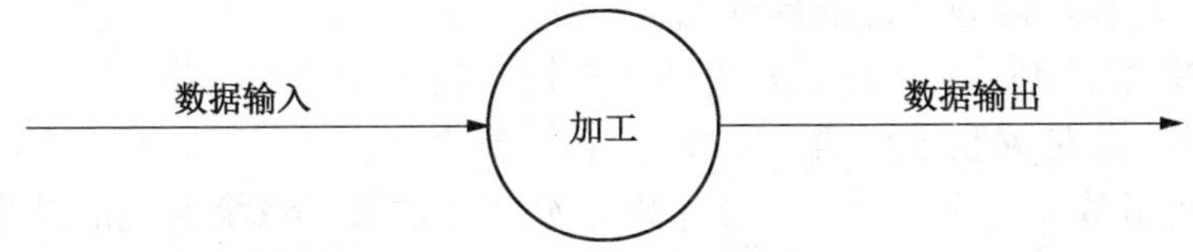

图3－2 数据流图的表达方式

二、概念结构设计阶段

概念结构设计阶段形成独立于具体的机器、独立于各个数据库管理系统产品的概念模式，用 E – R 图来描述。这个阶段的任务是确定建模目标，开发建模方案，组织建模队伍，收集数据资源，制定约束和标准。

1. 定义实体

找出潜在的实体，形成初步实体表，然后再进行必要的调整。满足下述两条准则的事物，一般均可作为属性对待。

（1）作为“属性”，不能再具有需要描述的性质。“属性”必须是不可分的数据项，不能包含其他属性。

（2）“属性”不能与其他实体具有联系，即 E – R 图中所表示的联系是实体之间的联系。

2. 定义关系

模型中只允许二元联系，n 元联系必须定义为 n 个二元联系。根据实际的业务需求和规则，使用实体联系矩阵来标识实体间的二元关系，然后根据实际情况确定出连接关系的势、关系名和说明，确定关系类型，是标识关系、非标识关系（强制的或可选的）还是非确定关系、分类关系。如果子实体的每个实例都需要通过和父实体的关系来标识，那么为标识关系，否则为非标识关系。非标识关系中，如果每个子实体的实例都与而且只与一个父实体关联，那么为强制的，否则为非强制的。如果父实体与子实体代表的是同一现实对象，那么它们为分类关系。即在这一步工作中确定任意有关联的两个实体之间的关系类型。

3. 定义属性

从源数据表中抽取说明性的名词开发出属性表，确定属性的所有者。定义非主键属性，检查属性的非空及非多值规则。此外，还要检查完全依赖函数规则和非传递依赖规则，保证一个非主键属性必须依赖于主键、整个主键、仅仅是主键。

4. 定义键

通过引入交叉实体除去上一阶段产生的非确定关系，然后从非交叉实体和独立实体开始标识候选键属性，以便唯一识别每个实体的实例，再从候选键中确定主键。为了确定主键和关系的有效性，通过非空规则和非多值规则来保证，即一个实体实例的一个属性不能是空值，也不能在同一个时刻有一个以上的值。找出误认确定关系，将实体进一步分解，最后构造出 IDEF1X 模型的键基视图，确定关系中的主键和外键等。键选择标准：

（1）键设计原则。为关联字段创立外键；所有的键都必须唯一；防止使用复合键；外键总是关联唯一的键字段。

（2）使用系统生成的主键。设计数据库的时候采用系统生成的键作为主键，那么实际控制了数据库的索引完整性。这样，数据库和非人工机制就有效地控制了对存储数据中每一行的访问。采用系统生成键作为主键还有一个优点就是当拥有一致的键结构时，找到逻辑缺陷很容易。

（3）不要采用用户可编辑的字段作键（不让主键具有可更新性）。在确定采用什么字段作为表的键时，务必小心用户将要编辑的字段。通常的情况下不要选择用户可编辑的字段作为键。

（4）可选键有时可作为主键，把可选键进一步用作主键，可以拥有建立强大索引的能力。

5. 定义索引

索引是从数据库中获取数据的最高效方式之一。95% 的数据库性能问题都可以采用索引技术得到解决。

（1）如果一个（或一组）属性经常在查询条件中出现，那么考虑在这个（或这组）属性上建立索引（或组合索引）。

（2）如果一个属性经常作为最大值和最小值等聚集函数的参数，那么考虑在这个属性上建立索引。

（3）如果一个（或一组）属性经常在连接操作的连接条件中出现，那么考虑在这个（或这组）属性上建立索引。

（4）逻辑主键使用唯一的成组索引，对系统键（作为存储过程）采用唯一的非成组索引，对任何外键列采用非成组索引。考虑数据库的空间有多大，表如何进行访问，还有这些访问是否主要用作读写。

（5）大多数数据库都索引自动创立的主键字段，但是可别忘了索引外键，它们也是经常使用的键，比方运行查询显示主表和所有关联表的某条记录就用得上。

（6）不要索引 MEMO（备注）字段，不要索引大型字段（有很多字符），这样做会让索引占用太多的存储空间。

（7）不要索引常用的小型表。不要为小型数据表设置任何键，假设它们经常有插入和删除操作就更别这样做了。对这些插入和删除操作的索引维护可能比扫描表空间消耗更多的时间。

6. 定义其他对象

定义属性的数据类型、长度、精度、非空、缺省值、约束规则等。定义触发器、存储过程、视图、角色、同义词、序列等对象信息。最后形成的概念模型用 E-R 图进行表示。

三、逻辑结构设计阶段

逻辑结构设计阶段将 E-R 图转换成具体的数据库产品支持的数据模型，如关系模型，形成数据库逻辑模式，然后根据用户处理的要求，平安性地考虑，在根本表的根底上再建立必要的视图形成数据的外模式。将概念结构转换为某个数据库管理系统所支持的数据模型（例如关系模型），并对其进行优化。设计逻辑结构应该选择最适合描述与表达相应概念结构的数据模型，然后选择最适宜的数据库管理系统，形成数据库文档。

关系模型的逻辑结构是一组关系模式的集合。E-R 图则是由实体、实体的属性和实体之间的联系三个要素组成的。所以将 E-R 图转换为关系模型实际上就是要将实体、实体的属性和实体之间的联系转换为关系模式，这种转换要遵循如下标准：

（1）一个实体型转换为一个关系模式，实体的属性就是关系的属性，实体的标识对应关系模型的候选码。

（2）一个 $m:n$ 联系转换为一个关系模式，与该联系相连的各实体的码以及联系本身的属性均转换为关系的属性，而关系模型的候选码为各实体标识的组合。

（3）一个 $1:n$ 联系可以转换为一个独立的关系模式，也可以与 n 端对应的关系模式合并。如果转换为一个独立的关系模式，那么与该联系相连的各实体的标识以及联系本身的属性均转换为关系的属性，而关系的码为 n 端实体的码。

（4）一个 1:1 联系可以转换为一个独立的关系模式，也可以与任意一端对应的关系模式合并。

（5）三个或三个以上实体间的一个多元联系转换为一个关系模式，与该多元联系相连的各实体的标识以及联系本身的属性均转换为关系的属性，而关系模型的候选码为各实体码的组合。

（6）同一实体集的实体间的联系，即自联系，也可按上述 1:1、$1:n$ 和 $m:n$ 三种情况分别处理。

（7）具有相同码的关系模式可合并。为了进一步提高数据库应用系统的性能，通常以标准化理论为指导，还应该适当地修改、调整数据模型的结构，这就是数据模型的优化。需确定数据依赖、消除冗余的联系、确定各关系模式分别属于第几范式、确定是否要对它们进行合并或分解，一般来说将关系分解为 3NF 的标准，即表内的每一个值都只能被表达一次。表内的每一行都应该被唯一的标识（有唯一键）。表内不应该存储依赖于其他键的非键信息。

对所有的快捷方式、命名标准、限制和函数都要编制文档，采用给表、列、触发器等加注释的数据库工具，对开发、支持和跟踪修改非常有用，对数据库文档化，或者在数据库自身的内部或者单独建立文档。

四、物理设计阶段

数据可以分为关系数据和非关系数据两大类。在物理设计阶段，根据数据库管理系统的特点和处理的需要，进行物理存储安排，设计索引，形成数据库内模式。数据库物理设计过程中需要对时间效率、空间效率、维护代价和各种用户要求进行权衡，其结果可以产生多种方案。数据库设计人员必须对这些方案进行细致的评价，从中选择出一个较优的方案作为数据库的物理结构。

评价物理数据库的方法完全依赖于所选用的数据库管理系统，主要是从定量估算各种方案的存储空间、存取时间和维护代价入手，对估算结果进行权衡、比较，选择出一个较优的合理的物理结构。如果该结构不符合用户需求，则需要修改设计。

物理设计当中在遵循数据库设计范式的根底之上，规定科学数据库建库时除数据库设计所遵循的范式外的一些适用标准：所有数据记录都要有 ID 序列字段，ID 号由数据库自动生成，以标识记录。所有记录都要有“更新时间”字段，记录标识数据更新情况。

对于主明细表结构，设计对应的视图将两表连接用于查询。可以取消主外键关联，通过对应的程序来维护数据一致性。类别和状态的多项选择，多项选择分为必选（1.. *n*）和可选（0.. *n*）。如是必选，在设计时要有说明，在程序实现中应有控制和检查。两个可选的类别或状态表可以合并为一个表，再与引用此表的主表形成多对多的关系。

五、实时、运行、维护

运用数据库管理系统提供的数据语言（例如 SQL）及其宿主语言（例如 JAVA），根据逻辑设计和物理设计的结果建立科学数据库。编制与调试应用程序，组织科学数据入库，并进行试运行。SQL 关键词全部大写，比如 SELECT、UPDATE、FROM、ORDER、BY 等。

数据库实施工作主要包括用 DDL 定义数据库结构、组织数据入库、编制与调试应用程序、数据库试运行。建立或者修订数据库之后，必须用用户新输入的数据测试数据字段。建库过程的每一步都是对其前一步骤的检验，对于发现的错误或偏差需要进行及时的评估，并进行修正完善。对由于数据库的设计而在应用当中所造成的不良影响及出现数据误差等现象进行修改、更新、完善。

所有的 sql 语句都要进行性能分析和压力测试，并且需要提交测试报告。数据库应用系统经过试运行后即可投入正式运行。在数据库系统运行过程中，必须不断地对其进行评价、调整与修改，定期提交运行监测报告，包括数据库的转储和恢复，数据库的平安性、完整性控制，数据库性能的监督、分析和改良，数据库的重组织和重构造。

思考与练习

1. 数据库的建设过程包括了哪几个阶段？
2. 数据可以分为哪两大类？

任务三　地质数据库的基础知识

知识学习

一、地质数据库的主要内容

在地质的日常工作中，常常需要把某些相关的地质数据放进数据“仓库”，并根据管理的需要进行相应的处理，这样的地质数据“仓库”就叫作地质数据库，例如，我们将测量导线点的数据、煤层厚度相应的数据、构造数据等众多地质常用数据存储起来形成的地质数据库。地质数据库可以实现用户的共同输入、共同使用，并易于管理和调取。

我国地质领域数据库的建设有近 40 年的历史，地质数据库通常包括主体数据与辅助数据。主体数据是数据库的核心部分，辅助数据可能包括元数据、过程数据以及数据库设计技术文档、工作日志、质量监控文档及成果报告等相关文档数据。数据库内容与覆盖范围具体要求如下。

（1）数据库概述应首先给出主体数据的所属领域（或专题）、类型以及空间与时间的覆盖范围。对于由多领域、多层次、多类型以及不同阶段的数据组成的数据库应对其组成逐一给出描述。多领域通常指区域地质、矿产地质、水文地质、工程地质、环境地质、地球物理、地球化学、遥感、地质资源及海洋地质等；多层次可能涉及国家、大区、省等不同的空间范围；多类型可能涉及基于几何特征的空间数据、不包括几何特征的属性数据以及包括格网、视频、音频与文本等非结构化数据；不同阶段的数据指原始数据、过程数据以及成果数据等。

（2）数据库概述的内容主要用文字描述，必要时，也可采用文字加图形的方法描述。

矿井地质数据的建立目的是将地质数据与工程数据进行深度融合，采用地质数据推演、地质数据多元复用、地质数据智能更新等方法，研究建立实时更新的地质与工程数据高精度融合模型，实现矿井地质信息的透明化。推广智能采掘工作面的随采智能探测、随掘智能探测与监测的技术装备，鼓励积极研发应用智能钻探、智能物探、智能探测机器人等新技术与新装备，形成以静态为基础，融入自动更新的高精度动态地质模型。

地质数据管理系统是以地质、物探、钻探、采掘、测量和水文监测等数字化信息为支撑，构建统一的综合地质信息数据库，支持 C/S、B/S 架构的空间信息可视化，具备空间数据、属性数据以及时态数据的存储、转换、管理、查询、分

析和可视化等功能，实现煤矿生产过程地质信息的高效管理和数据共享。

二、地质数据库的发展阶段

常见的矿井地质数据库包括矿井静态地质数据库和动态地质数据库，静态地质数据库是查明和把握原始地质状态，而动态地质数据库则是对变化地质信息的监控和动态预测。我国地质条件的透明化研究发展过程大致可以分为三个阶段。

第一阶段是基于钻探数据作为建模的依据。根据钻孔中揭露的实际的煤层、岩层及构造的情况，将区域钻孔数据还原空间形态和距离，对于相同的岩层、煤层及构造连接形成立体分析，进行三维建模实现煤矿地质条件的透明化。主要基于钻孔数据建立三维空间数据库、实现三维曲面绘制、三维地质体动态显示、平面图与剖面图的自动绘制、地质信息查询、煤矿虚拟环境的建立等。

第二阶段是基于物探数据作为建模的依据。利用三维地震勘探、瞬变电磁等多种手段得到的探测数据进行三维可视化处理，实现煤炭采掘地质条件的透明化，不但可以提高地球物理探测结果的解释精度，同时也实现了三维地质数据体、地质层位以及复杂地质模型的三维可视化。

第三阶段是基于多源数据的综合地质建模研究。该阶段主要进行高精度、透明化采掘工作面的构建和动态更新，满足煤矿智能精准开采的地质条件需求。在钻孔和物探数据的基础上，加入 DTM/DEM 数据、遥感数据、点云数据、水文孔等多源数据构建 3D 地质模型，采用从地面探测到井下探测、由地质预测到采掘反馈、由静态探测到动态探测的技术路线，综合运用物探、钻探、采掘工程等多种地质数据，构建了不同勘探、采掘阶段的三维地质模型。

三、地质数据库管理与建模

1. 数据管理方法

应根据数据库的设计，说明所采用的数据管理方法。地质数据库的数据管理可采用文件、关系数据库及扩展的关系数据库三种管理方法。

基于要素几何特征的空间数据，主要采用扩展的关系数据库管理方法；不包括几何特征的结构化属性数据，主要采用关系数据库管理方法；CAD 制图数据影像、栅格、视频、音频与文本等非结构化数据，既可采用文件管理方法，也可采用扩展的关系数据库管理方法。

以文件管理方法管理的非结构化数据，在关系数据库中记录相关属性及数据体的文件名。数据体本身以文件形式进行存储管理，用文件名调用。以扩展的关系数据库管理的非结构化数据主要采用大对象等复杂数据类型，在相应的数据库管理系统中直接管理。

2. 数据建模方法

对于采用数据库管理方法管理的数据，应给出建模方法说明。地质数据的建模方法主要包括两种：第一种是基于要素几何特征的空间数据与非结构化属性数据，主要采用对象关系建模（如地理数据库建模）方法；第二种是不包括几何特征的结构化属性数据，主要采用实体关系建模方法。

思考与练习

1. 地质数据库的覆盖内容包括哪些？
2. 地质数据库的建模方法包括哪些？

任务四　矿井地质体透明化实现

知识学习

通过对于地质数据进行地质体的三维建模与可视化融合基础的地理数据、钻孔数据、物探解译剖面数据，利用相关技术构建三维空间数据场，采用硬件技术实现立体化。高精度地质模型的建立，以三维地质静态模型为基础，不断融入煤矿生产过程中的实时、动态、高精度地质信息，实现三维地质模型的自动更新、规划切割、交互漫游、属性查询等。地质大数据云平台，具备数据分类、分析、挖掘、融合处理等功能，实现各系统之间数据的互联互通、融合共享和时空分析。

对于地质体三维可视化系统功能的研究很多，大致可以归结为下列功能。

（1）数据获取功能。包括城市数字景观、地形、地质、地球物理、地球化学、钻孔数据等地上、地表和地下的相关数据的采集，能输入一定格式的数据，并能对其进行管理。

（2）三维漫游功能。包括旋转、平移、缩放等操作。

（3）一般查询功能。即三维空间数据与属性数据的查询。

（4）表面模型的定义和生成及体积计算。

（5）地质体分层建模、单个地质层与多个地质层显示。

（6）断层构造面建模、显示。

（7）显示结果输出。

（8）用多个剖切面进行剖切。

（9）地质模型分析、矿产储量的统计分析、地质体填挖计算等。

（10）钻孔数据的剖面和平面图形显示和绘制。

（11）钻孔数据测井曲线绘制、分析。

（12）等值线自动生成、绘制与分析。

思考与练习

1. 在高精度地质模型的建立过程中，静态数据库与动态数据库是如何配合使用的？

2. 地质体三维可视化系统功能包括哪些？

拓展与应用

地质大数据云平台前沿“地质云 3.0”

“地质云 3.0”是由自然资源部中国地质调查局研发的国家地球科学大数据共享服务平台。自 2016 年以来，中国地质调查局持续推进信息化与地质调查业务深度融合，实现了从“地质云 1.0”到“地质云 3.0”的迭代升级，信息化建设作为新时代地质调查事业转型升级两大引擎之一，发挥的作用日益凸显。

“地质云 3.0”，按照地球系统科学理论，整合构建了多圈层、多专业、多要素的地球科学“一张图”大数据体系，包含了基础地质、能源矿产、水资源、土地资源、森林资源、草地资源、湿地资源、海洋地质、地下空间等 11 大类和近百个核心数据库，数据范围涉及地上与地下、陆地与海洋，精度从 1∶1200 万到 1∶1 万，同时还实现了大量重要原始数据的上云共享及重要动态监测数据的实时上云服务，为全社会提供权威科学的地球科学数据信息服务。

该平台在带动地质调查全行业加速数字化转型上也进行了积极探索。目前已经实现了全局 43 家单位节点全覆盖，接入 13 家省级、行业、高校节点，建成了高性能、高可靠、高弹性的信息化基础设施。对社会需求大的多种地质图空间数据库和地质灾害风险评估等数据开放了数据访问权限，提供了基于用户需求的个性化应用便利。

项目二　矿井静态地质数据库建模要素的主要内容

学习要点

1. 掌握静态地质要素的组成；
2. 了解矿井地质建模的原始钻探、物探要素的内容及建模要求；
3. 了解井下要素对于生产的影响。

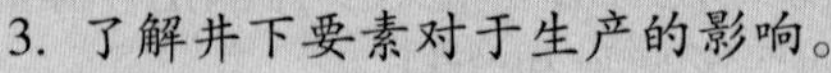

矿井静态地质要素主要是指原生静态地下空间地质条件，包括资源、构造、井巷等静态因素。对于矿井来说，矿井静态地质要素主要是指根据勘探阶段所得到的钻探、物探资料以及以往井巷生产过程所揭露的实际情况。根据这些静态地质要素可以建立井下的空间的模型，以实现已知地质要素的透明化。

矿井静态地质数据库是依据矿井地质基础数据建设而成的，用于展示基础地质信息，如在进行智能开采工作之前所积累的原始数据，包括原始地理数据、原始钻孔数据、原始物探解译剖面数据。将这些数据利用相关技术构建三维空间数

据场，采用硬件技术实现立体化，运用可视化技术揭示地下世界和地下空间地质特征数字模型，可为资源、构造、井巷等静态因素评价、浏览、计算等提供基础。在进行矿井地质建模过程中，主要需要建立原始钻探要素和原始物探要素。

任务一　原始钻探要素

知识学习

勘探阶段的钻孔数据主要是指在实现智能化开采之前所进行过的钻探工程的数据，钻探数据库建设过程中需要输入工程号、开孔坐标、最大孔深、轨迹类型、工程类型、勘探线、中段、开孔时间、终孔时间、矿区编号、编录员、勘探阶段、深度、方位角、倾角，另外还可以输入岩性数据［包括某区段范围的岩性代码、岩性名称、岩性描述、矿化强度、蚀变描述，以及化验表（包括区段的范围、样长、样号、分析元素、化验单位、化验员、时间等）］。

思考与练习

钻探数据库需要输入哪些内容？

任务二　原始物探要素

知识学习

物理勘探方法主要有地震法、电法、磁法、重力法等，在静态地质数据库建模过程中需要输入原始物探解译剖面数据，包括点位资料、层位划分及其属性。在透明地质系统建模中，物探数据和钻孔数据具有相同的作用。根据物性的差异提供地层的划分情况，表达地层具有相同的物理力学参数或位置，如地下煤层顶板底板、地下水位等值线信息。使用这些等值线数据，建模系统可以插值拟合地层面或断层面。

原始矿井生产地质数据库主要包括地面要素和井下地质要素两大部分，其中地面要素库包括矿区周边的水系、交通、建筑物、边界线、地表地形等要素；井下地质要素包括地层、构造、瓦斯、井下水文地质等要素。

一、地面要素

1. 水系要素

影响矿井生产的水系要素包含地表水和地下水两部分。

地表水是造成矿井水灾害事故中常见的主要灾害之一，如果防治不当而发生矿井水灾害事故，不仅会影响正常的生产，而且还会造成人员伤亡和财产损失。所以在进行地质要素数据库建立时，要明确地表水数据库，包括河流（含季节

性河流和干沟）、湖泊、水库、沼泽地等地面水系的位置、最大径流量等，要描述地表水的水系名称、特征点位置坐标、流域水量、主要水体成分等。

地下水主要指的是地下含水层，含水层指能够给出并透过相当数量水的岩体。这类含水的岩体大都呈层状，所以称为含水层，如砂层、砾石层等。含水层中的水会通过断层、裂隙等通道渗入到矿井生产工作面，会直接影响矿井安全生产。对于地下水描述，要描述含水层的地质年代、埋藏深度、含水量、水中元素组成以及邻近隔水层的性质等。

2. 交通要素

铁路和公路是矿井交通的主要途径，在地质系统中加入铁路、公路名称、位置和沿线长度，一方面可以展示矿区交通运输路线及站点位置，另一方面也为矿井留设保安煤柱提供依据。

3. 建筑物要素

建筑物要素主要包括居民点、学校、医院、政府单位、名胜古迹以及其他较为重要的构筑物。对于这些主要建筑物和构筑物的特征点进行采集建库，可以很好地展现地面和井下位置的对应关系。

4. 边界线要素

边界线要素包含矿井边界、采区边界、煤层露头线和风氧化带界线等，根据边界拐点的坐标连线，展示各边界要素。

5. 地表地形要素

对于矿井范围内地面的高低起伏情况，可以为三维井上下对照提供地面部分的对应关系。根据无人机航拍数据、地形图等，展布特征点，建立矿区地表环境三维模型。参考工业广场总平图，选择关键建筑物进行精细建模，确保模型位置准确。

二、井下地质要素

（一）地层要素

地层要素包括地层单位名称、地层单位符号、岩石名称、岩石颜色、岩石结构、岩石构造、生物组合、地层厚度、矿种，还包括所有地质界线、地层界线、变质地层界线、火山岩性界线、非正式地层单位界线、侵入岩界线及水体和断层界线等。

在地层要素建立的过程中，要重点建设煤层要素，包括煤层名称（编号）、煤种、厚度、产状、底板标高等要素要尽量精确。对于标志层，选取时应当具有所含化石和岩性特征明显、层位稳定、分布范围广、易于鉴别的特点。在标准层较少的情况下，它可以作为辅助标准层来划分、对比地层，标志层可以是区域性的，也可以是小范围的。含水层和隔水层的位置可根据物探和钻探结果进行特征点数据生成三维模型。

（二）构造要素

在煤矿生产过程中影响最大的构造主要是褶皱、断层、陷落柱和侵入岩，这也是透明地质主要解决的问题之一，能够有效预防地质灾害的发生。

1. 褶皱构造要素

褶皱构造是指岩层受到水平力的挤压而发生波状弯曲，但仍保持岩层连续性和完整性的构造形态。褶皱构造对煤矿生产的影响主要有以下几种。

（1）大型向斜轴部顶压力常有增大现象，必须加强支护，否则容易发生局部冒顶、大面积坍塌等事故，给煤矿顶板管理带来很大困难。

（2）有瓦斯突出危险的矿井，向斜轴部往往是瓦斯突出的危险区，由于向斜轴部顶板压力大，再加上强大的瓦斯压力，向斜轴部极易发生煤与瓦斯突出。

（3）褶皱构造对煤矿设计和生产影响较大。在采掘过程中若出现褶皱构造或原褶皱的轴迹发生变化，原先设计、施工的巷道将不能满足生产的需要；特别在构造复杂的矿井，受多期构造的影响造成井田褶皱构造的复杂化，在大的背、向斜上发育级别小的褶皱构造，加大了巷道设计和施工的难度。

褶皱主要根据地层的弯曲变化体现，不需要专门的点位输入。

2. 断层构造要素

断层在开拓、准备、回采期间都有影响。在开拓中的影响主要是不能很好地控制开拓煤量，甚至找不到煤层，从而无法进行下一步工作。在准备期间的影响主要是误穿煤层，准备量减少，或者不能找到煤层从而不能进行工作面布置。在回采期间的影响主要是受断层影响，工作面工业储量减少，不能布置大工作面，可采储量减少，支护困难，生产效率减低，成本增加。

断层构造要素主要从图元编号、断层类型和性质、断层名称、断层线走向、断层面倾向、断层面倾角、估计断距、断层岩类型（断层带内经断层作用产生的岩石类型）、断层期次和时代等几个方面进行建立。

3. 陷落柱要素

陷落柱是流动的地下水长期溶蚀而形成的一个岩层破碎带，破碎带的范围与侵蚀的时间有很大的关系，时间越长，破碎带也就越大。当陷落柱穿越煤系地层时，对煤层完整性有影响。陷落柱通常以锥形分布，从上到下的横截面积逐渐增大。陷落柱多存在于煤矿岩层中含水层比较发育的地方。陷落柱对原岩体的完整性产生破坏，其内部容易导水。

在进行陷落柱的描述时，首先要明确陷落柱的范围，描述陷落柱的形状、大小、陷落角及位置，陷落柱体与围岩接触部位的充填物性质和特征、陷落柱内岩块的性质及充填物的密实程度、大小和层位时代，然后要测量陷落柱内部的水流情况和瓦斯情况。

4. 侵入岩要素

岩浆侵入岩对煤层、瓦斯、水体、地温等方面都会造成影响。岩浆侵入煤层，导致岩浆熔蚀交代煤层，破坏了煤层的连续性和完整性，减少煤田的可采储量；引起煤的接触变质，使煤的灰分增高，黏结性降低，煤质变劣，产生天然焦，降低煤的工业价值。煤层中侵入体硬度较煤大，会妨碍采掘工作的正常进行，影响工程进度，增加生产成本。岩浆的侵入还影响煤中瓦斯的含量。岩浆侵入煤层后，改变了煤层盖层的透气性，对煤中瓦斯起封闭作用，这一方面使煤中瓦斯富集，另一方面这种瓦斯的富集又为瓦斯突出准备了条件，岩浆侵入煤系，

产生强大挤压作用，可引起周围煤层煤体结构的改变，主要表现为煤体力学强度降低，由正常煤变为构造煤，广泛发育的构造煤为瓦斯突出准备了条件。

侵入体在煤层中发育时，使采区和工作面的布置困难。如果对其分布范围、数量、规模了解不清可造成废巷，会引起不可估量的经济损失。所以侵入岩要素对于煤矿安全生产也是重要的参考要素之一。

侵入岩要素在建立时主要包括图元编号、统一编号、岩体名称、岩体符号、岩石类型、岩相分带、岩石名称、岩石颜色、岩石结构、岩石构造、火成岩产状、侵入时代等。

（三）瓦斯要素

对于瓦斯要素要描述各工作面的瓦斯浓度、连接瓦斯智能探测设备所搜集的数据、实时显示工作面的瓦斯含量，并且对于瓦斯数据的异常进行实时预警提示，并且通过智能通风软件系统，将地理信息系统与风机、风门、风窗监控系统、安全环境监测、瓦斯抽采监测系统、采掘工作面位置及状态监测系统以及人员和车辆定位系统进行集成，实现自然分风解算、通风网络实时解算及灾变状态下风流模拟仿真，能够进行通风系统优化、风速传感器和调节设施的优化布置以及可控性评价，实现通风系统状态识别和故障诊断、用风点需风量预测及灾变状态下的调风、控风的智能控制。在授权状态下，正常状态矿井风流、风量按照安全高效原则远程调节，灾变时期按照控制灾变及有利救援原则智能控风、调风，并实现三维动态可视化。

具有瓦斯灾害的矿井，应建设完善的瓦斯智能感知系统，宜建设合理的瓦斯抽采系统，对工作面、掘进头等瓦斯易集聚区域进行智能监测，监测数据实现自动上传与分析。同时也应实现瓦斯监测与通风系统联动控制，能够根据瓦斯监测数据进行风量、风速的智能调控。还应实现瓦斯监测与工作面生产系统、供电系统联动控制，能够根据瓦斯监测数据进行瓦斯超限影响区域的自动停机、智能断电。

（四）井下水文地质要素

对主要含水层、井下主要出水点、井下重点密闭、中央水仓等重点部位水文变化进行实时动态监测，实现监测数据的实时分析与预测、预警。探放水作业实现钻孔数量、钻孔位置、钻孔角度、钻孔深度、终孔位置、钻杆钻进速度等信息的数字化，具备数据自动采集功能，水害监测系统与排水系统实现智能联动控制具有水害的矿井，应针对主要含水层建立水文地质智能动态观测系统，实现水文地质数据的智能感知及水害危险的智能分析、预测与预警。还应实现水害监测与排水系统的智能联动控制，能够根据水文地质数据监测结果进行智能排水。

思考与练习

1. 数据库建立过程中，采集的地面要素包括哪些？
2. 数据库建立过程中，井下构造要素一般包括哪些？

拓展与应用

物探数据在建模中的取舍

井工开采产生的地表变形是指采矿过程中引起的地面沉降、地裂缝和地面塌陷等以地面垂直和水平变形破坏为主的地质灾害。由于开采引起的地表变形、陷落的范围，远大于井下开采的范围，矿区周边的恶劣地质条件情况也会影响到安全生产，所以多数情况下做矿区物探时，会勘探矿区范围及周边一定范围的区域(一般为勘探矿区周围边 200～500 m 不等，具体情况根据开采深度、采高等情况以及地面具体建筑物、构筑物情况而定)。在地质建模的过程中，可以根据应用场景不同进行物探数据的取舍，主要包括以下两种情况。

(1) 在工作面的建模过程中，重点输入工作面的勘探数据，若工作面周边邻近大的断层或者邻近褶曲轴的位置，则需要加入工作面的周边 50～100 m 的物探数据共同建模，分析周边大构造对于生产的影响。

(2) 在进行矿区范围建模过程中，为了达到智能开采的透明化要求，处理数据时可重点输入矿区范围内采区位置的地质内容，但在安全生产规划的过程中，需要结合矿区周边情况对矿区范围及矿区周边至少 100 m 内的地质情况进行建模，以保证安全生产。

项目三　矿井动态地质数据库

学习要点

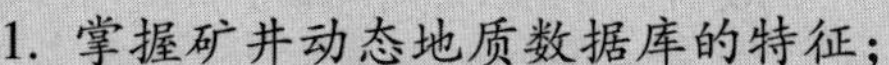
1. 掌握矿井动态地质数据库的特征；

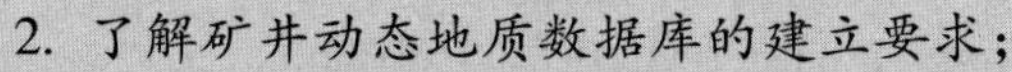
2. 了解矿井动态地质数据库的建立要求；

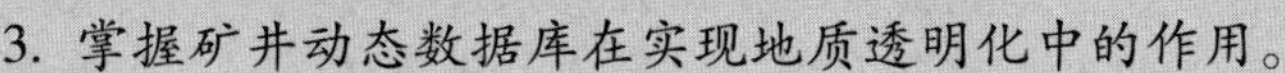
3. 掌握矿井动态数据库在实现地质透明化中的作用。

矿井动态地质数据库，主要指的是随着矿井开采采掘工程的开展，对变化的地质信息的监控和动态预测。煤炭资源开采后，其区域地质条件发生改变，原始的应力状态平衡被破坏，岩土层介质产生空间上的变形与破坏，如离层、破裂、垮落、覆岩裂隙、片帮、底鼓、底板导高与岩层破坏等应力平衡状态改变而导致的岩体变形、破坏现象时常发生。突发的应力集中或破坏还有可能引发安全事故，尤其是存在岩体薄弱、破碎等异常区域，如断层带、瓦斯富集区、隐伏陷落柱等情况下，灾害更易发生。即智能精准开采对地质透明化的时空需求，一方面要确保工作面前方未采区域一定范围内地质条件的“透明化”，另一方面要在采煤机完成一次截割的时间内，完成透明化工作面三维地质模型的动态更新。

任务一 矿井动态地质数据库的要素要求

知识学习

煤矿智能精准开采必须超前查明回采工作面的地质变化，包括煤层顶底板起伏、煤层厚度、断层、陷落柱以及应力集中区等；通过在透明化工作面上进行“数字采矿”的模拟推演，提前规划采煤机的预想截割曲线，变以往的“记忆截割”为“预想截割”，最终实现地面人员远程操控、地下无人化开采的目标。透明化工作面地质模型是在特定的时－空条件下构建的。在空间维度上，智能精准开采工作面的运输巷道、回风巷道和开切眼已经形成，煤层已被从采区局部分割出来，并处于回风、运输巷道和开切眼的三面合围之中，成为一个有限空间的孤立煤体；在时间维度上，工作面回采是从开切眼开始，通过采煤机滚筒截齿从两巷的斜切进刀、沿工作面宽度方向截割煤层，如此往复运动，逐步向前推进，最终完成整个工作面回采。因此，煤矿智能精准开采要求工作面的地质透明化必须满足智能开采对地质条件的时空需求，既要确保工作面前方未采区域一定范围内地质条件的“透明化”，也要在采煤机完成工作面一次截割的时间内，完成透明化工作面三维地质模型的动态构建和逐级优化。

矿井动态地质数据库已经被推广应用到各个大型的矿产开采应用企业当中去，并受到了企业极大的好评。矿井的地质动态数据库根据企业所属矿井的具体开发情况，分别对其进行分层剖面图、平面图以及矿体三维立体图的绘制，并实时地进行回采、采准以及中深孔设计的相关图纸的绘制。通过这些功能，极大地节约了矿产企业的大量人力、物力和财力，减轻了管理人员和技术人员的工作压力，提高了他们的工作效率和正确率，从而有效地提高了矿井开采生产的效率和效果，进而提高了矿产企业的经营效益，为实现我国矿产行业向着信息化、自动化、现代化、智能化方面的发展起到了巨大的推动和促进作用。

矿井动态地质数据库能够实时将矿井开采过程中的一些零散的数据信息进行有效地收集并统一纳入到数据库当中，形成三维立体式的矿井地质动态模式，从而使矿井的管理及工作人员能及时地、有效地了解和掌握当前矿井开采的实际地质情况。在使用过程中，技术人员要不断地在实践当中对矿井动态地质数据库进行优化升级，从而保证其能够适应和满足不断变化的矿井开采工作的需求。

思考与练习

1. 煤矿智能精准开采必须超前查明哪些回采工作面的地质变化？
2. 动态地质数据库的优势有哪些？

任务二　矿井动态地质数据库的建立

一、矿井动态地质数据库的主要技术内容

开采地质条件的透明化，能够通过地质信息的推演与可视化技术实现隐蔽致灾信息的实时更新与动态预警。透明地质模型及动态信息平台搭建，即通过提升智能地质综合保障技术，利用智能钻探、智能物探、智能探测机器人、地质数据数字化、地质与工程数据融合、地质建模、地质数据推演、地质数据多元复用、地质数据智能更新与实时传输、地质信息可视化等手段，实现矿井地质信息的透明化，对井下环境智能感知和安全管控，这也是生产管理和安全管理的关键要素之一。

目前我们国家能够实现的动态数据库技术，如基于地面与井下的钻探、物探、井巷工程揭露、钻孔测井和监测监控等多源异构地质信息的采集、处理和融合技术，离不开一些关键技术的支持，主要包括：三维地震资料地质动态解释、煤矿井下孔中物探技术与装备、回采工作面随采地震监测技术、工作面监测数据的信息提取、多源异构地质信息动态融合技术（具体内容可以参照程建远、朱梦博等人发表在《煤炭学报》的论文《煤炭智能精准开采工作面地质模型梯级构建及其关键技术》）。

二、地质透明化动态数据库的建立

1. 智能钻探数据的建立

智能钻井是将人工智能的理论、方法和技术应用于钻井过程，使其具有类似人工智能的特性或功能，即具有感知（数据采集）、学习（数据分析）、传输（接发指令）、动作（指令执行）的功能。实施智能钻井技术，可取得如下有益效果。

（1）自动化作业，减轻工人劳动强度。理想的智能钻井现场只有一至两名工人，如铁钻工的存在避免了人工更换钻柱的重体力活。

（2）缩短钻井周期。随钻实时采集、传输、处理、反馈并应用地质、工程和井眼的各种信息，能及时调整施工工艺，确保快速施工作业；当钻井过程中遇到重大难题时，各领域的专家可通过网络决策，缩短了钻井的周期。

（3）有利于新型高效工具的开发。可依据连续测量的压力、振动等数据，对现有的钻井工具进行再设计、优化以及开发新型高效工具，以满足现场的需要。如通过对钻柱受力的动态测量与分析，为钻柱设计提供依据。

（4）提高钻井的质量。可通过分布安放在全井长度范围的传感器来掌握全井各段压力情况，从而能有效防止井眼失稳；导向钻井和实时数据反馈等技术使井身轨道的准确性与精确度大大提高，从而可有效地穿越油藏并提高油井质量。

（5）随钻实时诊断与判断井下动态复杂情况，有利于安全钻进。在煤田勘探开发的各个阶段都有相应的数据、模型和措施，借助这些资料的解释分析可为煤田的成功开采减少不确定因素和风险。

（6）降低钻井成本。取消了电缆测井等作业，钻井综合成本降低。

（7）拓宽钻井领域。不仅可快速有效地钻常规井，也可开钻复杂地质条件下具有众多不确定因素的复杂井和特殊井。

智能钻探数据的建立能够满足智能开采的要求，参与钻探的人员减少，工期短效率高，采集数据准确。

2. 高精度物探数据的建立

建立物探数据库，首先根据矿区以往的物探成果结合钻探成果及矿井生产数据，开展物探成果再解释，以三维地震数据为例（引用北京龙软公司的工作过程），利用地震多属性数据综合解释研究区的断裂系统，精细刻画断层、裂缝及裂隙的形态和展布；利用三维地震高精度反演技术预测煤系地层包括煤岩在内的各岩层厚度及其展布状况。融合断裂系统、煤系地层解释成果数据，构建开采区地质模型，为智能开采的透明工作面构建提供参考和基础数据。具体工作内容包括以下 5 个方面。

（1）开展三维地震数据和钻孔数据的质量控制分析工作，进行该煤层解释的可行性分析，主要包括钻孔数据评价和地震数据频谱分析。

（2）以岩石物理分析为基础，利用钻孔与地震标定建立三维地震数据与钻孔数据的联系，进而开展叠后反演工作。

（3）结合反演成果和地震相干、曲率等属性，开展煤层三维立体精细解释。

（4）结合区域内煤层以及顶底板岩性和厚度特点，开展高分辨的叠后地质统计学反演。该反演可以精细地刻画煤层厚度及顶底板厚度与岩性，对于煤系地层解释构造成果分辨率远高于常规地震解释分辨率。

（5）分析井、地震、地质资料对地质模型精度的影响，利用断裂系统、煤系地层岩性及厚度、煤层气潜在区等高精度解释成果数据，对开采区内煤系地层进行精细地质建模，重点解决开采区内各种类型断层和煤层、地层的一体化快速建模。

思考与练习

1. 矿井动态地质数据库的主要技术内容包括哪些？
2. 实施智能钻井技术可取得哪些有益效果？

拓展与应用

动态数据库的优势特点

动态数据库在数据处理能力上具有显著优势，它可以快速响应各种复杂查询，并在短时间内处理大量数据。这一特性使其非常适合用于需要频繁查询和更新数据的应用场景。另外动态数据库还具有自适应性，它可以根据不同的数据输入和查询需求进行自动调整，以确保系统的最佳性能。

实时数据更新是动态数据库的一大优势。它可以在数据变化时立即进行更新，确保数据的实时性和准确性。并且动态数据库支持多用户并发访问，这使得它在大规模用户访问场景中表现优异。在大数据环境中，动态数据库的优势更加明显，它可以处理海量数据，并在数据变化时自动进行更新和调整。

动态数据库的优化和管理

在使用动态数据库过程中，优化和管理是确保系统性能和稳定性的重要环节。在优化方面：可以通过调整数据库结构和索引，提高查询效率；通过优化数据存储和处理策略，提升系统性能；通过使用分布式存储和内存计算技术，提高数据处理速度。在管理方面：需要进行定期的数据备份和恢复，确保数据的安全性和可用性；进行系统监控和维护，及时发现和解决问题，保障系统的稳定运行；进行技术培训和团队建设，提高团队的技术能力和管理水平。

教学单元四　煤矿智能化透明地质保障管理平台

为了适应智能开采对于地质透明化的要求，各种透明化保障平台应运而生，其中国内应用较多的有龙软智能矿山透明化地质保障系统、集灵地测信息管理系统、3DMine Plus 软件等，这些都是针对透明化地质建立的三维可视化的工作平台，也在煤矿得到了较为广泛的应用。由于授权的原因，在本部分为大家展示龙软智能矿山透明化地质保障系统、西安集灵地测信息管理系统和 3DMine Plus 软件，其中以西安集灵地测信息系统为例展示透明三维动画的演示。

项目一　龙软智能矿山透明化地质保障系统

学习要点

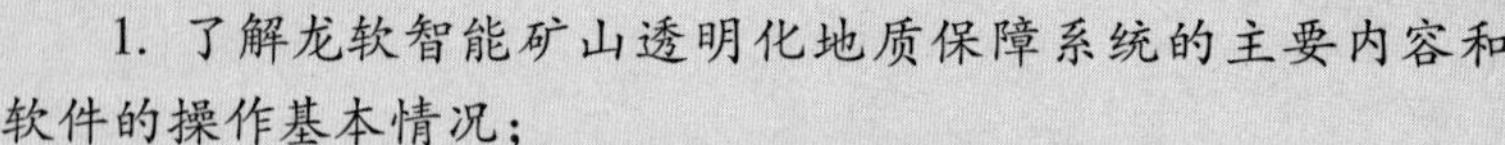

1. 了解龙软智能矿山透明化地质保障系统的主要内容和软件的操作基本情况；

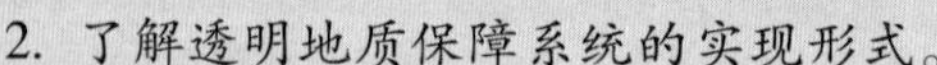

2. 了解透明地质保障系统的实现形式。

知识学习

龙软智能矿山透明化地质保障系统主要采用的是二、三维一体化联动，基于 GIS 地理信息系统建立煤矿时空“一张图”在线协同管理平台和统一的地理空间数据库设计，实现三维透明化矿山综合管理平台与煤矿专用二维 GIS 平台从数据处理、数据更新、可视化、空间分析、业务定制等方面的一体化联动，动态修正三维地质模型，为透明化智能采掘工作面的实现提供基础数据支持。

智能矿山透明化地质保障系统按照《煤矿防治水细则》《煤矿地质工作规定》和《煤矿安全生产标准化管理体系基本要求及评分方法》等对煤矿地测防治水信息化的相关规定，以及国家发展改革委等八部委联合下发的《关于加快煤矿智能化发展的指导意见》，中国煤炭学会标准《智能化煤矿（井工）分类、分级技术条件与评价》（T/CCS 01—2020）对智能地质保障的要求，为安全生产、地质灾害预整、智能开采、智能掘进、智能管控等提供高精度三维地质模型和业务数据的集成与应用服务为目标，采用云计算、协同 IGS、虚拟现实、移动

互联网、大数据分析等先进技术，基于“一张图”管理理念，开展高精度地质探测、物探数据再解释、多源地质数据融合等，建立地质信息数据库，形成煤矿专业地理信息系统平台、地质“一张图”Web 协同平台、高精度透明地质保障平台、地质大数据分析与隐蔽致灾预警报警分析和预警平台，形成面向云计算和大数据的智能矿山透明化地质保障系统。该系统的主要特点包括以下几个方面。

（1）采用三维地震、槽波探测、钻孔雷达、定向钻孔、超前探测等技术，开展矿井地质构造、隐蔽致灾地质因素的超前综合探查，提高煤层起伏、煤层厚度、地质构造等控制精度，为矿井生产提供大量真实可靠的地质数据。

（2）地质空间数据库平台。根据钻探和物探技术获取的地质数据，同时收集矿区工程地质、水文地质、瓦斯地质、沉积环境和构造背景等资料和数据，对多源数据进行处理、分析、分类、过滤、融合，构建统一的地质空间数据库系统。

（3）煤矿专用地理信息系统平台。建立煤矿专用地理信息系统，提取地质空间数据库的数据，自动生成煤矿地测专题图形，实现地质、测量、水文等各类图形的数字化管理。采用协同 TGIS 技术，实现地质空间数据和属性数据的协同处理和动态更新。

（4）地质“一张图”Web 协同平台。建立地质、测量、水文、资源储量、智能探测等专业应用系统，通过与“一张图”数据共享服务平台数据交换，生成各类台账、报表，具有流程处理和智能提醒等辅助管理功能。

（5）高精度透明地质保障平台。基于二、三维一体化及三维地震等地质智能探测数据成果，建立三维地质模型，实现矿井资源储量、可采煤层、新具构造、水文地质、瓦斯地质、工程地质、开采条件等应用可视化，满足不同应田场景的需要，地质模型能够根据实际揭露的地质数据进行更新与修正。

（6）地质大数据分析与隐蔽致灾预警报警分析和预警平台。基于龙软云平台，对煤矿地层、构造、煤层、煤质、瓦斯、水文和其他地质条件、地质特征及其变化规律进行可视化智能分析，实现隐蔽致灾因素（水害、瓦斯、冲击地压等）的预测预报，基于巷道、地层和生产的时空关系，进行危险源的远程可视化智能预警。

（7）为智能掘进和综采提供动态的高精度三维地质模型，以确保在远程控制条件下掘进和采煤设备与地质模型的动态耦合。

一、“一张图”协同管理系统

“一张图”平台是二维 GIS 分布式协同管理系统，“一张图”协同服务、Web 应用及地图处理平台，实现了地测、通防、采矿、供电等专业图形处理、发布和应用。“一张图”协同管理系统涵盖了 4 个子系统，分别为地测图形协同管理子系统、通防图形协同管理子系统、采矿辅助设计协同管理子系统、供电设计图形协同管理子系统。

地测图形协同管理子系统实现生产矿井地测专业图形的绘制，为其他专业制图提供真实的基础数据，完成对原有地测空间管理信息系统的升级，通过应用图形系统最新版本实现地测图形的网络服务功能。地测图形协同管理子系统是基于

GIS、计算几何、矿山信息化等领域各专题研究的理论和技术进行设计与开发的，以完善的协同基础绘图平台为支撑解决煤层地质模型的建立、空间拓扑关系处理、图库动态交互等方面的难题，把业务流程充分分解处理，采用自动成图与人工交互制图的方式把用户所需的数据准确、真实、图文并茂地表达出来，完成地质、测量等专业图件的绘制、处理和输出，以提高绘图质量与效率，减少制图人员的工作量，实现矿区高效的生产与管理。

地测图形协同管理子系统主要包括地测数据库管理信息系统、等值线图、测量图、储量图、柱状图、剖面图、素描图、防治水图、瓦斯地质图九大模块，实现各种等值线图、采掘工程平面图、钻孔柱状图、综合柱状图、煤岩层对比图、勘探线剖面图、预想剖面图、底板等高线及储量计算图、巷道素描图、地形地质图、水文地质图以及井上下对照图等各种地测图件的绘制与管理。

（一）地测数据管理信息系统

地测数据管理信息系统应包括文件操作、数据管理、数据查询、工具、数据初始化、系统管理等六大部分。所有数据形成基于表的管理，实现矿井钻孔柱状图、煤层底板等高线及储量计算图、矿井地质剖面图、煤岩层对比图、地层综合柱状图、井巷地质素描图、任意等值线图等图件的绘制，形成矿井三维地质模型的构建等。

（二）测量数据库管理信息系统

测量数据库管理信息系统负责对测量数据进行采集、计算、处理、存储、检索和格式输出，是绘制矿山测量基本图件的基础。测量数据库管理信息系统能够实现测量数据集中存储、统一管理、分布式处理和有限共享等功能，对煤矿常用等级、常用类型导线资料、水准资料的计算、存储、管理和打印输出，能够提供便捷的辅助计算工具，并提供数据的导入、导出和打印输出功能；能够完成巷道（包括加陀螺坚强边）贯通误差预计，为用户提供合适的备选方案，在既保证精度，又不浪费精度的前提下保证巷道顺利贯通；提供各种便捷工具，方便用户使用、管理数据库，如成果台账整理、导线合并、贯通导线整理、数据库的备份与还原、数据复制、数据校对、台账浏览、台账管理、数据库无效记录清理、日志追加和查看、在线帮助等；提供数据的导入、导出工具，能够实现外部数据与数据库据之间的通信交流；拥有严格的权限控制，非资料录入用户仅能使用资料数据，而不能对其进行修改、删除等操作，确保数据的安全性。其主要包括以下 6 部分内容。

1. 数据管理

数据管理用于导线、水准资料的计算、整理、存储和打印输出等。

2. 辅助计算

测量数据库管理信息系统提供方向交会、后方交会、高斯正反算、坐标换带、皮带中线偏离计算等煤矿测量常用的辅助计算工具。用户可以根据需要选择不同的功能模块，实现所需功能。所有的辅助计算工具均提供批量数据处理功能及数据存储、打印等功能。有原始数据导入和计算成果数据导出工具，方便用户使用。

3. 管理工具

系统提供多种便捷的管理工具，方便用户操作后台数据库中的数据。

4. 贯通管理

贯通管理功能包括巷道贯通误差预计、巷道贯通工程管理和巷道中线偏离管理两部分内容。

5. 数据初始化

数据初始化包括矿井名称初始化、用户管理、巷道贯通限差初始化和巷道层位初始化等。

6. 数据查询维护

数据查询维护包括数据查询、点名与坐标联合查询、数据库整理、数据库备份与还原等。

（三）地质图形子系统

1. 储量图

储量数据是煤矿企业生产和管理的基础数据，是矿井设计、生产、改扩建、开拓延伸和安排长远规划的主要依据。储量模块以储量图例的自由绘制及指定区域的储量计算为核心、主要为完成储量计算图的绘制提供快捷、高效的图形绘制与编辑功能。

2. 柱状图

建立小柱状地质模型，提取地质数据库内容，根据自定义模板快速生成任意比例尺的任意小柱状、钻孔柱状图、单孔柱状图、综合柱状图、煤岩层对比图、测井综合成果图等图件。

3. 等值线图

钻孔数据是绘制各种地质图件的基础数据，建立了钻孔地质模型，并通过读入各种离散点数据结合钻孔数据生成如煤层底板等高线图、煤厚等值线图等各种等值线图，同时提供对等值线属性的各种编辑功能。

4. 剖面图

剖面图是地质矿井日常生产的常用图件，包括预想剖面图、勘探线剖面图等；该模块建立了地层地质模型，并提供地层的各种编辑功能。实现了根据三角网模型或等值线图切任意地形剖面图，依据数据库自动绘制勘探线剖面图，并通过数据库钻孔岩性自动填充钻孔岩性。同时，为修正平面图形提供了平剖对应功能。

5. 素描图

素描图主要以巷道剖面图、回采面实测剖面图为主，实现巷道素描图和回采面实测剖面图的快速绘制，设计方便快捷的操作流程与功能。

6. 防治水图

防治水图包括综合水文地质图、水文曲线图、三线图、稳定补给水量计算、抽水试验综合成果图、淹没计算、工作面积水量计算等内容。

7. 瓦斯地质图

瓦斯地质图是通过调用瓦斯地质数据库的空间信息及属性信息，自动绘制突出点、掘进工作面绝对瓦斯涌出量点、回采工作面瓦斯涌出量点、瓦斯含量点、

瓦斯压力点等，并能够生成瓦斯含量、瓦斯压力曲线。完成点、线、面瓦斯地质图例各类比例尺标准符号库的制作与管理。

（四）测量图形子系统

测量图形子系统可实现任意比例尺的采掘工程平面图、井田区域地形图、井上下对照图、工业广场平面图、井底车场平面图等图件的绘制，提供具有空间信息巷道地质模型、变宽线地质模型、小断层地质模型，以及方便快捷的自动成图与交互式绘制流程。主要包括以下 11 部分内容。

1. 巷道设置

用于设置巷道名称、导线点名称注记、导线点高程注记、导线点煤层结构注记的内容、字体、大小、颜色、与巷道位置关系以及巷道实体的颜色、线型、线宽、导线点符号等巷道地质模型的参数配置，以辅助巷道实体的绘制。

2. 延伸巷道

提供全自动与交互式两种巷道绘制方式。其中，全自动绘制方式可提取测量数据库的导线点空间信息，按照巷道设置所显示的巷道地质模型一次性生成整个水平、整个采区、整个工作面或整条巷道的图形；交互式绘制巷道提供新巷道与老巷道延伸两种绘制模式，在交互式绘制过程中可通过高斯坐标与极坐标方式自动延伸巷道，并提供圆弧巷道的绘制功能。

3. 绘制巷道

根据巷道实际宽度以及方位角和角度绘制方式自由绘制巷道。

4. 巷道空间关系处理

依据生成的众多巷道空间拓扑关系自动处理巷道的交叉与叠加显示效果。

5. 碎部巷道

绘制巷道上的躲避硐，依据硐室高度、深度、宽度及与巷道的夹角完成硐室的绘制，并自动处理与巷道的拓扑显示关系。

6. 绘制断层

提供两种断层绘制方式，一种是在图上根据断层参数设置直接绘制断层，并可保存到数据库；另一种是从数据库分水平、采区、工作面提取断层信息绘制在图上。

7. 采空区边界颜色

采掘图中用颜色圈定采空区范围。若采空区用区域填充，可以使用命令直接填充区域颜色，若以色带形式绘制采空区，在变宽线地质模型的支持下提供手动绘制采空区边界与选择采空区边界两种方式绘制采空区边界，并可配置采空区颜色及标注年度或月份，同时提供色带宽度修改与色带延伸功能，方便用户编辑采空区边界。

8. 绘制月进尺

实现按与月初、月末参考点的距离绘制月进尺，并能自由配置月进尺延伸及注记年度或月份。

9. 保护煤柱计算和绘制

提供垂面法和垂线法两种保护煤柱计算方法，用于计算建筑物、水体、道路、村庄等各种需要保护的地物保护煤柱范围，同时生成保安煤柱计算报告。

10. 沉陷预计

根据观测值计算的结果，参考概率积分法规定的坐标系或直坐标系或任意坐标系来计算沉陷范围的沉陷预计等值线。

11. 通知单模板

根据自定义的各种通知单模板（如贯通通知单、巷道停掘通知单、预报通知单、放线通知单等），快速地调用、绘制、管理各种通知单模板。

二、智慧矿山透明化地质保障系统

（一）透明化矿山综合管理

三维透明化矿山综合管理平台与煤矿专用二维 GIS 平台基于统一的地理空间数据库设计，确保从数据处理、数据更新、可视化、空间分析、业务定制等方面实现二、三维一体化。平台包含如下几方面内容。

1. 分布式海量空间数据存储

利用三维空间数据的分布式存储引擎能够高效地对图形图像数据进行存储、管理和查询操作。

2. 三维模型数据库

三维模型数据库技术是通过空间数据引擎存储和管理所有三维模型，提高常用设备模型的使用效率，可以进行重复利用，同时也减轻了系统内存开销。用户可以方便地对模型进行交互式操作，搭建三维虚拟场景。

3. 三维组件

在三维透明化矿山综合管理平台体系的设计中，充分考虑了三维组件技术的应用，采用多层次开发规则，一方面可提高平台二次开发效率；另一方面可以开放标准组件通用接口，提供网络支持。

4. 多纹理光影渲染烘焙和动态光影

支持烟火粒子系统按分支空间（如煤矿巷道）复杂数学模型扩散计算；三维模型支持量任意，支持超大密度的厂矿设备群；同屏显示 800 万三角面，同时载入渲染运行帧率可大于 30 帧/s。

5. 模型导入

实现了地表工厂、建筑、树木等 3DMax 数据和三维地测建模数据的导入和导出。

6. 场景匹配

通过交互编辑，平移、旋转等，将工业广场、重点硐室模型、自动生成的地质模型、天空球、地层轮廓等无缝匹配到一起。

7. 视图控制

实现三维场景中的视图控制（视图平移、视图旋转、视图缩放、显示模式等）。

8. 对象编辑

实现对三维实体的鼠标选择、框选择、移动、旋转、缩放、模型拉伸等。

9. 三维漫游

系统提供自动漫游和手动漫游两种漫游浏览方式。

10. 视频和图片输出

用户通过“高分辨率出图”功能，生成并输出高分辨率的图像，将用户看到的场景中的部分区域，以标准的 Windows 位图格式输出到磁盘文件中。用户通过“AVI 输出”功能，生成并输出高分辨率的 AVI 视频。

11. 坐标、距离、方位和面积量测

查询当前场景中指定点间的坐标信息，通过点击当前场景中的某点，得到相应的 X、Y 和 Z 值；测量任意两点间距离同时显示其水平投影距离和垂直投影距离；圈定任意区域，自动计算出区域面积。

12. 属性信息查询

查询三维实体的相关图片、参数等属性信息。可以弹出对话框，也可以进行超链接等。

13. 鹰眼视图

定位当前视点在三维场景中的宏观位置。

14. 三维“一张图”综合展示

将井上、下重点设备关联实时数据，通过三维“一张图”界面可直接查看矿井生产运行情况，同时将二维业务数据集成显示。

15. 煤层剥离

将煤岩层以动画形式进行逐层剥离展示，直观显示矿井地质构造。

16. 语音字幕

系统可在漫游过程中同步显示预设字幕、播放语音。

17. 工作面智能联控

实现综采工作面重点设备运行情况与井下实时同步。

18. 协同分析

当发生行为入侵、设备故障或超限时，三维系统提供报警功能并能将画面切换至事发地点，同时调出工业视频、周边设定范围内其他传感器及人员。

系统部分功能页面截图如图 4－1 至图 4－4 所示。

图 4－1　三维漫游

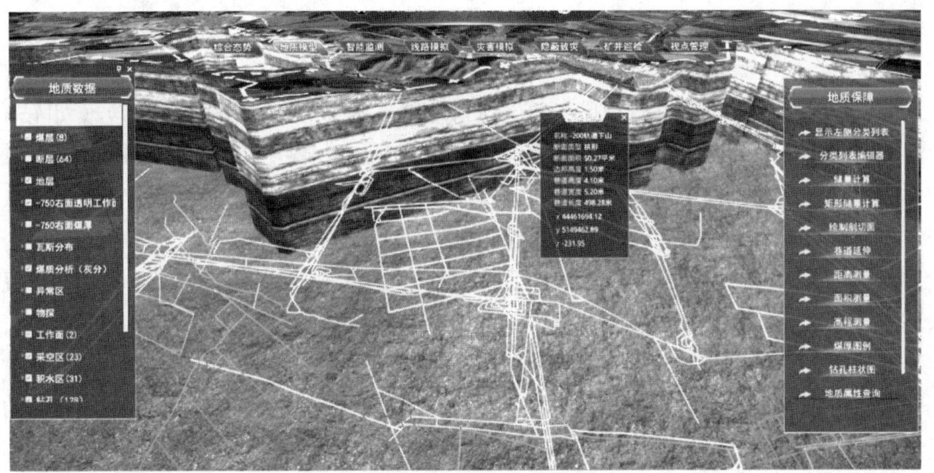

图4－2　属性信息查询

图4－3　井下巷道

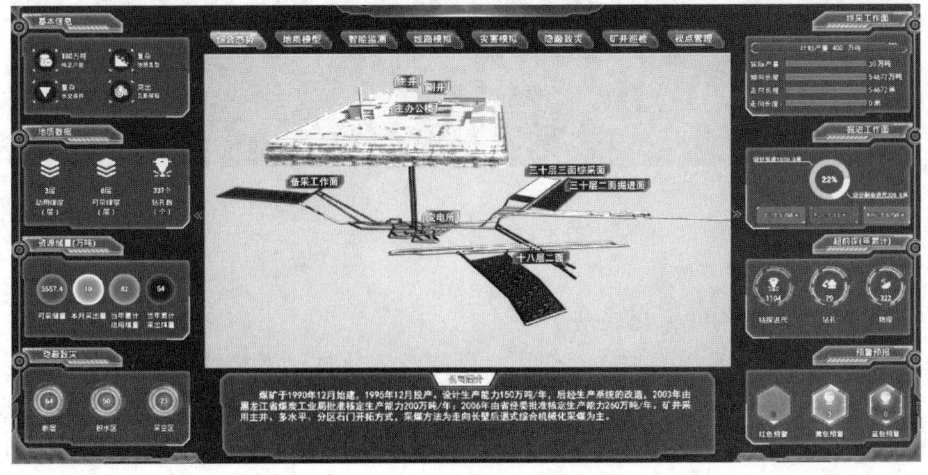

图4－4　三维“一张图”综合展示

（二）高精度地质模型可视化表达

1. 煤层自动建模

系统利用复杂地质条件下三维地质模型建模技术，利用点数据（如钻孔、探煤点、导线点、实际煤层底板修改数据等）和边界数据（如断层、陷落柱、矿井边界等），能快速生成各个煤层和其他地层的三维模型。

2. 钻孔自动建模

将地质钻孔、水文观测孔、瓦斯抽放孔、排水孔、水文地质钻孔、井下疏放水钻孔等数据自动生成三维模型。

3. 断层建模

将断层、陷落柱、裂隙、向斜轴、背斜轴、逆转轴、岩浆侵入等数据自动生成三维模型。

4. 巷道建模

将井筒、巷道、硐室、煤仓、水仓及其他井下数据自动生成三维巷道模型。

5. 积水区、采空区、陷落柱建模

基于现有采掘工程平面图、水文地质图、瓦斯地质图等上圈定的区域，实现积水区自动建模。

系统部分功能页面如图 4－5 至图 4－10 所示。

图 4－5 煤层自动建模

（三）二、三维一体化联动

整合二维 GIS 系统数据，对煤层、断层、陷落柱、老窑区、老巷，甚至瓦斯和水的空间位置进行有效控制，实时修改、添加、删除数据，如修改地质模型、修改采空区模型、修改巷道拓扑关系错误等，实现编辑数据的自动更新，如图 4－11、图 4－12 所示。

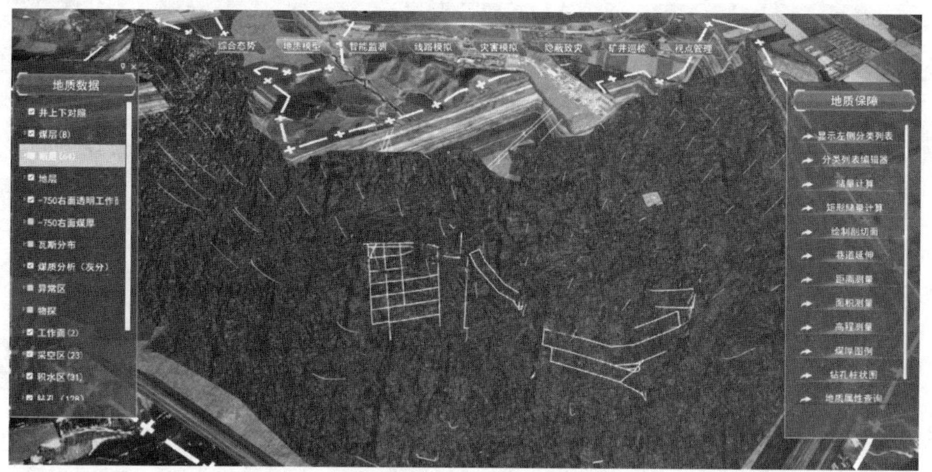

图4-6　钻孔自动建模

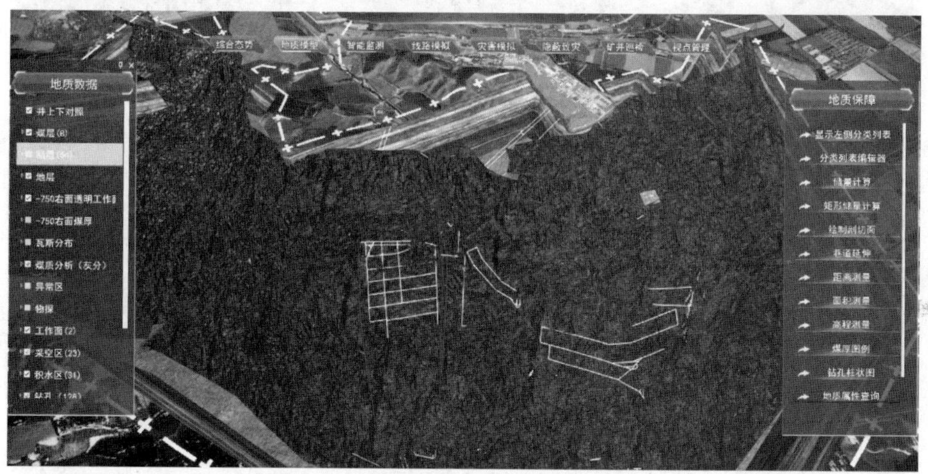

图4-7　断层建模

图4-8　巷道建模

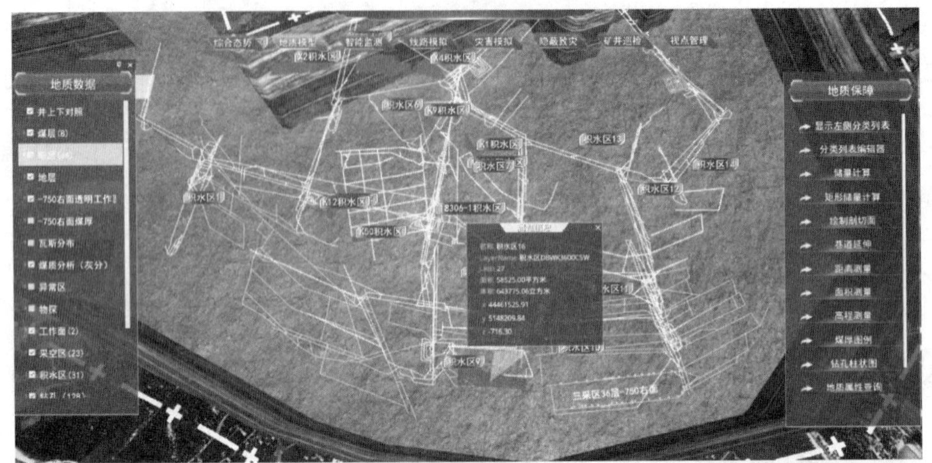

图4-9　积水区建模

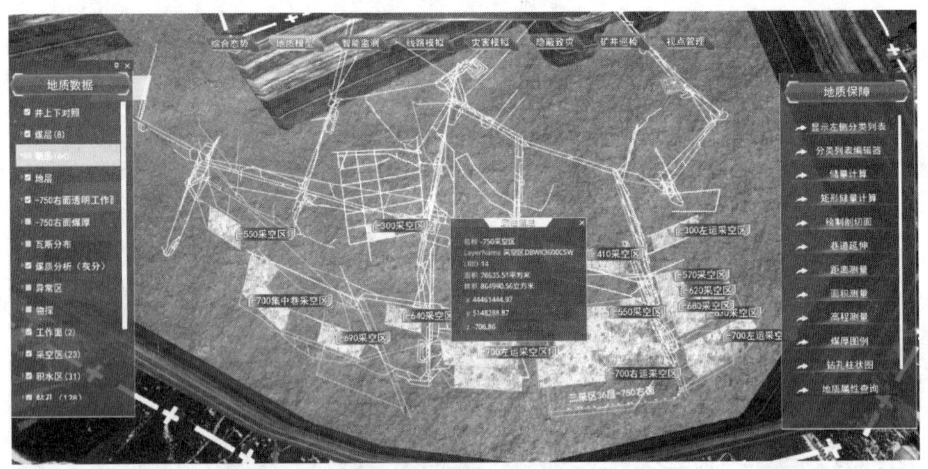

图4-10　采空区建模

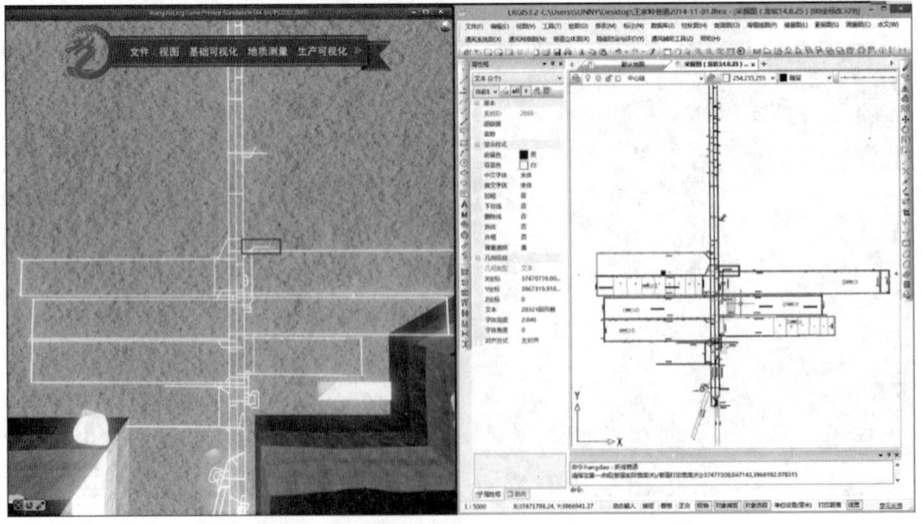

图4-11　二、三维一体化巷联动（更新前）

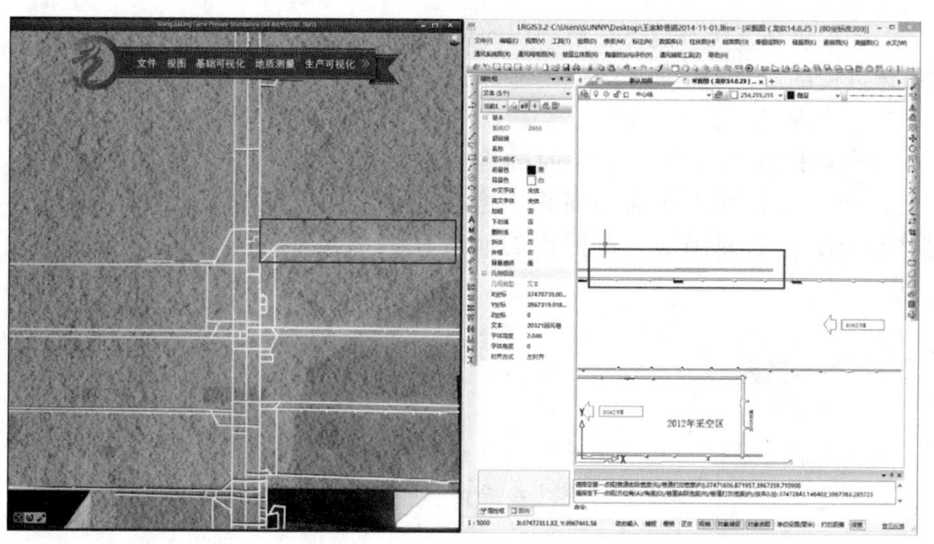

图 4－12　二、三维一体化巷联动（更新后）

（四）生产辅助管理

通过矿山三维漫游查看、三维地质模型剖切和辅助设计等功能实现生产辅助管理。

1. *矿山三维漫游查看*

实现从宏观和微观两个角度，分层次实时展现生产与安全综合动态工况。实现工业广场主要建筑物、道路、绿地、树木等的漫游。实现井口、井下主要巷道、掘进、回采动态信息管理，实现采煤设备、运输设备的动画现实（包括工业广场、重点硐室建模），如图 4－13 所示。

图 4－13　三维漫游查看

2. 三维地质模型剖切

系统提供在三维环境下任意剖切的功能，用户可以使用鼠标直接在屏幕上对地质体进行剖切，了解地质体的内部特征。

3. 工作面辅助设计

用户可以在需要设计工作面的地方用线圈定区域，系统则自动生成设计工作面，并计算工作面的面积、容重、平均厚度、体积、储量等，同时能够给出工作面周围给定范围内的地质元素和工作面上面的相关地质元素信息。

思考与练习

通过龙软智能矿山透明化地质保障系统的学习，结合我们智能化的发展，说说你认为这个系统还能增加哪些功能或内容？

拓展与应用

人工智能“牵手”勘查开发，矿业界将掀起一场“智能风暴”

当前，世界百年未有之大变局加速演进，新一轮科技革命和产业变革蓬勃发展，全球各主要经济体持续加强对关键矿产资源开发利用战略布局，矿业开发技术装备成为国际矿业合作博弈中的关键变量，前沿技术领域成为大国竞争的重要战略阵地。2023 年以来，人工智能（AI）等技术作为新质生产力正全面影响全球矿产资源发展模式，已在实际应用中初见成效。

矿业勘探开发本身就是采集数据和知识驱动分析数据的专业性工作，是一个采集数据、以知识分析数据，形成找矿勘查结论、构建矿床地质模型、优化开采方案的过程。采集数据，就是通过地质、地球物理、地球化学、遥感等多种手段采集信息，通过踏勘、槽探、钻探等工作方法采集地质信息数据，为找矿奠定数据分析基础；知识驱动，就是基于地质矿业领域专家的经验，处理各类地质数据和影响，并建立找矿模型来指导勘探方向，分析出矿床所在位置、规模大小、发现概率等，并通过填图展示。AI 擅长处理大量数据，解析地质调查、卫星影像和历史勘探数据，快速建立可视化的地质矿山模型；通过神经网络等机器学习模型，快速判定传统勘探方法可能无法识别的模式、异常和潜在的矿床，从而实现找矿突破。在矿业领域，AI 的作用是替代人工劳动，目前已在找矿勘查、地质数据和图像处理、三维地质建模、灾害预警等方面取得实际应用。

项目二　集灵 VRMine 地测信息管理系统

学习要点

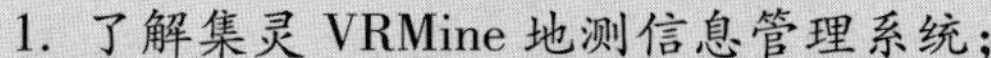

1. 了解集灵 VRMine 地测信息管理系统；

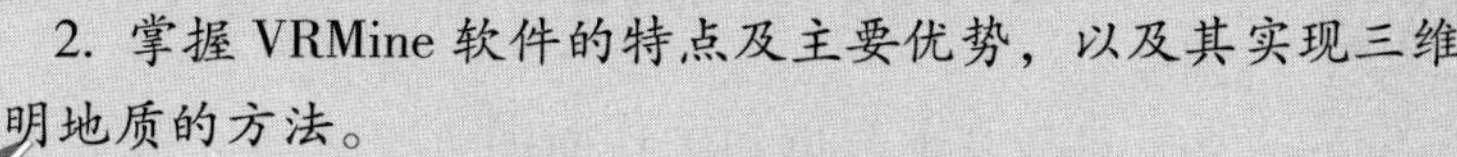

2. 掌握 VRMine 软件的特点及主要优势，以及其实现三维透明地质的方法。

任务一　集灵地质保障系统

知识学习

集灵地测信息管理系统是一个专为矿山管理、生产和技术部门设计的集数据管理、图形制作、模型建立、生产设计等多个功能为一体的大型三维地测信息管理系统。可满足各类台账、图件的输入、修改及自动生成功能，且能够实现地测工作的信息化管理，为煤矿安全生产提供保障。

集灵三维综合平台

系统可进行矿山实体三维模型的精细化建设和井上、下三维实体模型的动画漫游。系统提供二、三维一体化的绘图方式，同一窗口可完成地测图形与一维建模、二维图件与一维模型之间的一键切换。对矿山地理空间信息提供可视化管理，井上、井下一体化快速展现。实现矿山地理信息数据与行业服务数据融为一体的二、三维分析与应用。可用于采掘工程平面图、地形地质图、井上下对照图等各类矿图的二、三维图形界面一体化视图，并能够在三维状态下对巷道、煤层、构造等进行编辑。

基于集灵二、三维一体化 VRMine GIS 平台，运用三维虚拟现实技术、空间数据库技术、WebGIS 技术，采用真实的矿井地质、采掘工程数据，构建现实矿山的智能型数字镜像模型——煤矿数字智能管控平台，达到地质数据与采掘工程数据的融合、共享，实现整个矿山环境、生产活动、业务系统、实时动态信息的数字化管控、智能分析预警、可视化展现、一站式查询，全面掌握煤矿的安全和生产情况，提高应急响应速度。

该软件的技术特点如下。

(1) 支持 C/S、B/S 架构。对地质信息数据、采掘工程数据、水文地质数据、储量数据实现数字化分类存储、自动计算、分析、共享与更新。

三维建模_绘制地表模型

三维建模_绘制工业广场模型

（2）采用真实矿山数据，创建高精度三维地质模型和井上、下矿山模型，实现矿井各类应用可视化，基于矿山模型超前识别地质构造、开采条件异常，为优化开采提供地质保障，如图 4－14、图 4－15 所示。

建立矿山实体对象与数字模型的一一对应关系，通过数字模型集成各个监控和生产系统，实现生产过程中设备与系统的互联互通，实现供电、运输、通风、工作面的智能化安全生产调度。

进行三维巷道和工作面的水量计算、地下水危害等级评估、地下水场分析、工作面采掘地应力分析、瓦斯分布场分析，实现灾害地质（地下水、瓦斯、地压）的预测预报，如图 4－16、图 4－17 所示。

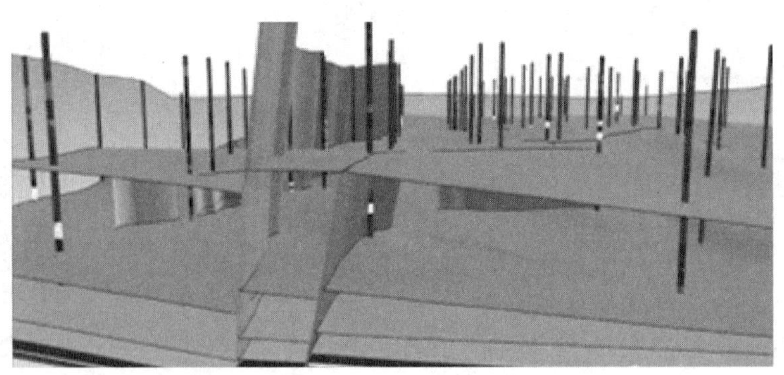

图 4－14　断层和地层层面模型

图 4－15　工业广场模型

此外，该软件还能满足地测、水文、储量图纸的模板化生成、处理及数字化管理；三维巷道与采掘工程设计；二、三维储量计算；矿井三维模型建设与编辑；报表台账生成和处理；地测信息集成共享及管理等需求。采用二、三维一体

图 4－16　水淹分析

图 4－17　致灾因素三维预测区

化方式满足实体矿山的数字镜像表达需求（二维图纸和三维模型、协同设计），2/3D 一套数据，一键切换。具备二次开发接口；煤矿地质测量图例库；设施、设备三维模型库；编辑与计算工具。满足矿山各种系统对图纸和模型的基本要求，具备接入各类系统的标准化机制。

思考与练习

集灵地质保障系统的主要特点是什么？

任务二　集灵水文地质信息管理系统

知识学习

集灵水文地质信息管理系统包括数据管理系统、二维图纸编辑、三维建模、水文在线监测、水害预测预报（预报一体化）和探放水设计等功能。水文地质数据管理系统可实现对水文地质基础数据资料的录入、修改、存储、查询、计算、报表生成打印等功能。亦可调用地质数据、测量数据，利用系统的自动成

三维建模_绘制岩层和巷道模型

图、三维建模、图形模板、图形编辑等功能，编制并完成煤矿防治水的水文地质图件，建立矿井地质实体模型，并可在地质实体模型的基础上，考虑断裂带、陷落柱、采空区、水源水体，根据含水层的含水性、充水性、渗透系数、地下水水位、突水系数等参数建立水文地质数据分析预测模型。水文在线监测结合硬件可完成对异常情况的预测预报等。本系统彻底实现了矿井水文地质文字资料收集、数据采集、台账编制、图件绘制、计算机评价和水害预测预报的一体化。

1. 数据录入

平台可录入管理的水文地质数据主要包括新版《煤矿防治水细则》中规定的矿区水文地质基础信息、矿区水质分析信息、现场取证信息、实验室模拟验证信息等一系列防治水台账。

2. 报表生成

报表生成功能可对整个矿区的水文地质资料数据进行报表化管理，可方便生成各种报表，完成水文地质数据资料的报表保存、打印、输出与维护工作。可生成的报表与录入的水文地质数据台账存在对应关系。

3. 二维制图

系统拥有与一般制图软件相似的图形编辑功能，此外还提供多种图形格式转换功能，可转入、转出的图形格式包括 DXF、MAPGIS 明码格式、3DS、OBJ，同时，系统提供图形文件的图片输出功能，图片格式包括 JPG、BMP、TIF、GIF、PNG 及矢量图元文件 WMF。

系统具有符合国家《煤矿地质测量图例》规定的标准符号库、点型库、线型库、图案库、纹理库。系统提供自定义功能，用户可根据实际需求对各图例库进行追加、删除、修改、引入操作。

系统提供图库交互、人机交互等多种绘图方式。本系统提供平面钻孔、厚度等值线、底板等高线、勘探线/剖面线、小柱状、储量计算、巷道等图形的自动生成，提供点、线、面的绘制、修改、删除、拖曳、复制、粘贴、属性修改以及 CAD、MAPGIS 等其他类型图件的转入、转出，综合使用图形系统提供的各项功能可完成各类平面图形的编制。

4. 三维建模

系统提供二、三维一体化、可视化的三维建模功能，通过对煤矿地表及井下进行三维建模，能直观逼真地表达矿井地表和地下（多层地层模型、井巷和工作面等），形象展示众多的构造现象与沉积现象（岩石相变、地层冲刷等），实现煤矿井下作业环境及地质形态可视化管理，如图 4－18 至图 4－21 所示。

三维模型示例

巷道和工作面漫游

5. 探放水设计

系统以水文地质模型为基础，对巷道掘进、工作面回采过程中施工的探放水孔进行设计，包括钻孔数量、布置方式、方位角、仰角、孔径、深度等，实现对煤矿探放水钻孔设计参数（方

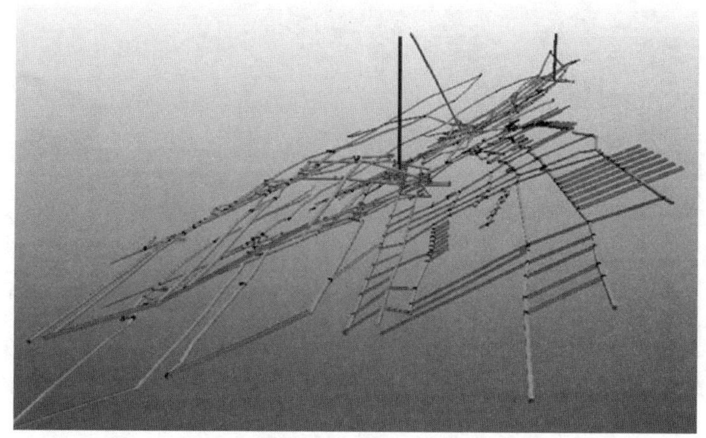

图4-18　三维巷道空间分布

图4-19　钻探工程三维显示

三维构造
显示彩图

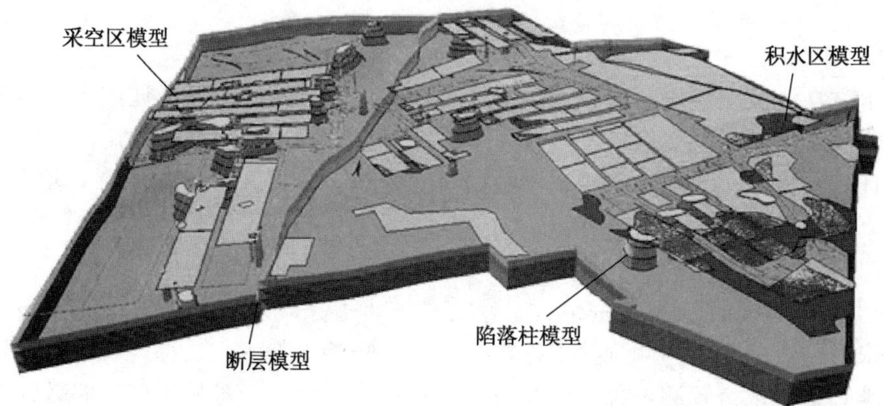

图4-20　三维构造显示

位角、垂直角、孔深）的智能化管理，如图 4－22 所示。

图 4－21　巷道三维展示

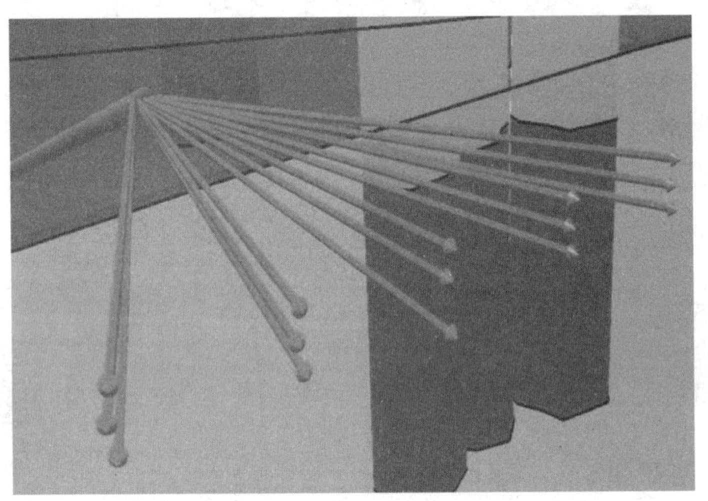

图 4－22　探放水工程

6. 监测

水文在线监测模块通过软件预留接口与硬件监测系统对接，调用水文监测硬件采集的矿区实时水文信息，结合通过数据库生成的矿井水文日常用图，经过分析、计算、模拟，实现水文传感器数据实时处理、分析，实现矿井水文现状的动态监测。

7. 水害预测预报

《煤矿防治水细则》第三、六、十九、三十七条均对矿井水害预测预报提出了要求。传统的水害预测预报工作主要由矿山防治水技术人员综合各项水文地质资料编写提交水害预测预报报告完成，存在着工作量大、准确度低、时效性差等缺点。

使用水害预测预报功能可以轻松解决上述问题。通过建立矿区地表、地下岩

体、煤层、含水层、构造裂隙、巷道工程等三维综合水文地质模型，可以直观地展示水体与巷道、工作面等工程的空间位置关系。伴随着施工开采的进行和实时水文监测数据的传入，动态地对模型进行更新。

系统通过分析水文地质模型和其他相关的数据，为矿井采空区和废弃巷道、工作面和在用巷道空间体积计算，采空区和采空冒落区的含水量和水位，抽排水量和采空区水位关系及预计，突水淹井灾害时的井巷水淹位置、水淹路径、水位水量预计提供了可视化、智能化的服务和分析工具，如图 4 - 23 所示。

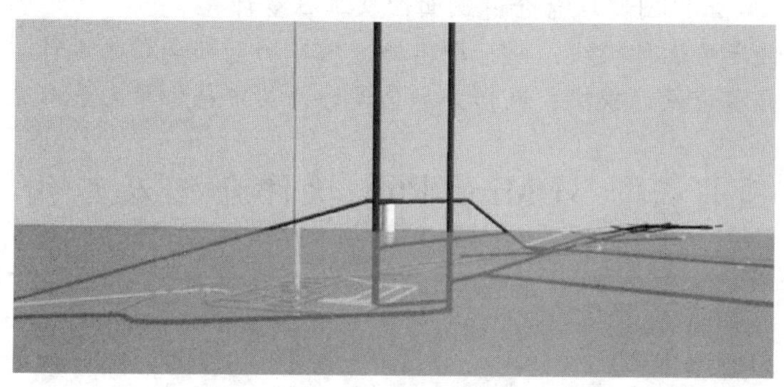

图 4 - 23　水位水量预测

思考与练习

集灵水文地质数据管理系统可实现对水文地质资料的哪些功能管理？

拓展与应用

集灵 VRMine 采矿设计系统

采矿设计是一个复杂的设计过程，要求设计人员根据给定的需求、客观条件及设计原则，经过计划、分析、计算、反复修改及比选等过程，设计出满足要求的方案，并绘制出反映设计成果的图纸。在这一过程中，有创造性的思维劳动，有综合性的分析和判断，也有复杂的计算和精确的绘图。集灵 VRMine 采矿设计系统就满足了采矿设计的要求，可以完成采矿设计工作中单项工程的参数化设计。

VRMine 采矿设计系统主要由参数化设计和图形编辑两部分组成，参数化设计的八个模块如下。

（1）巷道断面设计模块：包括巷道断面形状、支护方式、运输方式和运输设备、水沟布置、管路和电缆布置、巷道工程量和支护材料消耗计算等任务。

（2）掘进面炮眼布置模块：包括工作面掘进头的炮眼布置形式、水平投影图设计、侧视图设计和工程量的计算等。

(3) 工作面炮眼设计模块：完成矿井炮采工作面的炮眼布置设计和工程量计算。

(4) 交叉点设计模块：包括各类交叉点平面图、剖面图、工程量计算、断面尺寸表、支护材料消耗表等的设计。

(5) 采区绞车房设计模块：包括采区绞车房设计的设备选型、绞车房结构设计、平面图设计和工作量的计算等。

(6) 采区煤仓设计模块：包括采区煤仓水平投影图、正向投影图、侧向投影图、煤仓入口出口图、煤仓仓身剖面图及工程量计算。

(7) 采区车场设计模块：包括平车场、甩车场下部车场的设计。

(8) 矿井水仓设计模块：包括井水仓设计，其中包括单泵和双泵设计。

项目三　3DMine Plus 软件介绍及应用

学习要点

1. 了解 3DMine Plus 软件的基本功能，通过三维图件的立体展示；

2. 了解井下巷道及煤层的空间关系，加深对于矿井透明化的认识。

任务一　3DMine Plus 软件简介

一、3DMine Plus 软件

3DMine Plus 软件是集地质勘探数据管理、矿床地质建模、构造模型、传统和现代地质储量计算、露天及地下矿山采矿设计、生产进度计划、露天境界优化及生产设施数据的三维可视化软件系统。

3DMine 软件按照建模方法构架软件三维空间平台基础，在三维空间平台基础上进行矿床建模、储量估算、采矿设计、矿山生产、打印制图等工作。软件不同于一般的二维制图软件（AutoCAD）和 GIS 类软件（MAPGIS），能够清楚地将矿床在空间的位置形态表达出来，并能够在已有勘探的基础上指示找矿探矿的位置和方向。其主要用户为地勘单位、生产矿山、科研设计院所、专业教育机构等，适用于煤炭、金属、建材等固体矿产矿山的地质、测量、采矿与技术管理，数字化和信息化建设，数字矿山解决方案等。

二、软件的特点

1. 国际化与本地化并存

既具有与国际主流矿业软件相同的理念和功能模块，又符合中国本土的矿山背景和工作流程；储量计算方法符合国际标准，性能稳定。

2. 易学易用

使用习惯类似于 AutoCAD 和 Office，具有方便实用的图层管理和右键功能，可直接上手。

3. 广泛兼容

兼容各种数据库、Excel、Micromine、Datamine、Surpac、AutoCAD、MapGIS 等数据和图形转换；并兼容 sufer、FLAC 3D、ArcGIS 等常用的国外软件。

4. 简便快捷

支持选择集的概念，快速编辑和提取相关信息；集成国外同类软件的功能特点，步骤更为简便快捷。

5. 定制扩展

既可以对所有应用功能进行完整的驱动，还可以通过外接方式，对不同的应用领域进行开发，并可形成独立的应用产品。

6. 资源共享

资源数据库是多平台共享的基础，为后续的三维动态展示和矿山资源数据查询提供基础数据源。

思考与练习

1. 3DMine Plus 软件的主要特点是什么？

2. 通过对三维矿山车辆定位系统的了解，分析该系统对于安全生产能起到哪些辅助作用？

任务二 功能模块与应用

知识学习

一、核心模块

核心模块是一个界面友好、功能强大的三维可视化编辑平台，是完全集成的数据可视化和可以编辑真实环境，多种类型空间数据叠加和完全真彩渲染，各个视角进行静态或者动态剖切，全景和缩放显示等。

其中辅助设计模块可以在 3D 环境内，轻松实现露天和地下采矿设计功能（图 4 – 24）。类似 CAD 功能集，与 AutoCAD 基本保持一致，比如选择集的使用、各种图元对象的创建、右键功能以及两者间文件互换等。参数化的设计方式极大

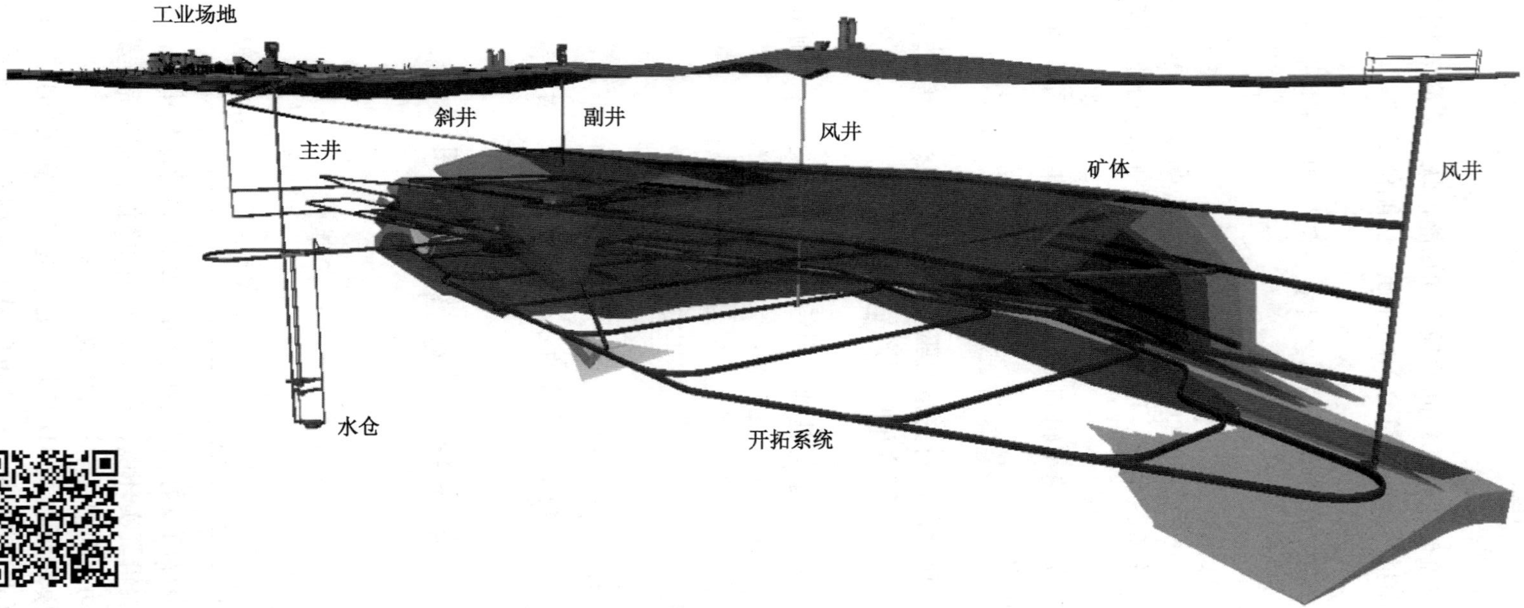

开拓系统立体
展示彩图

图 4-24　开拓系统立体展示

地提高了工作效率。

二、测量模块（露天测量和地下测量）

测量模块是一个交互性很强的功能集，一是实现不同测量仪器（全站仪或经纬仪）数据与软件的通信接口，使得不同的实测数据快速导入成图形数据。应用测量数据库，可以全面存储不同类型、不同阶段和不同文件的测量数据；二是具有独创性地实现了实测数据与 Excel、AutoCAD 软件之间的数据与图形互换功能。

测量模块优势是运用不同的测量方法所得到的结果通过二次开发程序完成工作，包括传统测量方法（经纬仪、支距法和极坐标法）的数据处理乃至 GPS 数据应用，CASS 数据，兼容 CMS 硐室扫描测量数据，提供方便灵活的编辑工具，快速建立巷道、采场及采空区模型，及时完成不同掘进工程或不同阶段的验收和报告。

模块可形成不同形式下的三维成果，包括：①建立地表模型（DTM）和生成等高线、水位等高线；②露天现状和掘进坑道模型（图 4 - 25）；③快捷、准确完成工程验收和实时监控生产进度；④可精确计算多个区域（采区）的体积和表面积，包括计算排土场的体积，填方、挖方工程量并自动生成相应的图表；⑤与地质模型配合，准确计算掘进工程回采的矿石量和品位。

测量模块彩图

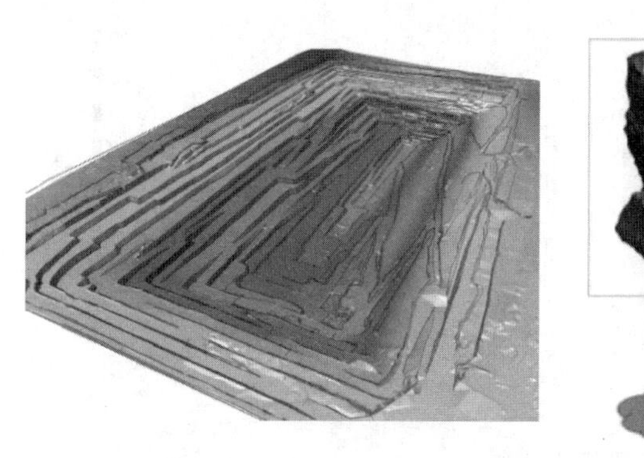

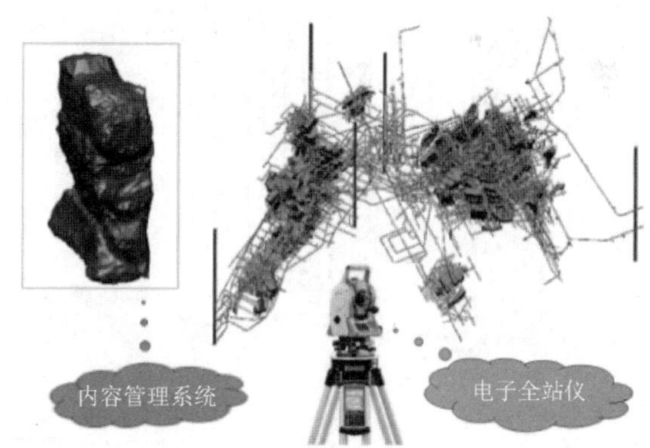

图 4 - 25　测量模块

三、地质模块

地质模块可用于勘查地质、矿山地质、工程地质和水文地质的找矿和生产。通过建立地质数据库、利用三角网建模技术，创建矿区地层模型、矿体模型、构造模型或其他类型模型，按照国际矿业领域通用块体模型概念，运用地质统计学估值方法，展示矿体空间展布、储量计算、动态储量报告、品位和不同属性的分布特点等。

地质工作应用中突出的特点是不仅可以通过数据库和三维地质模型对矿床进行空间分析和品位计算，而且对于所有的地质信息（如地质界线，工程位置和分析数据）的提取，不再是手工绘制来实现制图和计算，这将是地质工作的一项变革。

1. 地质数据库

通过 Excel 将工程（探槽、坑道或坑道）编录的数据、物化探数据或水文数据和煤质数据按照规则的表格录入，并通过简单的步骤创建和存储在数据库（如 Access）中。3DMine 三维矿山软件核心可以将数据库与中心图形系统紧密相连，通过菜单选择或者鼠标右键功能可以迅速地浏览钻孔据、矿岩界线（夹石）圈定和剖面品位计算。操作简单直观、错误信息即时呈现报告。可以通过不同属性的颜色设置显示单个或多个工程的地质岩性、品位、轨迹和深度等数据信息。在屏幕上可以选择容差范围内的数据按照标高生成平面或沿勘探线形成竖直剖面，如图 4 - 26 所示。

地质数据库彩图

图 4 - 26　地质数据库

2. 三维地质建模

通过平/剖面在空间圈定的矿岩界线、构造线和水位线，运用 3DMine 软件中先进的三角网建模手段，利用控制线和分区线联合方法，对任意形态的地质体构建三维模型。包括了功能强大和全面的交互式的生成、编辑、显示和计算实体及数字地形的三维地质建模工具。运用领先的凸壳技术实现空间点云的建模以及任意实体的投影面积、厚度等基本统计。独特的层状建模技术，很好地解决了多层模型交叉的难题，如图 4 - 27 所示。可以对任意实体进行体积报告和储量约束计算。运用布尔运算解决了实体模型之间的交、切、并、差分和分裂等问题。通过四面体建模方法，可以将完整的实体和块体模型数据导出到 Flac3D、Ansys、

Comsol 等工程力学软件进行分析应用。

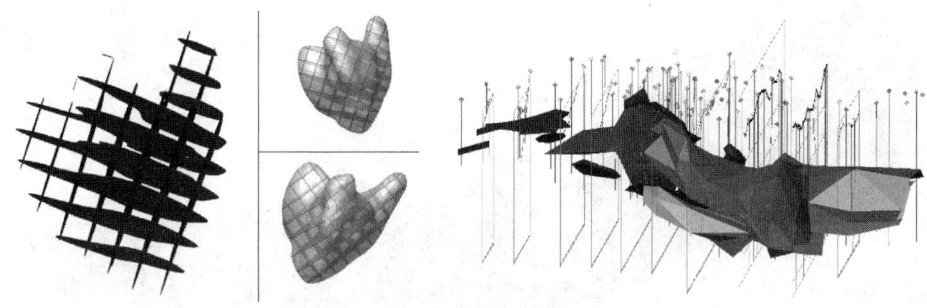

图 4－27　三维地质建模

3. 块体模型

块体模型主要利用规则的块体来充填不规则的矿体，通过边部块体次分技术实现矿体范围的准确计算（图 4－28）。每个块体的质心点可以存储所包含的各类属性，其中品位属性是应用地质统计学方法进行内插值的结果。3DMine 三维矿山软件运用多边形法、最近距离法、距离幂次反比法和克里格法等进行品位和属性估值，为矿产储量估算提供了全面的方法，同时提供了旋转模型、修改、约束保存和属性提取等高级编辑功能，可实现在不同约束条件下的矿石量和品位报告。

图 4－28　块体模型

4. 地质统计模块

作为地质统计学方法的工具，如何对组合样品进行基本分析和克里格变异函数分析是至关重要的一步。也就是运用地质统计方法进行品位估值之前，必须对用于估值的组合样数据进行统计分析。主要功能包括基本统计、变异函数分析、交互式拟合、交叉验证、线性回归分析和特异值处理等。软件将数据、图形和变异函数三者统一；多种函数模型；自动确定三轴方向、比率和块金值、变程以及跃迁值等参数，使地质统计学转换成可视化、便于理解和分析的平台，如图 4－29 所示。

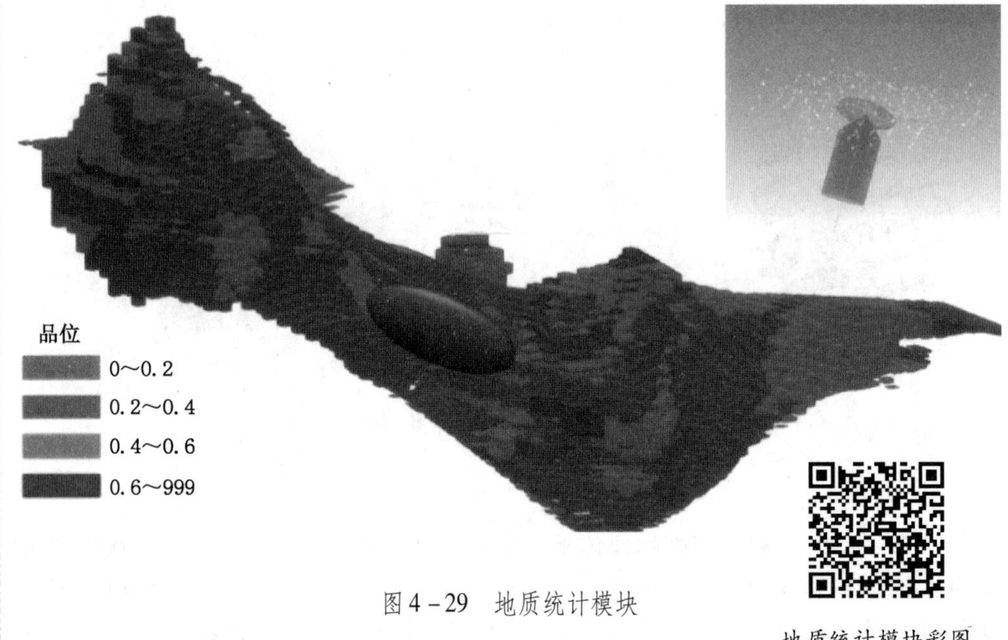

图 4-29　地质统计模块

地质统计模块彩图

5. 储量计算

软件实现了块段法的数据处理方法，可完成符合我国标准的储量分级计算。

四、露天采矿模块

露天采矿设计模块建立了一种集采矿设计、计划与和生产模拟为一体的工具平台，充分发挥计算机在设计制图、建模计算及过程模拟方面的优势，将露天采矿设计人员与矿山管理人员从粗略的估计与烦琐的计算中解放出来，把更多的时间与精力用于专业思考上，从而以最高效的方式制定出合理的设计与生产方案。

1. 露天境界优化

露天采矿设计的重要部分，是矿山预可研阶段对采矿方案的选定，对已开采矿山进行后期优化的实用工具。软件采用图论算法（Lerches - Grossman），定义经济模型，输入经济与技术参数，生成最优化境界模型及相应图形与数值结果。还可以调整经济参数，自动生成一系列嵌套境界，可用于各种参数在不同情况下的敏感性分析，为露天采场设计提供依据，如图 4-30 所示。

2. 露天采场设计

根据设定参数自动生成坑内公路、台阶，按照实际分区坡面角和平台宽度进行分段设计。可以进行各种斜坡道与开段沟、排土场、最优运输路径的设计与计算。并且与地质模型相结合，及时报告剥采比、品位、矿量、岩量等参数，如图 4-31 所示。

3. 中长期采掘计划编制

结合地质模型，在三维模型上直接进行剥离与采矿预演，并同时自动生成图形与数值结果。根据采掘位置和排土场可实现双向互动，灵活调整计划中的矿岩总量和台阶数量。根据确定的采剥位置快速形成年末线和总量报告，极大地提高

图 4-30　露天境界优化

图 4-31　露天采场设计图

了计划编排的灵活性和效率。

露天采场设计彩图

（1）刀量计算：指定推进方向与范围，同时设定阶段数目或推进阶段距离，进行每一推进区的相关计算。还可以设定矿岩量作为条件，反算推进线的位置，这与目前大多生产露天矿山的设计方式更为一致。

（2）自动 VP 曲线：自动生成自然剥采比曲线、任意调整均衡剥采比曲线，并联动自动计算超欠挖量。

4. 短期（月度或季度）计划编制

并段式与非并段式采掘条带设计与计算，鼠标划定区域后，自动计算方量。如挂接地质模型，自动计算矿量和岩量、平均品位/煤质，实现分矿种、分台阶

单独计算与汇总。根据需要进行动态调整，每次调整，软件都会自动重新报量，并可快速更新露天现状图形。所有结果直接与打印模块关联，实现设计、计算、制图同步完成。

5. 露天爆破设计和矿岩二次圈定

露天爆破设计模块可选择孔网参数、布孔方式和钻孔参数，不同位置不同角度的布孔方法，快速完成炮孔设计的参数和报表。模块可自动完成装药设计，按照相关参数，显示装药和填塞结果，同时按照要求形成炸药用量报告。可以按照爆破方式和导爆雷管延迟时间进行联网爆破模拟，进行露天爆破效果和时差分析。最后形成爆区的设计和露天爆破总量报告，如图 4－32 所示。

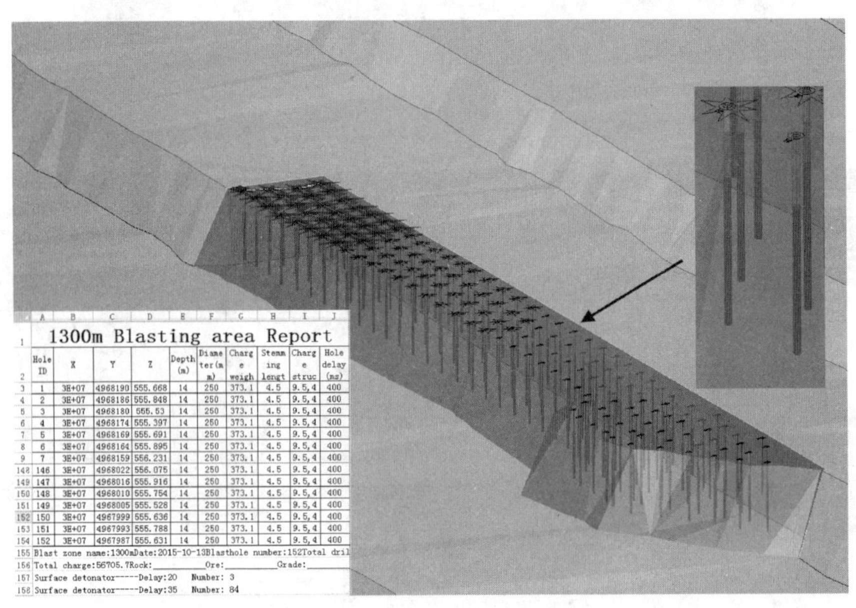

1300m Blasting area Report

Hole ID	X	Y	Z	Depth (m)	Diameter(mm)	Charge weigh	Stemming lengt	Charge struc	Hole delay (ms)
1	3E+07	4968190	555.668	14	250	373.1	4.5	9.5,4	400
2	3E+07	4968186	555.848	14	250	373.1	4.5	9.5,4	400
3	3E+07	4968180	555.53	14	250	373.1	4.5	9.5,4	400
4	3E+07	4968174	555.397	14	250	373.1	4.5	9.5,4	400
5	3E+07	4968169	555.691	14	250	373.1	4.5	9.5,4	400
6	3E+07	4968164	555.895	14	250	373.1	4.5	9.5,4	400
7	3E+07	4968159	556.231	14	250	373.1	4.5	9.5,4	400
146	3E+07	4968022	556.075	14	250	373.1	4.5	9.5,4	400
147	3E+07	4968016	555.916	14	250	373.1	4.5	9.5,4	400
148	3E+07	4968010	555.754	14	250	373.1	4.5	9.5,4	400
149	3E+07	4968005	555.528	14	250	373.1	4.5	9.5,4	400
150	3E+07	4967999	555.636	14	250	373.1	4.5	9.5,4	400
151	3E+07	4967993	555.788	14	250	373.1	4.5	9.5,4	400
152	3E+07	4967987	555.631	14	250	373.1	4.5	9.5,4	400

Blast zone name:1300mDate:2015-10-13Blasthole number:152Total dril

Total charge:56705.7Rock:________Ore:________Grade:________

Surface detonator-----Delay:20 Number: 3

Surface detonator-----Delay:35 Number: 84

图 4－32 露天炮孔

露天炮孔数据库是爆破设计模块中所特有的功能。通过建立露天爆破数据库，对炮孔孔位、岩粉样品和矿岩类型等数据进行管理，在三维状态下，提取样品数据，根据 Voronio 原理，快速圈定矿岩边界，报告掘带的矿岩量和品位，同时结合爆区测量进行验收。

五、地下采矿模块

1. 地下采矿设计

地下采矿设计依据巷道、采场、采空区模型，结合地质模型，在三维空间内进行总体设计和单体设计。按照参数自动完成斜坡道、天（竖）井、采准、回采和开拓设计工程，快速形成平面巷道线，按照指定断面形态形成立体模型，实现采矿设计的参数化、智能化与可视化。同时与块体模型相结合，快速得出各种工程设计报表、工程量、回采矿量、品位和损失贫化指标，如图 4－33 所示。

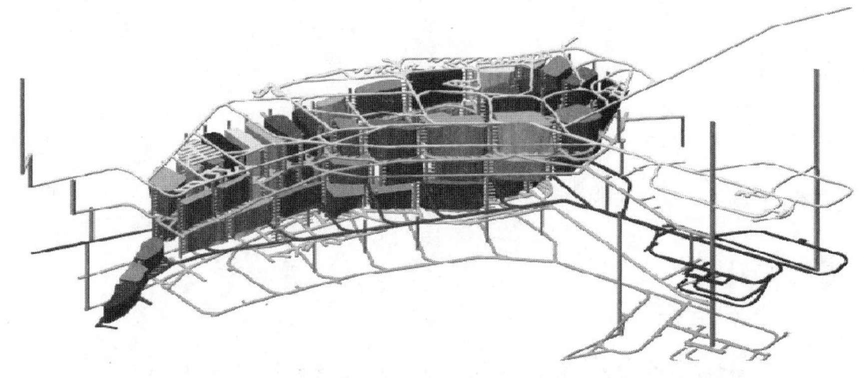

图 4－33　地下采矿设计三维图

2. 开拓设计

根据巷道中线，快速生成腰线，自动标注交叉口参数，计算流水坡度，生成控制点标注、表格及工程量报表。通过拽动夹点，动态调整设计，不断优化开拓线路。

3. 采掘计划编制

根据巷道空间拓扑关系，搜索采掘理论次序，同时可加入人工次序，以时间为轴，用采掘活动来驱动计划排产，通过模拟及调整，优化采掘计划，同时提供动画模拟、Gantt 图和报表。

4. 中深孔爆破设计

根据爆破孔底距，自动设计扇形炮孔，并进行容差调整。根据最小抵抗线原理，自动装药，可布置平行孔和单孔，适应不同采场要求。应用炮孔编辑功能，动态调整参数，炮孔、钻机、采场边界三者联动，将设计成果与报表关联。与块体模型相结合，自动生成爆区的矿岩总量和品位结果，如图 4－34 所示。

中深孔爆破设计三维彩图

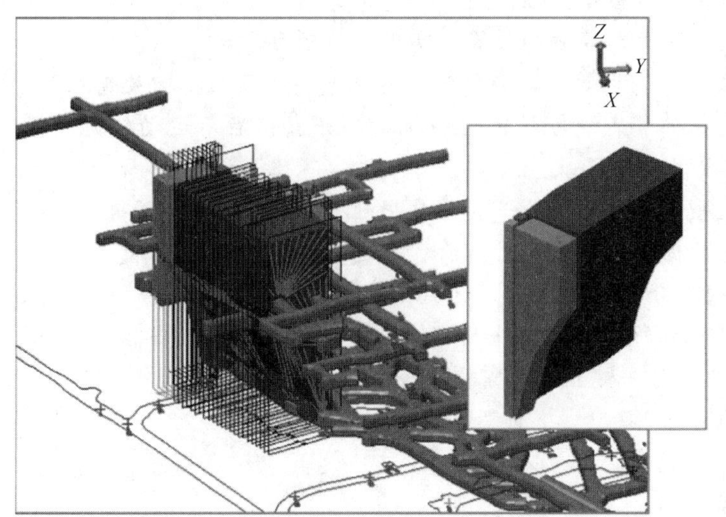

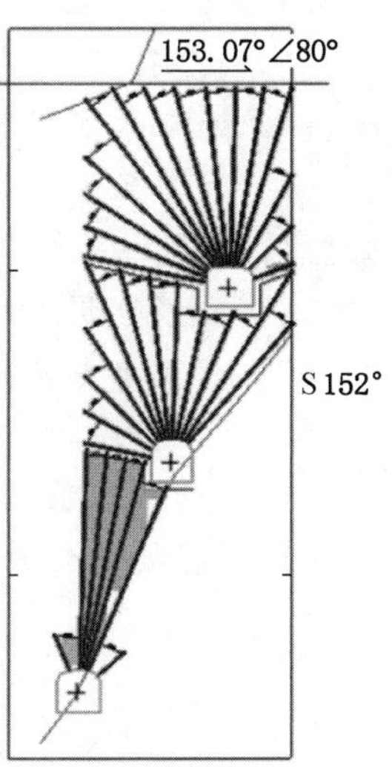

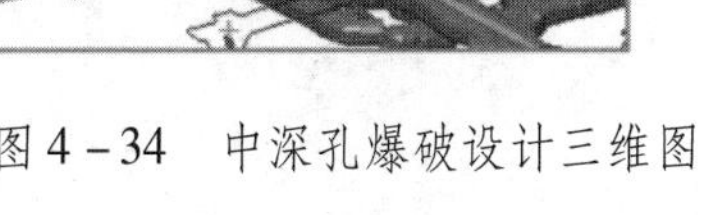

图 4－34　中深孔爆破设计三维图

思考与练习

1. 各种透明化地质系统的共同特点是什么？
2. 你认为透明化地质保障系统的发展趋势是什么？

拓展与应用

三维矿山车辆定位系统　精准定位矿车位置

三维矿山车辆定位系统是综合运用计算机技术、现代通信技术、全球卫星定位（GPS）技术、系统工程理论和路径优化技术等先进手段，建立生产监控、生产指挥管理系统，对生产采装设备、移动运输设备、卸载点及生产现场进行实时监控和优化管理的工具。

目前，露天矿 GPS 卡车监控系统在世界范围内得到了广泛的应用，已经成为增加露天矿经济效益、提高现代化管理水平的一个重要的技术发展方向，但目前大部分停留在二维的展示平台上，存在图形抽象含糊、数据展示单调、定位形式化等问题。

三维矿山车辆定位系统结合三维显示平台接入 GPS 数据实现以下功能特点。

（1）三维可视化现状结合 3DMine 三维数据导入展示，对当前采场和生产情况一目了然、直观清晰。

（2）支持 3DMine 块体模型和数据库数据的接入，结合块体模型和数据库的显示方式，能实现丰富的数据展示。

（3）结合 3DMine 块体模型，方便查看电铲当前生产位置的矿岩信息和电铲在一段时期的作业轨迹。

（4）可着色显示所需块体模型品位，显示其标示范围。

（5）可实时跟踪电铲、卡车的运动位置，实现三维动画展示。

（6）可记录实时现场各个卡车、电铲 GPS 位置信息，方便历史回放查看。

（7）可单独查看某一矿车某一时刻的运动轨迹，并直接显示运动轨迹的运动时间，可追踪一些需要的时间记录。

（8）能清晰明了地展示当前矿区的一些需要明确标记的位置信息。

（9）根据可支持的数据模式，方便对当前卡车运载数量的统计计算。

（10）矿区现状和模型分别载入显示，能实现矿区的虚拟显示化。

（11）能实现跟 3DMine 所支持的文件无缝接入，丰富 GPS 检测内容。

（12）界面操作方便，可一键显示所需要的全部数据。

参 考 文 献

[1] 马长玲，岳亮，康英，等．煤资源地质学［M］．徐州：中国矿业大学出版社，2018.
[2] 张子戌，吕闰生，刘高峰，等．矿井地质学［M］．徐州：中国矿业大学出版社，2017.
[3] 李小明．矿山地质学［M］．北京：煤炭工业出版社，2012.
[4] 刘建平．矿井地质［M］．徐州：中国矿业大学出版社，2013.
[5] 李增学．煤地质学［M］．北京：地质出版社，2005.
[6] 杨孟达．煤矿地质学［M］．北京：煤炭工业出版社，2006.
[7] 夏邦栋．普通地质学［M］．北京：地质出版社，1995.
[8] 张群等．煤田地质勘探与矿井地质保障技术［M］．北京：科学出版社，2019.
[9] 马锁柱，李玲玲．钻探工程技术［M］．郑州：黄河水利出版社，2023.
[10] 杜平等．钻探工程学［M］．成都：电子科技大学出版社，2014.
[11] 王国法，刘峰．中国煤矿智能化发展报告［M］．北京：科学出版社，2020.
[12] 刘志新，刘树才．矿井地球物理勘探［M］．徐州：中国矿业大学出版社，2020.
[13] 郃振华，丁宝国．矿井地球物理勘探［M］．徐州：中国矿业大学出版社，2022.
[14] 王培，刘柯，王选琳，等．“钻孔雷达+钻孔电视”精细化探测技术的应用［J］．采矿技术，2021，21（3）：148-150+160.
[15] 李敬鹏．矿井地质雷达在煤矿中的应用现状分析［J］．石化技术，2020，27（8）：264+268.
[16] 关奇，吴国庆，王保利，等．煤矿井下随采随掘地震监测智能地质保障系统［J］．智能矿山，2022，3（11）：70-75.
[17] 边毅彦．煤矿井下随钻孔轨迹测量技术要点浅析［J］．科技视界，2018（33）：185-186.
[18] 徐冠男．煤矿井下随钻测量技术及钻孔轨迹数据处理方法研究［J］．科技创新与应用，2014（26）：98.
[19] 孙荣军．煤矿井下随钻测量技术及钻孔轨迹数据处理方法研究［D］．北京：煤炭科学研究总院，2009.
[20] 李华，焦彦杰，杨俊波．浅析地质雷达技术在我国的发展及应用［J］．物探化探计算技术，2010，32（3）：292-299+222.
[21] 何伯稳．钻探钻孔轨迹随钻测量技术应用［J］．安徽科技，2020（3）：49-50.
[22] 秦怡．钻孔轨迹测量技术及应用［J］．工程技术研究，2020，5（2）：66-67.
[23] 刘喜龙，张军，赵明校，等．钻孔轨迹测量技术及应用研究［J］．西部探矿工程，2016，28（11）：17-20.
[24] 王小龙，刘京科．高瓦斯碎软煤层“钻-护-测”一体化新技术［J］．煤矿安全，2022，53（7）：141-146.

图书在版编目（CIP）数据

透明地质 / 丁海英，李洪军，康英主编. -- 北京 : 应急管理出版社，2025. --（煤炭职业教育“十四五”规划教材）. -- ISBN 978-7-5237-0801-9

Ⅰ. P618.110.8

中国国家版本馆 CIP 数据核字第 2024SR8653 号

透明地质（煤炭职业教育“十四五”规划教材）

主　　编　丁海英　李洪军　康　英
责任编辑　闫　非　王一名
责任校对　孔青青
封面设计　之　舟

出版发行　应急管理出版社（北京市朝阳区芍药居 35 号　100029）
电　　话　010－84657898（总编室）　010－84657880（读者服务部）
网　　址　www. cciph. com. cn
印　　刷　河北鹏远艺兴科技有限公司
经　　销　全国新华书店

开　　本　787mm×1092mm 1/16　**印张**　14　**字数**　291 千字
版　　次　2025 年 1 月第 1 版　2025 年 1 月第 1 次印刷
社内编号　20240930　　**定价**　48.00 元